经典传家

经典回到生活　阅读从心开始

经典传家

『经典传家』丛书遴选了清代《四库全书》的精华，而且每一种书在注释、译文、解读等方面做了大量的、扎实的工作。

——傅璇琮

国学就是中国人的学问。『经典传家』是一套非常适合大众阅读的国学经典丛书。国学的传承和发展迫切需要好的大众读本。

——毛佩琦

《四库全书》浩如烟海，真正的必读经典就这百余部。

——任德山

国学是相互通融的，切忌断章或是割裂。今人只有从《周易》等原始经典入手，才能真正找到进入国学的门径。

——刘君祖

经典传家系列丛书

图解 菜根谭·呻吟语

洪应明 吕坤 著

崇贤书院 释译

黄山书社

《菜根谭·呻吟语》阅读指南

原文全译传达经典韵味

延请权威专家译释原文，让读者更好地体会原文的境界与文字的美妙。

图文配合再现文章意旨

随文配有近百幅清晰优美的古代版画，以图释文，相得益彰，赏心悦目。

选字注音

- 将生僻字、古今异读字随文标注拼音。
- 重复出现的生僻字反复标注。

原文全译

- 译文配合原文，通俗易懂。
- 帮助读者体味古代文化精髓。

菜根谭·前集

三

[原文]

君子之心事，天青日白，不可使人不知；君子之才华，玉韫（yùn）[①]珠藏，不可使人易知。

[注释]

①韫：蕴藏。

[译文]

君子的心事要像青天白日一样光明，不能让别人不知道；君子的才华要像珠玉一样深藏，不能轻易让人知道。

四

[原文]

势利纷华[①]，不近者为洁，近之而不染者为尤洁；智械机巧[②]，不知者为高，知之而不用者为尤高。

[注释]

①纷华：本指景色纷繁，这里意为权势和名利。②智械机巧：智械，智谋。机巧，乖巧、有心机。

[译文]

不接近权势名利的人是高洁的，接近权势名利，却能够不为之动心的人更为高洁；不懂得权谋诡计的人是高明的，懂得权谋诡计却不去用的人更加高明。

五

[原文]

耳中常闻逆耳之言，心中常有拂心[①]之事，才是进德修行的砥石[②]。若言言悦耳，事事快心，便把此生埋在鸩（zhèn）毒[③]中矣。

《菜根谭·呻吟语》阅读指南

注释准确详尽，释疑解惑

扫清阅读障碍，最大限度地方便读者理解原文。

标注拼音便于读者阅读

为生僻字、古今异读字标注拼音，最大限度地方便读者阅读。

[注释]

①拂心：不称自己的心意。②砥石：本义为磨刀石，这里意为磨砺。③鸩毒：毒药。鸩，一种鸟，传说其羽毛有毒，泡入酒中即为鸩酒。

[译文]

耳中常听到不中听的话，心中常想到不如意的事，这才是修炼德行的磨刀石。如果听到的全是好话，遇到的全是称心事，就等于把这一生葬送在毒酒里了。

汉文帝止辇受言

能够听取别人的意见，是君子所为，而作为帝王，能够随时采纳谏言，更是非常不容易的事。

六

[原文]

疾风怒雨，禽鸟戚戚①；霁日光风②，草木欣欣。可见天地不可一日无和气③，人心不可一日无喜神④。

[注释]

①戚戚：忧惧的样子。②霁日光风：天气晴朗，风和日丽。③和气：这里指和平的气象。④喜神：欢喜愉快的心情。

[译文]

狂风暴雨的天气会使鸟兽忧伤，晴空万里的日子则使草木充满生机。可见天地之间不能一天没有和平的气象，人不能一天没有愉快的心情。

七

[原文]

酞(nóng)肥①辛甘非真味，真味只是淡；神奇卓异非至人②，至人只是常。

[注释]

①酞肥：酞，味厚的酒。肥，指肉肥美。②至人：指道德修养达到最高

精美古代版画

- 随文配有近百幅古版画，图文并茂。
- 图片线条清晰，画质精美，生动形象。

注 释

- 注释权威、准确、详尽。
- 丰富文学基础知识，提高古文素养。

总 序

国学是什么？简单说，就是中国人之所以成为中国人的学问。因此，国学不仅包括数千年积累流传下来的经典，比如“四书五经”、《老子》《庄子》《孙子》《史记》《汉书》、唐诗、宋词，也包含研究中国人思维方式、生活方式、行为方式乃至娱乐方式的各种学问。广言之，国学研究的对象不仅包括文献，也包括实物；不仅包括物质文化遗产，也包括非物质文化遗产，如我国各民族的建筑、服饰、饮食、音乐、绘画、医药、戏曲等等。

国学是不断丰富、不断发展的学问。上面说的从“四书五经”到唐诗、宋词就是一个不断丰富发展的过程。近代以来，国学的研究范围还在不断地扩大，比如敦煌学、甲骨学，是随着有关文物的出土而兴起的；比如红学，是随着文学理论和学术风气的发展变化而兴起和发展的。随着时间的推移和学术的进步，必将有更多的学问被纳入国学研究的范围。

数千年来，中国人做学问形成了自己独特的理论和方法，比如思想理论、史学理论、文学理论，以及训诂学、考据学、音韵学等等。但这些理论和方法并不是一成不变的。比如，在史学研究领域，由于地下文物的出土，王国维等人提出了以地下文物与传世文献相补充互证的“二重证据法”。近代以来，西风劲吹。国人主动借鉴西方学术研究的理论和方法，研究中国学问。王国维借鉴尼采的哲学理论研究中国的文学戏剧，胡适以杜威的实验主义研究中国的“国故”。国学从来没有拒绝外国学问的融合，佛教传入中国后，经过改造，形成了中国独特的佛学、因明学；自明朝末年西学传入中国后，中国的天文学、数学等就已经融入了西学的因素。马克思主义传入中国后，不少人用马克思主义理论研究中国历史文化，它们自然也成为了国学的一部分。因此，国学又是开放的、随时代而进步的。那么，当今我们研究、振兴国学，不允许也不应该倒退，不允许也不应该僵化。

然而，国学又是与西学明显区分的。国学是西学的对应物，是与西学完全不同的学术体系。在近代，西学挟坚船利炮强势进入中国之后，中国人还视自我，对于中国固有之学问的称呼出现了中学、国故学、国粹、国学这样的名称。面对“帝国主义”的强大，中国人自愧不如，一方面拼命地学习、引进西学，另一方面拼命地贬低、抛弃国学。虽然也有一些人，如张之洞为保护中华文化之根本，提出“中学为体，西学为用”，如胡适，提出“整理国故”，以“再造文明”“建立民族自信心”，但其声音终被时代所淹没。国学一再被严重曲解和轻视，造成了中国历史文化的大断裂。也许，这一历史过程是必然的。但回顾过去，中国在走向独立富强的过程中，国学所付出的代价实在太大、太惨重了。

新中国成立后，饱受屈辱的中国人从此站立了起来，民族自信心大大加强，但没有能够及时认识到国学在新时代的重要性，甚至仅存的一点点国学遗产也进一步成为被抛弃的对象。改革开放三十年之后，走向富强的国人终于幡然醒悟，保护和振兴国学逐渐成为全民的共识。一个强大的自立于世界民族之林的国家，必然要有与之相匹配的伟大的民族文化。中国人，从领导者、学术界到普通百姓，都在重新发现国学的现代价值。同时，在走向全球化的进程中，东西方各国也把目光投向了中国。中国学问，中国的一切都在被重新评价。中国不仅为了自身的建设和发展需要从传统文化中汲取智慧，而且也面临着以优秀的中华文化向全人类贡献智慧的责任和挑战。

那么，这套经典传家丛书的编纂就是可喜的，编纂者的初衷和努力就是可敬的。希望这套丛书能发挥点滴作用，如同涓涓细水与千百万有志者的努力一道汇成大潮，去迎接中华民族的伟大复兴！

是为序。

毛佩琦

二〇一五年五月

前言

《菜根谭》与《呻吟语》被称为关于人生智慧和身心修养的两本奇书，几百年来流传广泛，影响深远。《菜根谭》的作者是明代的洪应明，他取俗语“人能咬得菜根，则百事可做”的含义创作了《菜根谭》。《呻吟语》是明代吕坤用三十年时间写成的著作，作者写这本书意在“医天下人内心之病”，书中渗透着作者对人生、社会的反思。

《菜根谭》与《呻吟语》这两部著作都是语录体文集，作者侃侃而谈，如叙家常，格言警句，信手拈来。这些处世的良言，简短精练却意味深长，既有生活气息，又充满诗情画意，读起来让人有豁然开朗之感，仿佛进入另一个天地，人生的很多困惑，就此迎刃而解。

关于如何做人，《菜根谭》给出的答案是回归本真的自我：“与其练达，不若朴鲁；与其曲谨，不若疏狂。”老成练达让人圆于世故，掩盖了率真的天性，自己反而会觉得处处受束缚，活得很累。只要回归自己的本心，那就是做人的极致了。因此《菜根谭》说：“人品做到极处，无有他异，只是本然。”

关于为学，《菜根谭》说：“学者要收拾精神，并归一路。如修德而留意于事功名誉，必无实诣；读书而寄兴于吟咏风雅，定不深心。”即做学问要专一，不能汲汲于外在的名声和荣誉，要耐得住寂寞，安得住身心。

关于胸襟气度，《呻吟语》说：“自家好处掩藏几分，这是含蓄以养深；别人不好处要掩藏几分，这是浑厚以养大。”含蓄浑厚，不骄不躁，培养宽广深厚的胸襟，方显君子气度。

《菜根谭》与《呻吟语》中无处不在的真知灼见，启发人的心智，让人醒悟，人人都可以从书中汲取有用的智慧，成功的人可以读，失意的人可以读，经营的人可以读，为官的人可以读，顺境时可以读，逆境时也可以读。在书中我们可以找到那些被忽视的真趣，找到修养身心的方法，学会为人处世，学会通达超脱，自强不息。

《菜根谭》与《呻吟语》问世至今尽管已经过去了数百年，但却并没有因时间的推移而失去光彩，它们的魅力在今天依然不减。为了将这些优秀的传统文化更好地奉献给读者，我们参校了历代的经典版本，其中，《菜根谭》以清同治年间常州天宁寺沙门镕重校本为底本，《呻吟语》则以明万历二十一年刻本为底本，并在底本的基础上参校其他版本，力求完美。《菜根谭》与《呻吟语》因风格相近，故合成一册出版，其中《呻吟语》去其芜杂，保留了全书的精华部分，《菜根谭》则保留全本，希望将最精良的版本呈现给广大读者。

为了读者顺畅阅读，除原文外，我们还增加了注释和译文，并给生僻字加了注音，注解力求准确详尽，释疑解惑，最大限度地方便读者畅读。译文部分延请权威专家翻译，务求简洁雅正，通俗易懂。我们对原文中的生僻字随文增加了注音，并反复标注，为读者阅读扫清障碍。此外，我们还在书中配以古代精美版画，图文并茂，赏心悦目，让阅读过程变得轻松愉快。

阅读经典，开卷有益。《菜根谭》与《呻吟语》似清泉，洗去心灵的尘灰，让我们在纷扰的尘世找寻到内心的宁定。困惑的时候，茫然的时候，休闲的时候，展开这本书细细品读，琢磨体悟，回归本心，在人生的来路上走得更远更好。

崇賢書院

目录

卷四　外篇·御集

卷五　外篇·书集

卷六　外篇·数集

菜根谭

菜根谭题词

逐客孤踪，屏居蓬舍。乐与方以内人游，不乐与方以外人游也。妄与千古圣贤置辨于五经同异之间，不妄与二三小子浪迹于云山变幻之麓也。日与渔夫、田夫朗吟唱和于五湖之滨、绿野之坳，不日与竞刀锥、荣升斗者交臂抒情于冷热之场、腥膻之窟也。间有习濂洛之说者牧之，习竺乾之业者辟之，为潭天雕龙之辩者远之，此足以毕予山中伎俩矣。

适有友人洪自诚者，持《菜根谭》示予，且丐予序。予始视之耳，既而彻几上陈编，屏胸中杂虑手读之。则觉其谭性命直入玄微，道人情曲尽岩险。俯仰天地，见胸次之夷犹；尘芥功名，知识趣之高远。笔底陶铸，无非绿树青山；口吻化工，尽是鸢飞鱼跃。此其自得何如，固未能深信，而据所摛词，悉砭世醒人之吃紧，非入耳出口之浮华也。

谭以“菜根”名，固自清苦历练中来，亦自栽培灌溉里得，其颠顿风波，备尝险阻，可想矣。洪子曰：“天劳我以形，吾逸吾心以补之；天厄我以遇，吾亨吾道以通之。”其所自警自力者，又可思矣。由是以数语弁之，俾公诸人人知菜根中有真味也。

三峰主人于孔兼题

前集

一

［原文］

栖守道德者，寂寞一时；依阿①权势者，凄凉万古。达人②观物外之物③，思身后之身④，宁受一时之寂寞，毋⑤取万古之凄凉。

［注释］

①依阿：遇事缺乏主见，依附他人。②达人：指处事通达，超然物外的人。③物外之物：指现实物质生活以外的精神生活和道德修养。④身后之身：死后的名誉。⑤毋：同“勿”，不要。

［译文］

坚守道德规范的人，可能会暂时寂寞；阿谀攀附权势的人，却会永远凄凉。通达的人洞察具体事物外的哲理，考虑身后的千古名声，所以宁可坚守节操，忍受一时的寂寞，绝不趋炎附势，落得永久的凄凉。

二

［原文］

涉世浅，点染①亦浅；历事深，机械②亦深。故君子与其练达，不若朴鲁③；与其曲谨，不若疏狂。

［注释］

①点染：玷污、污染。②机械：这里指巧诈。《淮南子·原道训》：“故机械之心，藏于胸中，则纯白不粹，神德不全。”③朴鲁：朴实、正直。

［译文］

涉世不深的人，沾染的不良习气也少；阅历比较丰富的人，权谋奸计也多。所以做一个君子，与其处世老练，熟悉人情世故，不如淳朴天真；与其处处谨小慎微，不如行为狂放，不拘小节。

三

[原文]

君子之心事，天青日白，不可使人不知；君子之才华，玉韫(yùn)①珠藏，不可使人易知。

[注释]

①韫：蕴藏。

[译文]

君子的心事要像青天白日一样光明，不能让别人不知道；君子的才华要像珠玉一样深藏，不能轻易让人知道。

四

[原文]

势利纷华①，不近者为洁，近之而不染者为尤洁；智械机巧②，不知者为高，知之而不用者为尤高。

[注释]

①纷华：本指景色纷繁，这里意为权势和名利。②智械机巧：智械，智谋。机巧，乖巧、有心机。

[译文]

不接近权势名利的人是高洁的，接近权势名利，却能够不为之动心的人更为高洁；不懂得权谋诡计的人是高明的，懂得权谋诡计却不去用的人更加高明。

五

[原文]

耳中常闻逆耳之言，心中常有拂心①之事，才是进德修行的砥石②。若言言悦耳，事事快心，便把此生埋在鸩(zhèn)毒③中矣。

[注释]

①拂心：不称自己的心意。②砥石：本义为磨刀石，这里意为磨砺。③鸩毒：毒药。鸩，一种鸟，传说其羽毛有毒，泡入酒中即为鸩酒。

[译文]

耳中常听到不中听的话，心中常想到不如意的事，这才是修炼德行的磨刀石。如果听到的全是好话，遇到的全是称心事，就等于把这一生葬送在毒酒里了。

汉文帝止辇受言

能够听取别人的意见，是君子所为，而作为帝王，能够随时采纳谏言，更是非常不容易的事。

六

[原文]

疾风怒雨，禽鸟戚戚[1]；霁(jì)日光风[2]，草木欣欣。可见天地不可一日无和气[3]，人心不可一日无喜神[4]。

[注释]

①戚戚：忧惧的样子。②霁日光风：天气晴朗，风和日丽。③和气：这里指和平的气象。④喜神：欢喜愉快的心情。

[译文]

狂风暴雨的天气会使鸟兽忧伤，晴空万里的日子则使草木充满生机。可见天地之间不能一天没有和平的气象，人不能一天没有愉快的心情。

七

[原文]

酢(nóng)肥[1]辛甘非真味，真味只是淡；神奇卓异非至人[2]，至人只是常。

[注释]

①酢肥：酢，味厚的酒。肥，指肉肥美。②至人：指道德修养达到最高

境界的人。《庄子·逍遥游》：“至人无己，神人无功，圣人无名。”

[译文]

美酒佳肴和大鱼大肉都不是真正的美味，真正的美味只是粗茶淡饭；言谈举止神奇超出众人的人，并不是道德修养最高的人，道德修养最高的人，其举止平和如常人的人。

八

[原文]

天地寂然不动，而气机①无息稍停；日月昼夜奔驰，而贞明②万古不易。故君子闲时要有吃紧③的心思，忙处要有悠闲的趣味。

[注释]

①气机：天地的运转。②贞明：指光辉永恒。③吃紧：紧急。

[译文]

天地看起来寂然不动，而内在的运转变化却没有一刻停止；日月每天都在运行，而它们的光辉却永恒不变。所以君子在清闲时要有应急的准备，繁忙时要有悠闲的情趣。

九

[原文]

夜深人静独坐观心①，始知妄穷而真独露，每于此中得大机趣；既觉真现而妄难逃，又于此中得大惭忸。

[注释]

①观心：佛家语。佛教认为心是万物的根本，心会产生妄念和正念，观心就是自我反省，除去妄念。

[译文]

夜深人静时独坐反省自己，才感到杂念都消失了，只有本性显露出来，常常在这个时候才能体会到生命的真正乐趣；但又觉得真心的显现是暂时的，世俗的非分杂念却难以最终摆脱，这个时候才感觉最惭愧。

十

[原文]

恩里①由来生害，故快意②时须早回首；败后或反成功，故拂心处莫便放手。

[注释]

①恩里：受到别人的恩惠。②快意：得意，志得意满。

[译文]

受到恩惠常常会招致祸害，所以得意的时候要早些回头；失败以后，有时坚持下去反而会成功，所以不顺心的时候不要轻易放弃。

十一

[原文]

藜口苋（xiàn）肠者①，多冰清玉洁；衮衣玉食者，甘婢膝奴颜。盖志以澹泊明，而节从肥甘丧也。

[注释]

①藜口苋肠者：指普通老百姓。藜和苋都是普通的蔬菜。

[译文]

吃粗茶淡饭的人，多具有冰清玉洁的品格；享受富贵荣华的人，往往甘心卑躬屈膝。所以志气是在淡泊生活中表现出来的，而节操是在奢侈享乐中丧失的。

十二

[原文]

面前的田地要放得宽，使人无不平之叹；身后的惠泽要流得长，使人有不匮之思①。

[注释]

①不匮之思：恒久永远的怀念。匮，缺乏。

[译文]

为人要心胸开阔，才不会招别人怨恨；死后的恩泽要流传长远，才会赢得人们永远的怀念。

十三

[原文]

径路①窄处，留一步，与人行；滋味浓处，减三分，让人尝。此是涉世②一极安乐法。

[注释]

①径路：道路。②涉世：立身处世。

[译文]

道路狭窄的地方，要留一步路出来，让别人能走过去；味道好的东西，要留一些给别人尝。这是处世中取得快乐的最好方法。

十四

[原文]

作人无甚高远事业，摆脱得俗情便入名流；为学无甚增益功夫，减除得物累①便臻②圣境。

[注释]

①物累：外物的拖累和干扰。②臻：达到。

[译文]

做人不需要成就什么伟大的事业，只要能摆脱世俗之心便可成为名流之士；做学问也没有什么特别的诀窍，只要不受外物的诱惑就能达到圣贤的境界。

十五

[原文]

交友须带三分侠气，为人要存一点素心①。

[注释]

①素心：赤子之心。

［译文］

交朋友要带几分豪侠之气，做人要保留一点赤子之心。

十六

［原文］

宠利[1]毋居人前，德业[2]毋落人后，受享毋逾分外，修为毋减分中[3]。

［注释］

①宠利：宠，恩宠和荣耀。利，财利。②德业：德行和事业。③分中：自己分内的事。

［译文］

恩宠、利益不要抢在别人的前面，修养、道德、干事业不要落在别人的后面，享受应得的利益不要超过自己本分应得的，修养道德要尽到本分，不能减少。

十七

［原文］

处世让一步为高，退步即进步的张本[1]；待人宽一分是福，利人实利己的根基。

［注释］

①张本：根本、根基。

［译文］

为人处世让一步是高明的，退让实际上是进步的基础；待人宽厚一点是福德，便利别人是便利自己的根基。

十八

［原文］

盖世功劳，当不得一个矜(jīn)[1]字；弥天罪过，当不得一个悔字。

[注释]

①矜：骄傲自大。

[译文]

一个人即使功高盖世，只要骄傲就会功绩全无；一个人即使犯下弥天大错，只要悔过，就能抵消罪过。

十九

[原文]

完名美节，不宜独任，分些与人，可以远害全身；辱行污名，不宜全推，引些归己，可以韬（tāo）光①养德。

[注释]

①韬光：掩藏自己的才华。韬，掩藏。

[译文]

完美的名节，不应该独自占有，要分些给别人，才可以避免灾祸保全自己；不光彩的名声，不应该全推给别人，自己承担一些，才能隐藏锋芒修养品德。

张良功成身退

张良是汉高祖的谋士，辅佐刘邦成就帝业后，他不受封，不居功，急流勇退，隐居于世。张良不求功业满盈，留有余地，这是一种达观的处世方法。

二十

[原文]

事事留个有余不尽的意思，便造物①不能忌我，鬼神不能损我。若业必求满，功必求盈者，不生内变，必召②外忧。

[注释]

①造物：即“造物主”，古人认为是主宰天地万物的神。②召：招致。

[译文]

做每件事都要留有余地，造物主就不会忌恨我，鬼神也不会伤害我。如果总是追求事业完满，功业完善，即使内部不发生变乱，也一定会招来外部的忧患。

二十一

［原文］

家庭有个真佛①，日用有种真道，人能诚心和气、愉色婉言，使父母兄弟间形骸两释②，意气交流，胜于调息观心③万倍矣。

［注释］

①真佛：真正的信仰。②形骸两释：指人我之间没有对立，消除了隔阂。形骸，形体。释，消除。③调息观心：调息，调匀呼吸，使人心神安静，是佛、道两家的修行方法。观心，观察心性，去妄归真。

［译文］

家庭生活、日常做事有一个要真正信奉的道理，人能够平心静气真心相待，态度愉快，语言委婉，使父母兄弟间消除隔阂，思想能够交流，要比静坐、调息、内省强上万倍。

二十二

［原文］

好动者云电风灯①，嗜寂者死灰槁木②；须定云止水中，有鸢飞鱼跃③气象，才是有道的心体④。

［注释］

①云电风灯：喻指变化无常。云电，云中的闪电。风灯，风里的灯烛。二者皆易逝灭。②死灰槁木：死灰，熄灭的灰烬。槁木，枯萎的树木，指没有了生机。③鸢飞鱼跃：飞翔的鸢和跳跃的鱼，比喻一种充满生趣的状态。④心体：古人认为心是思想的主体。这里意为心境、胸怀。

［译文］

生性好动的人像云中的闪电、风中的烛火一样动荡不安；喜欢安静的人像熄灭的冷灰、干枯的树木死气沉沉。只有像安闲的云里有鸢鸟飞动，平静的水中有鱼儿跃起，才是有道之人应有的胸怀。

二十三

[原文]

攻人之恶毋太严，要思其堪受①；教人以善毋过高，当使其可从。

[注释]

①堪受：可以忍受。

[译文]

批评别人的缺点不要太严苛，要想想他能不能接受得了；教别人做善事不要要求太高，要能使别人可以做得到。

二十四

[原文]

粪虫①至秽，变为蝉而饮露于秋风；腐草②无光，化为萤而耀采于夏月。故知洁常自污出，明每从晦生也。

[注释]

①粪虫：蝉的幼虫，生于积粪的草中。②腐草：实际上是腐草中的虫卵化为萤，古人误认为是腐草直接化为萤。

[译文]

粪土中的小虫是最肮脏的，一旦蜕变成蝉却在秋风中饮清洁的露水为生；腐烂的野草是没有光泽的，一旦变成萤火虫却在夏天的夜晚发出荧荧的光亮。清洁往往出自污秽，光明往往诞生于黑暗。

二十五

[原文]

矜(jīn)高倨傲，无非客气①，降伏得客气下，而后正气伸；情欲意识，尽属妄心②，消杀得妄心尽，而后真心现。

[注释]

①客气：虚浮之气。②妄心：虚妄的念头。

［译文］

骄傲自大不过是一种虚浮之气，能把这种浮气压下去，而后正气才能得以伸展；七情六欲等意念都是妄想，只有把妄想消灭干净了，真心才能够显现。

二十六

［原文］

饱后思味，则浓淡之境都消；色后思淫，则男女之见尽绝。故人当以事后之悔悟，破临事之痴迷，则性定[1]而动无不正[2]。

［注释］

①性定：本性安定。②动无不正：行动都合情合理。

［译文］

吃饱之后再品菜的味道，浓淡的感觉都消失了；交欢后再回想淫欲，对异性的冲动一点也没有了。所以人们如果常用事后的悔悟去打破遇事时的痴迷，那么就能保持心性的稳定，行动就不会超出常规。

二十七

［原文］

居轩冕[1]之中，不可无山林的气味；处林泉之下，须要怀廊庙[2]的经纶[3]。

［注释］

①轩冕：指高官厚禄。轩，古代达官贵人乘坐的车子。冕，古代帝王戴的礼冠。②廊庙：代指朝廷和国家。廊，宫殿。庙，宗庙。③经纶：政治才能。

［译文］

做高官的人，不能没有隐士的淡泊之气；隐居的人，应该有治理国家的才能。

二十八

[原文]

处世不必邀功[1]，无过便是功；与人不要感德，无怨便是德。

[注释]

①邀功：求取功劳。

[译文]

处世不一定追求有功，无过就是有功；待人不追求让别人感激你的恩德，只要别人不怨恨自己就是有德。

二十九

[原文]

忧勤[1]是美德，太苦则无以适性怡情；澹泊是高风[2]，太枯则无以济人利物。

[注释]

①忧勤：竭尽心力去做事。②高风：高尚的情操。

[译文]

勤劳多思是一种美德，但太辛苦了就无法使性情安适愉悦；淡泊是一种高尚的情操，但过于清心寡欲就无法有利于人和事。

三十

[原文]

事穷势蹙[1]之人，当原其初心；功成行满之士，要观其末路[2]。

[注释]

①事穷势蹙：事情陷入困境。穷，尽。蹙，紧迫。②末路：路的终点。这里指最终的结果。

［译文］

对于事业失败处境不利的人，要推究他当初的本意；对于事业成功行为圆满的人，要看他的最后的结果。

三十一

［原文］

富贵家宜宽厚而反忌刻[1]，是富贵而贫贱其行矣，如何能享？聪明人宜敛藏而反炫耀，是聪明而愚懵(měng)[2]其病矣，如何不败？

［注释］

①忌刻：忌，猜忌。刻，刻薄寡恩。②愚懵：愚蠢，不明事理。懵，糊涂，头脑不清楚。

［译文］

富贵的人家应该待人宽厚，如果小气苛刻，这是身为富贵人而行为却像贫贱无知的人，他们怎么能享受富贵呢？聪明的人应该掩藏自己的才智，如果去炫耀自己，这是人虽表面聪明而本质愚蠢的毛病，怎么能不失败呢？

三十二

［原文］

居卑而后知登高之为危；处晦[1]而后知向明之太露；守静而后知好动之过劳；养默[2]而后知多言之为躁[3]。

［注释］

①处晦：处在黑暗的地方。②养默：潜心修养，沉默寡言。③躁：令人烦恼不安。

［译文］

在低处才能知道登在高处的危险；在黑暗的地方，才知道在亮处过于暴露；保持安静才知道四处奔波的辛苦；养成沉默的习惯才知道多说话是多么令人烦躁。

三十三

[原文]

放得功名富贵之心下，便可脱凡①；放得道德仁义之心下，才可入圣②。

[注释]

①脱凡：超脱尘世。②入圣：进入到圣人的境界。

[译文]

能够放弃追求功名富贵的想法，就可以超脱世俗；不受仁义道德教条的束缚，才可以进入圣人的境界。

三十四

[原文]

利欲未尽害心，意见①乃害心之蟊(máo)贼②；声色未必障道，聪明乃障道之藩屏③。

[注释]

①意见：这里指主观看法、偏见。②蟊贼：蟊和贼是两种吃禾苗的害虫，引申为危害社会的坏人。③藩屏：障碍。

[译文]

对利益的欲望未必对心有害，偏见是毒害人心的蟊贼；喜爱美色歌舞不一定会影响一个人的前途，自作聪明才是阻挡人前进的障碍。

三十五

[原文]

人情反复①，世路崎岖②。行不去处，须知退一步之法；行得去处，务加让三分之功。

[注释]

①反复：变化无常。②崎岖：坎坷不平。

[译文]

人情反复无常，世上的路崎岖不平。走不通的地方，要知道退一步的道理；行得通的时候，一定要让几分好处给别人。

三十六

[原文]

待小人不难于严，而难于不恶①；待君子不难于恭，而难于有礼。

[注释]

①恶：憎恶、厌恶。

[译文]

对待小人不难做到严厉，而难的是做到不厌恶他们；对待君子不难做到恭敬，重要是做得符合礼节。

三十七

[原文]

宁守浑噩①而黜②聪明，留些正气还天地；宁谢纷华而甘澹泊，遗个清名在乾坤。

[注释]

①浑噩：这里指浑朴自然。②黜：废弃。

[译文]

宁可浑朴而不要聪明，在天地间留些正气；宁愿拒绝荣华富贵而甘心过平淡的生活，在世间留下一份清白。

三十八

[原文]

降魔①者先降自心，心伏则群魔退听；驭横②者先驭此气③，气平则外横不侵。

[注释]

①降魔：佛教用语，指除灭心中的种种邪念。②驭横：制服蛮横之气。③此气：自身的浮躁之气。

[译文]

降伏心中的种种邪念先要降伏自己的心，心被降伏了，所有的邪念都会退去；驾驭世事的人先要驾驭自己的浮躁之气，浮躁之气平息了，外在的纷扰就不会侵入。

三十九

[原文]

教弟子如养闺女，最要严出入，谨交游。若一接近匪人①，是清净田②中下一不净种子，便终身难植嘉禾矣。

[注释]

①匪人：品行不端正的人。②清净田：佛教语。人心如清净的良田。

[译文]

教育年轻人就好像抚养未出嫁的姑娘，一定要严格管理他们的生活，让他们与人交往要谨慎。一旦接近了品行不端的人，就像在良田里种下一颗有毒的种子，就永远难以种出好庄稼了。

四十

[原文]

欲路上事，毋乐其便而姑为染指①，一染指便深入万仞；理路上事，毋惮②其难而稍为退步，一退步便远隔千山。

[注释]

①染指：《左传·宣公四年》："楚人献鼋于郑灵公。公子宋与子家将见。子公之食指动，以示子家，曰：'他日我如此，必尝异味。'及入，宰夫将解鼋，相视而笑。公问之，子家以告。及食大夫鼋，召子公而弗与也。子公怒，染指于鼎，尝之而出。"后以"染指"指取得非分的利益。②毋惮：不要害怕。

[译文]

欲望上的事不要因为方便就去沾染，一沾染上就跌入了万丈深渊；道义上的事不要因为害怕困难就有所退却，一退步就像远隔千万重高山，无法达到。

四十一

[原文]

念头浓者自待厚，待人亦厚，处处皆浓；念头薄者自待薄，待人亦薄，事事皆淡。故君子居常①嗜好，不可太浓艳②，亦不宜太枯寂③。

[注释]

①居常：日常生活。②浓艳：这里指奢侈无度。③枯寂：这里指俭朴辛劳。

[译文]

生活欲望强的人自己生活优厚，接待别人也很优厚，什么地方都讲究享受；生活欲望淡泊的人，对自己生活处理简朴，接待别人也从俭，每件事都节俭。所以君子平常的嗜好不可以太奢侈，也不应该太俭朴辛劳。

四十二

[原文]

彼富我仁，彼爵我义①，君子固不为君相所牢笼；人定胜天，志一动气②，君子亦不受造物之陶铸。

[注释]

①彼富我仁，彼爵我义：出自《孟子·公孙丑下》：“晋、楚之富不可及也。彼以其富，我以吾仁；彼以其爵，我以吾义，吾何慊乎哉？”②志一动气：《孟子·公孙丑

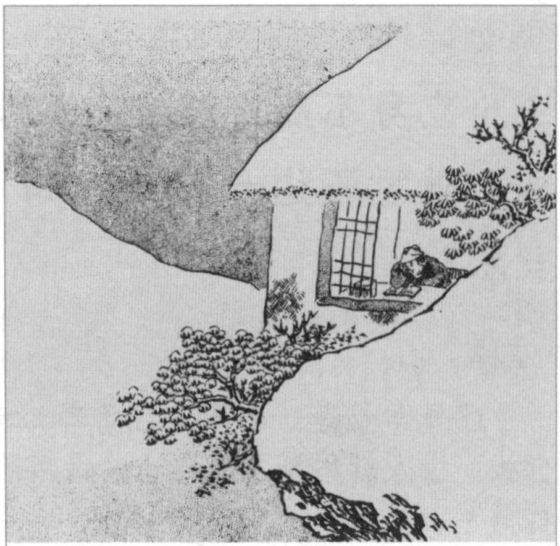

映雪读书

晋代的孙康专注于读书，无奈家贫买不起灯油。他看到雪反射的光很明亮，于是映雪读书，后来成为有名的饱学之士。

上》:“志一则动气,气一则动志也。”意思为:思想意志如果专注于某个方面,意志感情也会为之转移。

[译文]

那些贵族有钱有地位,我却有仁义道德,所以君子不被君主大臣所笼络;人一定能战胜自然,志向专一就能使气改变,所以君子也不受造物主的限制。

四十三

[原文]

风恬浪静中,见人生之真境;味淡声希[1]处,识心体之本然。

[注释]

①声希:少、罕见。后作“稀”。

[译文]

在安详平静的心境中,感悟人生的真正境界;在粗茶淡饭的生活中,体会人性的本来面目。

四十四

[原文]

立身不高一步立,如尘里振衣、泥中濯足,如何超达?处世不退一步处,如飞蛾投烛、羝羊触藩[1],如何安乐?

[注释]

①羝羊触藩:公羊健壮鲁莽,喜欢用犄角顶撞,往往把犄角卡住不能自拔。世人就用羝羊触藩比喻做事陷入进退两难的境地。羝羊,公羊。藩,竹篱笆。

[译文]

修养品德如果不高出别人一步,就像在灰尘里抖衣服,在泥水中洗脚,怎么能够超凡脱俗?处世如果不退一步考虑,就像飞蛾扑火,公羊角撞篱笆,怎么能够安乐?

四十五

［原文］

学者要收拾精神，并归一路①。如修德而留意于事功名誉，必无实诣②；读书而寄兴于吟咏风雅，定不深心。

［注释］

①并归一路：指合并在一个方面，也就是专心研究学问。②实诣：实在造诣。

［译文］

学者要把精力聚集到一条路上，如果一面修养道德，一面在乎名誉和事业成功，一定不会获得真正造诣；读书只感兴趣于吟诗作赋，一定没有深的学问。

四十六

［原文］

人人有个太①慈悲，维摩屠刽②无二心也；处处有种真趣味，金屋茅檐非两地也。只是欲蔽情封，当面错过，便咫尺千里矣。

［注释］

①太：大。②维摩屠刽：维摩，即维摩诘，辅佐佛陀教化世人，被称为菩萨化身。屠刽，屠夫和刽子手。

［译文］

如果人人心中都有大慈大悲，那么维摩诘和屠夫、刽子手的心并没有不同。处处都有生活的真谛，华贵的金屋和简陋的茅屋并不是两种不同的地方。只是人们被感情和欲念所蒙蔽，便当面错过了真心真趣，虽然只相隔咫尺而如千里。

四十七

［原文］

进德修道，要个木石的念头，若一有欣羡，便趋欲

境；济世经邦，要段云水①的趣味，若一有贪着，便堕危机。

[注释]

①云水：佛家的行脚僧云游天下，四海为家，毫无牵挂，行迹飘忽有如行云流水。这里比喻清心寡欲的心态。

[译文]

提高品德修养，要有像木头、石头一样冷静的心，如果对容华富贵有一点羡慕之心，就进入了充满欲望的世俗境界；治理国家的人要有闲散的致趣，如果有一点贪心或执迷，就会使事业陷入危机。

四十八

[原文]

吉人无论作用①安祥，即梦寐神魂无非和气；凶人无论行事狠戾②，即声音笑语浑是杀机。

[注释]

①作用：行为、作为。②狠戾：凶狠暴戾。

[译文]

和善的人日常举止文雅，即使睡着时的神态也都是和气的；凶恶的人做事毒辣，即使是说笑时也会露出杀机。

四十九

[原文]

肝受病则目不能视，肾受病则耳不能听。病受于人所不见，必发于人所共见。故君子欲无得罪于昭昭①，必先无得罪于冥冥②。

[注释]

①昭昭：明显。②冥冥：昏暗的样子。

［译文］

肝有了病，眼睛就看不见东西；肾有了病，耳朵就听不见声音。人们看不见的地方病了，一定会在人们都能看到的地方表现出来。所以君子想在众目睽睽之下没有过错，一定要在人们看不到的时候不犯错。

五十

［原文］

福莫福于少事，祸莫祸于多心。唯苦事者①方知少事之为福；唯平心者始知多心之为祸。

［注释］

①苦事者：苦于事多的人。

［译文］

最大的幸福是事情少，最大的祸患是多心。只有苦于事多的人，才知道事少是一种幸福；只有心情恬静的人，才知道多心是一种祸患。

五十一

［原文］

处治世宜方①，处乱世宜圆②，处叔季之世③当方圆并用。待善人宜宽，待恶人宜严，待庸众之人当宽严互存。

［注释］

①方：品行端正。②圆：圆滑，善于变通。③叔季之世：古时少长顺序按伯、仲、叔、季排列，叔、季在兄弟中排行最后，比喻末世将乱的时代。

［译文］

生活在政治清明的时代，处世应当正直；生活在战乱的年代，处世应当圆滑；生活在末世，处世应当正直与圆滑并用。对待好人应当宽厚，对待恶人应当严厉，对待平常的人应当宽厚严厉并用。

五十二

［原文］

我有功于人不可念①，而过则不可不念；人有恩于我

不可忘，而怨则不可不忘。

[注释]

①不可念：不能常记在心。

[译文]

我对别人有功，不要放在心上，有了错却不可以忘记；别人对我有恩不能忘，而对我有私怨，却不能不忘。

五十三

[原文]

施恩者，内不见己，外不见人，则斗粟可当万钟①之惠；利物②者，计己之施，责人之报，虽百镒③难成一文之功。

[注释]

①万钟：形容粮食非常多。钟，古代的容量单位。②利物：拿财物施舍他人。③百镒：形容金钱极多。镒，古代重量单位，一镒合二十四两。

[译文]

给别人恩惠的人，自己内心并不在意，也不让人知道，那么即使恩惠不多，别人也会隆重地回报；给别人好处的人计算自己的给予，让别人回报他，即使恩惠很多也难收到一点回报。

五十四

[原文]

人之际遇，有齐①有不齐，而能使己独齐乎？己之情理，有顺有不顺，而能使人皆顺乎？以此相观对治②，亦是一方便法门③。

[注释]

①齐：幸运。②相观对治：互相参照。③方便法门：佛家语。方便，随机应变。法门，修行佛法的门径。

[译文]

人有幸运的，有不幸的，怎能使自己偏偏幸运？自己的心情，有顺心时，有不顺心时，怎能使众人都气顺？用这些互相参考，也是处世的一个方便办法。

五十五

[原文]

心地干净，方可读书学古。不然，见一善行，窃以济私；闻一善言，假以覆短，是又藉寇兵而赍盗粮①矣。

[注释]

①藉寇兵而赍盗粮：借给贼寇兵器，送给强盗粮食。藉，同“借”。赍，交送。

[译文]

心地纯净后才可以读书学习古时圣贤者的学问。不然，看见一种好行为就私下用来为自己谋私，听见一句好话就借用为自己护短，这就像把兵器送给了贼寇，把粮食运给了强盗。

五十六

[原文]

奢者富而不足，何如俭者贫而有余？能者劳而府怨①，何如拙者逸而全真②？

[注释]

①劳而府怨：竭尽辛劳却招致怨恨。府，聚集之地。②全真：保持真的本性。

[译文]

生活奢侈的人富有东西却不够用，怎么能比得上节俭的人贫穷，东西却有剩余？有才能的人劳累而招来怨恨，怎能比得上愚拙的人闲散却保持了本性？

五十七

[原文]

读书不见圣贤，为铅椠（qiàn）佣[1]；居官不爱子民，为衣冠盗。讲学不尚躬行，为口头禅；立业不思种德，为眼前花。

[注释]

①铅椠佣：铅是古时用来涂抹简牍上错字用的一种铅粉。椠是硬板，古代在板上写字。铅椠代表纸笔。铅椠佣即写字匠。

[译文]

读书却不学习圣贤，就是文字的奴隶；做官却不爱护人民，就是衣冠楚楚的强盗。讲学问不崇尚实践，就像随口念经不悟佛心的和尚；建立功业却不想着培养道德，就像开放的花朵，转眼就会凋谢。

常读论语

读书不见圣贤，就像写字匠一样。宋代宰相李沆常常阅读《论语》，并力求做到孔子说的"节用而爱人，使民以时"，身体力行地学习圣贤言论。

五十八

[原文]

人心有一部真文章，都被残编断简[1]封锢了；有一部真鼓吹[2]，都被妖歌艳舞湮没了。学者须扫除外物直觅本来，才有个真受用。

[注释]

①残编断简：指残缺不全的书籍。②鼓吹：古代用鼓、钲、箫、胡笳等合奏的乐曲，泛指音乐。

[译文]

人的心里有一部真正的文章，却被杂乱不全的文章遮盖了；有一首真正的乐曲，都被那些妖艳淫乐的歌舞掩盖了。治学的人只有清除身外之物，

直寻自己的本心，才会真正享受其中的乐趣。

五十九

[原文]

苦心[1]中常得悦心之趣[2]，得意时便生失意之悲。

[注释]

①苦心：心中悲苦。②悦心之趣：让内心喜悦的趣事。

[译文]

心存俭苦，常能体会到令人喜悦的趣事；顺心得意时，就会出现失意的愁苦。

六十

[原文]

富贵名誉，自道德来者，如山林中花，自是舒徐[1]繁衍；自功业来者，如盆槛中花，便有迁徙废兴。若以权力得者，如瓶钵中花，其根不植，其萎可立而待矣。

[注释]

①舒徐：指从容自然。舒，展开。徐，缓慢。

[译文]

凭道德高尚得来的富贵名誉，像山中的花，慢慢开放，生长起来；凭建功立业得来的财富声名，就像盆中的花，随时有盛开和枯萎的变化。如果是靠权力得来的声名，就像瓶中的花，没有植下根，很快就会枯萎。

六十一

[原文]

春至时和，花尚铺一段好色，鸟且啭[1]几句好音。士君子幸列头角[2]，复遇温饱，不思立好言，行好事，虽是在世百年，恰似未生一日。

［注释］

①啭：鸟鸣。②头角：比喻超群的才华。韩愈《柳子厚墓志铭》：“虽少年，已自成人，能取进士第，崭然见头角。”

［译文］

到了春天天气暖和，花还要开出美丽的颜色，鸟还要叫出几声好听的声音。君子士人如果侥幸出人头地，又能过上衣食不愁的生活，却不想留下好的著作，做些好事，那他即使在世上生活百年，也就像一天没活一样。

六十二

［原文］

学者有段兢业①的心思，又要有段潇洒的趣味。若一味敛束清苦，是有秋杀②无春生，何以发育万物？

［注释］

①兢业：兢兢业业，小心谨慎，尽心尽力。②秋杀：秋天草木凋零，毫无生机。杀，谢。

［译文］

学者要有一份兢兢业业的心思，又要有一份潇洒的情趣。如果一味约束自己过清苦的生活，就是只有秋天的肃杀而没有春天的生机，怎么能滋育万物？

六十三

［原文］

真廉无廉名，立名者正所以为贪；大巧无巧术①，用术者乃所以为拙②。

［注释］

①巧术：机巧权术。②拙：愚蠢。

［译文］

真正廉洁的人没有廉洁的美名，立名正是因为他有贪念；最灵巧的人不使用权术，用权术正是因为愚蠢。

六十四

[原文]

欹(qī)器[1]以满覆，扑满[2]以空全。故君子宁居无，不居有；宁处缺，不处完。

[注释]

①欹器：一种倾斜易覆的器皿。空的时候倾斜，注满水时即翻倒。《荀子·宥坐》："孔子观于鲁桓公之庙，有欹器焉，孔子问于守庙者曰：'此为何器？'守庙者曰：'此盖为宥坐之器。'孔子曰：'吾闻宥坐之器者，虚则欹，中则正，满则覆。'"②扑满：用来存钱的陶罐，有入口无出口，满则需打破取出。

[译文]

欹器因为装满而翻倒，储蓄盒因为空无一钱而得以保全。所以君子宁愿处在无的境地，不愿处在有的境地；宁愿有所遗憾，不愿十全十美。

六十五

[原文]

名根未拔者，纵轻千乘甘一瓢[1]，总堕尘情；客气未融者，虽泽四海利万世，终为剩技。

[注释]

①轻千乘甘一瓢：轻千乘，轻视拥有千辆兵车的诸侯国的富贵。甘一瓢，以"一瓢饮"的贫苦生活为甘美。《论语·雍也》："贤哉回也，一箪食，一瓢饮，居陋巷，人不堪其忧，回也不改其乐。"

[译文]

名利之心没有消除，纵然轻视富贵甘于简陋生活，也总是陷于世俗之情；矫饰之心没有化解，虽然恩泽遍布四海流传千古，最终也是无用伎俩。

六十六

[原文]

心体光明，暗室中有青天；念头暗昧[1]，白日下生

厉鬼。

[注释]

①念头暗昧：指心存坏念头，内心邪恶。

[译文]

心地光明，即使在黑暗的屋子中也好像头顶有明亮的天空；心地阴暗，即使在明亮的阳光下也会遇见阴森的厉鬼。

六十七

[原文]

人知名位①为乐，不知无名无位之乐为最真；人知饥寒为忧，不知不饥不寒之忧为更甚。

[注释]

①名位：名誉和地位。

[译文]

人们知道有名有利是件乐事，却不知道没有名声地位才是真正的快乐；人们知道饥饿寒冷是令人忧愁的，却不知不饿不冷时的忧愁更深。

六十八

[原文]

为恶而畏人知，恶中犹有善路①；为善而急人知②，善处即是恶根。

[注释]

①善路：向善的途径。②急人知：急于让人知道。

[译文]

做了坏事怕别人知道，罪恶中还有通往善的途径；做了好事急着让人知道，好事里已埋下了恶的根源。

六十九

[原文]

天之机缄①不测，抑而伸、伸而抑，皆是播弄②英雄、颠倒豪杰处。君子只是逆来顺受，居安思危，天亦无所用其伎俩矣。

[注释]

①机缄：机关闭合。比喻气运的变化。②播弄：耍弄。

[译文]

命运的奥妙难以预测，有时先抑制你再使你发挥大志，有时是先使你实现抱负再使你受到压制，这都是对英雄豪杰的捉弄。君子只要能逆来顺受，居安思危，天的伎俩也无处可用。

七十

[原文]

躁性者火炽，遇物则焚；寡恩者冰清，逢物必杀。凝滞固执①者，如死水腐木，生机已绝。俱难建功业而延福祉②。

[注释]

①凝滞固执：指人顽固不化。②福祉：幸福、恩惠。

[译文]

性情暴躁的人像炽热的烈火，所遇到的东西就会被烧毁。性情刻薄的人像寒冷的冰，所遇到的东西就会被冻死。顽固的人像不流动的水、腐烂的木头，已经没有生机。这几种人都难以建功立业、恩泽后世。

七十一

[原文]

福不可徼①，养喜神②以为召福之本而已；祸不可避，去杀机以为远祸之方而已。

清净福荫
福不可求，积累善行福气自然来。

[注释]

①徼：祈求。②喜神：高兴愉悦的神态。

[译文]

福不是求来的，培养愉快的心情就是召来幸福的根本。祸不是躲开的，除去害人之念就是远离灾祸的方法。

七十二

[原文]

十语九中，未必称奇，一语不中，则愆尤[1]骈(pián)集[2]；十谋九成，未必归功，一谋不成，则訾(zǐ)议[3]丛兴。君子所以宁默毋躁，宁拙毋巧。

[注释]

①愆尤：指责归咎。尤，责怪。愆，过失。②骈集：接连而至。③訾议：非议、责难。訾，诋毁。

[译文]

说十句话有九句是正确的，未必有人称赞，有一句话没说对，就会责难云集；筹划了十件事，有九件成功了，不一定有人把功劳归给你，有一件事没有谋划成功，别人就会纷纷批评。所以，君子宁可缄默也不急躁多言，宁可看似笨拙，也不显露机巧。

七十三

[原文]

天地之气，暖则生，寒则杀[1]。故性气清冷者，受享[2]亦凉薄。唯和气暖心之人，其福亦厚，其泽亦长。

[注释]

①寒则杀：寒冷的冬天，万物凋零。②受享：享受、福分。

[译文]

自然界天气暖和时万物生长，天气寒冷时万物凋零。所以，性情冷漠的人，福分也比较浅。只有那些待人和气的好心人福分深，给别人留下的恩泽也长久。

七十四

[原文]

天理路上甚宽，稍游心[1]，胸中便觉广大宏朗；人欲路上甚窄，才寄迹[2]，眼前俱是荆棘泥涂。

[注释]

①游心：用心探讨。②寄迹：立足、踏足。

[译文]

天理的道路十分宽阔，稍微留心一下，就觉得心胸开朗；人欲的道路很狭窄，刚一落脚，眼前就都是荆棘泥泞。

七十五

[原文]

一苦一乐相磨练，练极而成福者，其福始久；一疑一信相参勘[1]，勘极而成知者，其知始真。

[注释]

①参勘：参证比照。

[译文]

痛苦与快乐相互磨练到饱和而得到的幸福才能长久；怀疑与相信相比较最后得到的知识才是真的智慧。

七十六

[原文]

心不可不虚，虚则义理[1]来居；心不可不实[2]，实则物欲不入。

[注释]

①义理：知识、道理。②实：充实。

[译文]

人不能不谦虚，只有谦虚才能接受真正的知识；人心不可以不充实，只有心灵充实的人才抵挡得住物欲的诱惑。

七十七

[原文]

地之秽者多生物，水之清者常无鱼，故君子当存含垢纳污①之量，不可持好洁独行之操。

[注释]

①含垢纳污：包藏容纳污垢。

[译文]

污秽的地方生物众多，清澈的水中常常没有鱼。所以君子应该有容纳尘俗的度量，不能自命清高、沽名钓誉。

七十八

[原文]

泛驾之马①可就驰驱，跃冶之金②终归型范。只一优游不振，便终身无个进步。白沙③云："为人多病未足羞，一生无病是吾忧。"真确论也。

[注释]

①泛驾之马：性情凶悍不易驯服的马。泛，翻倒。②跃冶之金：铸造器具当熔化的金属往模型里灌注时，金属有时会突然爆出模型外面。比喻不守本分而自命不凡的人。语出《庄子·大宗师》："今大冶铸金，金踊跃曰：'我且必为镆铘。'大冶必以为不祥之金。"③白沙：明朝学者陈献章，广东新会人，字公甫，由于隐居白沙里，世人称他为"白沙先生"，被誉为"活孟子"。著有《白沙子全集》十卷传世。

［译文］

拉翻车的马也可以训练后受人驾驭奔跑，翻腾的金属最终会被铸成器物。人如果一直自由自在，就一辈子没有进步。白沙说："人有许多缺点并不可耻，一辈子没有缺点才是令我担忧的。"这真是精辟的论述。

不贪为宝

明朝的屠任做官九年，从来不贪求贿赂。有人拿瓜菜来送给他，他说："这就是贿赂的开始啊！"并加以拒绝。他死后，只留下了几箱书而已。

七十九

［原文］

人只一念贪私，便销刚为柔，塞智为昏，变恩为惨①，染洁为污，坏了一生人品。故古人以不贪为宝，所以度越②一世。

［注释］

①惨：狠毒。②度越：超越。

［译文］

人只要有了贪私利的念头，就会由刚毅变为软弱，由聪明变为糊涂，由慈善变为残酷，由纯洁变为污浊，玷污了一生的清白。所以不把贪婪当作好事，才能一生平安。

八十

［原文］

耳目见闻为外贼，情欲意识为内贼。只是主人翁惺惺①不昧，独坐中堂，贼便化为家人矣。

［注释］

①惺惺：头脑清醒。

［译文］

耳濡目染的淫声美色是外来的盗贼，情欲和偏见是藏在内心的盗贼。只要主人能够思想清醒，在堂中央坐稳，这些盗贼就会变成修养品德的助手。

八十一

［原文］

图未就之功，不如保已成之业；悔既往之失①，不如防将来之非。

［注释］

①既往之失：过去的过失。

［译文］

图谋尚未完成的功业，不如保住已经完成的事业；悔恨过去的过失，不如预防将来的错误。

八十二

［原文］

气象①要高旷，而不可疏狂；心思要缜密，而不可琐屑；趣味要冲淡，而不可偏枯②；操守要严明，而不可激烈。

［注释］

①气象：气质、气度。②偏枯：枯燥单调。

［译文］

一个人的气度要高远，但不要流于狂放不羁；心思要细密，但不要琐碎繁杂；情趣要淡泊，但不要枯燥乏味；节操要严谨，但不要太激烈。

八十三

［原文］

风来疏竹，风过而竹不留声；雁度寒潭①，雁去而潭不留影。故君子事来而心始现，事去而心随空。

[注释]

①雁度寒潭：大雁飞过寒冷的深潭。

[译文]

风吹过稀疏的竹林，吹过后，竹林里不会留有风声；鸿雁飞过清冷的深潭，飞过后，潭水中没有留下鸿雁的身影。所以君子当事情到来时心中才思虑此事，事情过去了，心中就不再想什么了。

八十四

[原文]

清能有容，仁能善断，明不伤察，直不过矫，是谓蜜饯不甜，海味不咸，才是懿(yì)德[1]。

[注释]

①懿德：美德。

[译文]

清廉的人能容人，仁厚的人善于判断，精明的人不过分苛求，正直的人不过于做作，这就像蜜饯不太甜，海味不太咸，才是真正的美德。

八十五

[原文]

贫家净扫地，贫女净梳头。景色虽不艳丽，气度自是风雅。士君子一当穷愁寥落[1]**，奈何辄自废弛**[2]**哉！**

[注释]

①寥落：潦倒不得志。②废弛：废弃不用。

[译文]

穷人家把地打扫得干干净净，贫穷的女孩把头梳得整整齐齐。外表虽不艳丽，但却自然有一种高雅的气质。君子士人怎能因穷困潦倒就自轻自贱呢？

八十六

[原文]

闲中不放过，忙处有受用①；静中不落空，动处有受用；暗中不欺隐②，明处有受用。

[注释]

①受用：得到好处。②欺隐：欺诈隐瞒。

[译文]

清闲时抓紧时间用功，忙时就会有好处；静时不要让时间白白浪费，有事情时就有好处；不在暗中欺瞒别人，在公开的地方就会得到好处。

八十七

[原文]

念头起处，才觉向欲路①上去，便挽从理路②上来。一起便觉，一觉便转，此是转祸为福、起死回生的关头，切莫轻易放过。

[注释]

①欲路：私欲的方向。②理路：道德法则的方向。

[译文]

涌起的念头一发觉是朝着欲望方向的，就赶紧把它拉上理的正路。念头涌起就发现，一发现就扭转，这是把灾祸变为幸福，使死亡变为生机的关键，千万不要轻易放过。

清淡才得心之真味

富贵荣华如过眼云烟，只有平平淡淡才是最真之味。

八十八

[原文]

静中念虑澄彻①，见心之真体②；闲中气象从容，识心之真机；

淡中意趣冲夷③，得心之真味。观心证道，无如此三者。

［注释］

①澄彻：清楚明白。②真体：人心的本体。③冲夷：冲淡平和。

［译文］

清静的时候思想清楚，能看出心的本体；闲暇时气度从容，能发现心的玄机；淡泊时趣味冲淡平和，能体会到心的真谛。反省内心印证道理，没有比这三种更好的。

八十九

［原文］

静中静非真静，动处静得来，才是性天①之真境；乐处乐非真乐，苦中乐得来，才是心体之真机。

［注释］

①性天：天性，人之本性。

［译文］

在悄然无声的环境中所得到的安静，不是真正的安静，在喧闹骚动中获得的心情平静，才算达到天性原本的真境界；在快乐环境中得到的欢乐，不是真欢乐，只有在艰苦环境中仍然能保持快乐心情，才算获得心性原本的真谛。

九十

［原文］

舍己①毋处其疑②，处其疑，即所舍之志多愧矣；施人毋责其报③，责其报，并所施之心俱非矣。

［注释］

①舍己：牺牲自我。②毋处其疑：不要犹豫不决。③毋责其报：不能要求得到回报。

［译文］

既然要做出自我牺牲，就不要犹疑不决，如果迟迟不下决定，对自己

的牺牲作许多计较，那么那份舍己为人的心意就会打折扣；既然要施舍恩惠给别人，就不能要求得到回报，如果一定要求对方知恩图报，那么这份乐善好施的心意也就变质了。

九十一

[原文]

天薄①我以福，吾厚吾德以迓(yà)②之；天劳我以形，吾逸吾心以补之；天厄我以遇③，吾亨吾道以通之。天且奈我何哉？

[注释]

①薄：减轻。②迓：迎接、迎上前。③厄我以遇：让我的遭际陷入困境。厄，迫害、使困窘。

[译文]

上天不给我很多的福分，我就多多积德来培养我的福分；上天让我身体劳乏，我就保持安逸的精神来保养自己的身体；上天让我的生活陷入困境，我就虔诚修道来走出困境。我能做到以上几点，上天还能对我如何呢？

九十二

[原文]

贞士无心徼(jiǎo)福①，天即就无心处牖(yǒu)其衷②；憸(xiān)人③着意避祸，天即就着意中夺其魄。可见天之机权④最神，人之智巧何益。

[注释]

①徼福：祈求福分。②牖其衷：引导他完成心愿。牖，本义为窗户，引申为引导。衷，内心。③憸人：小人，奸佞之人。④机权：机巧权谋。

[译文]

志节忠贞的人不花心思为自己求福，可是上天却因他的无心而诱导他得到福祉；阴险邪恶的人用尽心机逃避灾难，可是上天却因他的有意而夺去他的精神魄力使他蒙受灾祸。显而易见，上天的玄机极其奥妙，神奇无比，人类的智谋机巧在上天面前实在是没什么用处。

九十三

[原文]

声妓晚景从良，一世之烟花[1]无碍；贞妇白头失守[2]，半生之清苦俱非。语云：“看人只看后半截。”真名言也。

[注释]

①烟花：卖笑生涯。②失守：失去贞洁操守。

[译文]

卖笑的风尘女子，在后半辈子能够嫁人做一个良家妻子，那么以前放荡淫逸的生活对后来的正常生活不会造成妨碍；一个一生都在坚守贞节的妇女，如果在晚年耐不住寂寞而失身，那么她半辈子的清苦都白费了。俗话说：“观察一个人的品行，只须看他的后半生。”这真是至理名言啊。

九十四

[原文]

平民肯种德施惠[1]，便是无位的公相；士夫徒贪权市宠[2]，竟成有爵的乞人。

[注释]

①种德施惠：积累善德，施行恩惠。②市宠：请功邀宠。

[译文]

一个老百姓如果愿意积善德、施恩惠，就是一个没有官位的公卿宰相受人景仰；一个达官显贵如果一味追名逐利、邀功争宠，竟成了一个有官位的乞丐。

九十五

[原文]

问祖宗之德泽[1]，吾身所享者是，当念其积累之难；问子孙之福祉，吾身所贻[2]者是，要思其倾覆之易。

[注释]

①德泽：恩德。②贻：遗留。

[译文]

如果要问我们的祖先给我们留下的恩泽有多少，只要看我们所享受幸福的厚薄多少就可以知道，从而要体念当初祖先为我们积累恩泽的艰难；如果要问我们的子孙将来能不能拥有幸福，只要看我们所留下的恩泽的多少就可以知道，因此我们要考虑到留下的恩泽如果不多，子孙们就很容易遭受家业衰败的厄运。

九十六

[原文]

君子而诈善，无异小人之肆恶[1]；君子而改节[2]，不若小人之自新。

[注释]

①肆恶：肆意为恶。②改节：改变自己的节操。

[译文]

名为君子却具有伪善的恶行，就和穷凶极恶的小人没什么两样；行仁义的君子如果改变自己的节操，倒不如那些能悔过自新的小人。

九十七

[原文]

家人有过，不宜暴扬，不宜轻弃。此事难言，借他事而隐讽[1]之。今日不悟，俟[2]来日再警之。如春风解冻，如和气消冰，才是家庭的型范[3]。

[注释]

①隐讽：用暗示、旁敲侧击的方法进行劝说。②俟：等候。③型范：典范。

[译文]

自己家里的人犯了错误，不能随便大发脾气，也不该轻易放过而就此不管。难以直接说明的错误，就用其他事情比喻来规劝和暗示。如果他当时不能悔悟，就要耐心地等到以后再进行劝告。就像和煦的春风能让冬天的寒冷消融，像温暖的气流能溶化凝结的冰一样，这样的家庭才算是幸福

的典范。

九十八

［原文］

此心常看得圆满，天下自无缺陷之世界；此心常放得宽平，天下自无险侧[1]之人情。

［注释］

①险侧：邪恶不正。

［译文］

一个人如果能胸怀一颗圆满善良的心灵，那么世界在他眼中就变得美好而没有缺憾；一个人如果能胸怀一颗宽大仁厚的心灵，那么他就不会感受到险恶不正的人情了。

九十九

［原文］

澹泊之士，必为浓艳者所疑；检饬(chì)[1]之人，多为放肆者所忌。君子处此固不可少变其操履[2]，亦不可太露其锋芒。

［注释］

①检饬：自我约束，言行谨慎。饬，谨慎。②操履：节操和品行。

［译文］

一个淡泊名利又有才能的人，一定会受到那些热衷名利的人的猜疑；一个谨言慎行的人，也常常会被那些肆无忌惮、邪恶放纵的人忌妒。君子处在这种被猜疑又被忌妒的环境中，固然不能丝毫改变自己的操守，也绝对不可以过度显露自己的才华和节操。

一〇〇

［原文］

居逆境中，周身皆针砭药石[1]，砥节砺行[2]而不觉；

处顺境内，眼前尽兵刃戈矛，销膏靡骨[3]而不知。

[注释]

①针砭药石：比喻劝谏良言。针，古时用以治病的金针。砭，古时用来治病的石针。药石，泛称治病用的药物。②砥节砺行：磨练节操和德行。砥和砺都是磨刀石，粗者为砥，细者为砺。③销膏靡骨：融化脂肪、腐蚀筋骨。销，熔化。膏，脂肪。靡，烂。

[译文]

人处在逆境中，在自己的周围就好像都是针砭药石，在不知不觉中磨炼我们的意志和品德；人处在顺境中，就像眼前都是刀剑戈矛，在不知不觉中伤害了我们，让我们走向堕落。

一〇一

[原文]

生长富贵丛中的，嗜欲[1]如猛火，权势似烈焰。若不带些清冷气味，其火焰不至焚人，必将自烁[2]矣。

孟姜女哭倒长城

人间至爱难能可贵。孟姜女的丈夫杞梁战死，她十分悲恸，守着尸身痛哭。最后，把长城哭倒了。

[注释]

①嗜欲：嗜好和欲望。②自烁：将自己烧伤。

[译文]

生长在富贵家庭中的人，对欲望的贪恋、对权势的追求就像一团熊熊燃烧的火焰。如果不加点清凉的气息，那么即使火焰不烧伤别人，也一定会把自己烧伤。

一〇二

[原文]

人心一真，便霜可飞[1]，城可陨[2]，金石可贯[3]。若伪妄之人，形骸徒具，真宰[4]已亡，对人则面

目可憎，独居则形影自愧。

[注释]

①霜可飞：比喻人的真诚可以感动上天，变不可能为可能，可在夏天降霜。《淮南子》：“邹衍事燕惠王，左右谮之王，王系之狱，仰天哭，夏五月，天为之下霜。”②城可陨：此处比喻至诚可感动上天，而使城墙崩毁。刘向《列女传》：“齐杞梁殖战死，其妻哭于城下，十日而城崩。”③贯：穿透。④真宰：万物的主宰。此指人的灵魂。

[译文]

人的心灵如果完全真诚，就可以使五月下霜、使城墙倒塌、使金石贯穿。而一个人如果虚伪狡诈，空有一副躯壳，真正的心灵早就丧失了，那么他的面目必然会令人厌恶，就是独自一人时也会为自己的行为觉得惭愧。

一〇三

[原文]

文章作到极处①，无有他奇，只是恰好；人品做到极处，无有他异，只是本然②。

[注释]

①极处：最高的境界。②本然：自然本性。

[译文]

文章写到最高的境界，就没有什么特别的地方，只是表达得恰到好处而已；品行修养到最高的境界，没有什么不同的地方，只是性情归到自然本性而已。

一〇四

[原文]

以幻迹言，无论功名富贵，即肢体亦属委形①；以真境言，无论父母兄弟，即万物皆吾一体。人能看得破，认得真，才可任天下之负担，亦可脱世间之缰锁②。

[注释]

①委形：赋予形体。委，赋予。《庄子·知北游》：“吾身非吾有，孰有之哉？曰：是天地之委形也。”②缰锁：牵制、束缚。

[译文]

从虚幻的现象来看，不只金钱名利是假象，就连四肢五官也都是上天借给的躯壳；从真实的境界来看，不只父母兄弟不是外人，就是万事万物也和我同为一体。所以，人要看得透彻，认得真切，才可以担负天下的重任，也可以摆脱世间功名利禄的束缚。

一〇五

[原文]

爽口之味，皆烂肠腐骨之药①，五分便无殃；快心之事，悉败身丧德之媒②，五分便无悔。

[注释]

①烂肠腐骨之药：强调多吃山珍海味就伤害肠胃。②媒：媒介。

[译文]

可口的美味其实都是毒害身体的毒药，但如果只吃五分就没有伤害；令人高兴的事其实都是引人身败名裂的媒介，但如果只做到五分就不至于将来追悔莫及。

一〇六

[原文]

不责人小过，不发人阴私，不念人旧恶①，三者可以养德，亦可以远害。

[注释]

①旧恶：指他人以前的过失或旧仇。《论语》：“子曰：‘伯夷叔齐，不念旧恶，怨是用希。’”

[译文]

不责备别人的小错，不揭露别人的隐私，不记住和别人的旧仇。这三点可以培养人的品德，也可以使人避免突如其来的灾祸。

一〇七

[原文]

士君子持身不可轻，轻则物能挠[1]我，而无悠闲镇定之趣；用意不可重，重则我为物泥[2]，而无潇洒活泼之机。

[注释]

①挠：扰乱、困扰。②泥：约束。

[译文]

君子做人不可轻率，轻率会被外物阻碍困扰，失去了悠闲镇静的乐趣；做事不要思虑得太多，思虑过多就会被外物制约，失去潇洒活泼的乐趣。

一〇八

[原文]

天地有万古，此身不再得；人生只百年，此日最易过。幸生其间者，不可不知有生之乐，亦不可不怀虚生[1]之忧。

[注释]

①虚生：虚度一生无所作为。

[译文]

天地可以万古常在，人却不能再活一次；人生最多活过百年，时间很容易过去。侥幸能生于天地之间的人，不能不体味一下生活的乐趣，也不能不担心自己会虚度时光。

一〇九

[原文]

怨因德彰[1]，故使人德我，不若德怨之两忘；仇因恩立[2]，故使人知恩，不若恩仇之俱泯[3]。

[注释]

①怨因德彰：怨恨因为善行而更加明显。彰，明显。②仇因恩立：仇

怨由恩惠而产生。③泯：消失。

［译文］

怨恨是因为有善行而更加明显，所以与其让人感激我，还不如把别人对我的感激和怨恨全都忘却；因为有恩惠才有仇恨，所以与其让别人知道我的恩惠，还不如把恩仇彻底忘掉。

一一〇

［原文］

老来疾病，都是壮时招的；衰后罪孽，都是盛时作的。故持盈履满[1]，君子尤兢兢[2]焉。

［注释］

①持盈履满：指守住成业，保持完整。②兢兢：小心谨慎。

［译文］

年老时得的病，都是年轻时不爱护身体造成的。失意时遭受的灾难，都是得意时不检点造成的。所以君子当事业成功生活美满时，尤其要小心翼翼。

一一一

［原文］

市私恩[1]，不如扶公议[2]；结新知，不如敦[3]旧好；立荣名，不如种隐德；尚奇节，不如谨庸行。

［注释］

①市私恩：私恩是出自私心所施的恩惠，指收买人心。市，买卖。②扶公议：以光明正大的行为争取社会声誉。公议，社会舆论。扶，扶持。③敦：促进、加深。

［译文］

与其笼络人心，还不如赢得公众的好评；与其结交新人，还不如加深与老朋友之间的友情；与其标榜名声，不如暗中积善；与其追求奇功，还不如注意平时的一言一行。

一一二

[原文]

公平正论不可犯手[1]，一犯则贻羞万世；权门私窦[2]不可着脚，一着则点[3]污终身。

[注释]

①犯手：触犯、违犯。②私窦：私门，暗行请托之门，即走后门。窦，储藏粮食的窖，小门也叫窦。③点：玷污。

[译文]

凡是公众们共同遵守的道德规范和法律，不可以轻易去冒犯，一旦冒犯，就会留下千秋万代令人含羞的恶名；凡是权贵徇私舞弊的地方，不可以轻易踏进去，一旦踏进，就会沾染上洗刷不尽的恶名。

强项令

光武帝时，董宣斩杀湖阳公主作恶的奴仆，并拒绝向公主叩头谢罪。光武帝深感其刚正不阿，敕封其为强项令。

一一三

[原文]

曲意而使人喜，不若直躬[1]而使人忌；无善而致人誉，不若无恶而致人毁。

[注释]

①直躬：本义是直着身子，引申为刚正不阿。

[译文]

一个人违背自己的意愿而去博得别人的欢心，还不如刚正耿直、光明磊落而受到别人的嫌忌；一个人没有做什么善事却无故受到别人的赞颂，还不如没有做什么坏事而招来小人的诋毁。

一一四

[原文]

处父兄骨肉之变，宜从容不宜激烈；遇朋友交游之失，宜剀（kǎi）切①不宜优游②。

[注释]

①剀切：切中事理。②优游：犹豫不决。

[译文]

当自己的父母、兄弟之间发生什么意料不到的变故时，应该保持镇静，不可太过冲动而感情用事；当与朋友交往发现对方有过错时，应该诚恳地加以规劝，而不能得过且过地让他继续错下去。

一一五

[原文]

小处不渗漏①，暗处不欺隐，末路不怠荒②，才是个真正英雄。

[注释]

①渗漏：疏漏。②怠荒：懈怠、荒废。

[译文]

在细枝末节的小事情上，不粗心大意、疏忽遗漏；在别人看不到的地方也不做什么愧对于人的事情，在自己失意潦倒的时候，不丧失自己的进取之心，这样才能算是真正的英雄好汉。

一一六

[原文]

千金难结一时之欢，一饭竟致终身之感。盖爱重反为仇，薄极①翻成喜也。

[注释]

①薄极：指极其微小的恩惠。

［译文］

用千金家财来馈赠他人，有时也难以打动人家的心，相反有时候只是接济别人一顿饭，却能得到别人对你终生感激之情。这就是说过分的呵护很容易变成仇恨，而一点小小的恩惠反而容易讨人欢心。

一一七

［原文］

藏巧于拙，用晦而明，寓清于浊，以屈为伸，真涉世之一壶①，藏身之三窟②也。

［注释］

①壶：壶通“瓠”，即瓠瓜，古人渡水时系于腰间，相当于现在的救生衣。②三窟：即“狡兔三窟”。意为有多处藏身之所。《战国策·齐策四》：“狡兔有三窟，仅得一免其死耳；今君有一窟，使得高枕而卧也，请为君再凿二窟。”

［译文］

人应该宁可显得笨拙一点也不要暴露自己的聪明，宁可用谦虚来收敛自己也不能锋芒毕露，宁可随和一点也不要自命清高，宁可后退一些也不要太积极冒进，这才是真正的处世诀窍。

一一八

［原文］

衰飒的景象，就在盛满中；发生的机缄①，即在零落内。故君子居安宜操一心以虑患，处变当坚百忍②以图成。

［注释］

①机缄：生机。②百忍：极度忍耐。

［译文］

凡是衰败萧瑟的景象，往往很早就在繁华的盛况之中隐藏着；万物的蓬勃生机，也早就孕育其凋零的时刻。所以一个聪明有德的人应当在自己处在顺境中时，就要有防患于未然的考虑，而当自己处在动乱和灾祸中时，也要用坚贞不屈的精神策划未来事业最后的成功。

一一九

[原文]

惊奇喜异者，无远大之识；苦节①独行者，非恒久之操。

[注释]

①苦节：坚守名节。

[译文]

喜欢标新立异的人，必然不会有远大的见识；刻苦潜修，特立独行，也不是一个人应有的长久不变的操守。

一二〇

[原文]

当怒火欲水正腾沸处，明明知得，又明明犯着。知的是谁，犯的又是谁？此处能猛然转念，邪魔①便为真君②矣。

[注释]

①邪魔：佛家语，指欲念。②真君：真宰，万物的主宰。《庄子·齐物论》："其有真君存焉。"

[译文]

当一个人怒火中烧或欲火升腾的时候，往往不能克制自己，虽然他自己明知道这样做是不对的，但又偏偏去触犯。知道这个道理的是谁，明知故犯的又是谁呢？如果这时能够冷静下来，猛然改变念头，那么邪恶的魔鬼就成了善良的圣人。

一二一

[原文]

毋偏信而为奸所欺，毋自任①而为气所使②，毋以己之长而形人之短，毋因己之拙而忌人之能。

[注释]

①自任：过高估计自己。②为气所使：被自我的意气驱使。

[译文]

一个人不要相信片面之词而被一些奸诈小人所欺骗，不要自视过高而被一时的意气所蒙蔽，不要用自己的长处来比较人家的短处，不要因为自己的笨拙就忌妒人家的才能。

善言格天

擅于观察天象，可以得到上天的启示。同样，擅于观察人，可以在人际关系处理中游刃有余。

一二二

[原文]

人之短处，要曲为弥缝，如暴而扬之[1]，是以短攻短；人有顽固，要善为化诲，如忿而嫉[2]之，是以顽济顽。

[注释]

①暴而扬之：揭发并加以宣扬。②嫉：憎恨。

[译文]

当我们发现了别人的缺点时，要很委婉地为他掩饰，如果故意揭发并宣扬他的缺点，就会伤害别人的自尊心，同时也等于是用自己的缺点去攻击别人的缺点；当我们发现别人固执己见时，要耐心地去劝导，如果因为他的固执而去怨愤和讨厌他，就等于是用自己的顽固执拗来帮助别人的顽固执拗。

一二三

[原文]

遇沉沉[1]不语之士，且莫输心[2]；见悻悻[3]自好之人，应须防口。

［注释］

①沉沉：阴险冷酷。②输心：诚心、真心。③悻悻：愤愤不平。

［译文］

遇到表情冷漠不说话的人，暂时不要急着和他推心置腹；而遇到一个高傲的自以为是的人，就要谨慎自己的言谈。

一二四

［原文］

念头昏散处，要知提醒；念头吃紧时，要知放下。不然恐去昏昏①之病，又来憧憧②之扰矣。

［注释］

①昏昏：神志不清醒。②憧憧：神思恍惚的样子。

［译文］

当头脑昏沉，心绪烦乱时，要提醒自己平静下来清醒一下自己的头脑；当工作忙碌情绪紧张时，要懂得暂时放下工作，以便使自己的情绪恢复安定。否则刚刚才克服了昏乱的毛病，又惹来了心神恍惚的困扰。

一二五

［原文］

霁(jì)日青天，倏(shū)①变为迅雷震电；疾风怒雨，倏转为朗月晴空。气机②何尝一毫凝滞，太虚③何尝一毫障塞，人心之体亦当如是。

［注释］

①倏：一下子，突然。②气机：气，古人认为是构成万物本原的物质。机，导致时气变化的力量。③太虚：广漠无垠的天空。

［译文］

晴朗无云的天空，忽然间会变得电闪雷鸣；疾风暴雨的天气，忽然间又变成万里晴空。大自然的力量何曾有一分一毫的停滞，广阔的天空又何曾能被遮蔽阻塞，人的心灵也要和大自然一样自然运转，不被名利所阻碍。

一二六

［原文］

胜私制欲之功，有曰：识不早，力不易者；有曰：识得破，忍不过者。盖识是一颗照魔的明珠①，力是一把斩魔的慧剑②，两不可少也。

［注释］

①明珠：这里指明月珠。佛经《净土论注》说此珠“置之浊水，水即清净；投之浊心，念念之中罪灭心净”。②慧剑：佛家语，比喻智慧如利剑一样，能斩断俗世万缘、烦恼与魔障。《维摩诘经 · 菩萨行品》：“以智慧剑破烦恼。”

［译文］

对于战胜自己私心和克制自己欲念的功夫，有的人说：没有过早发现，自己的意志力因此无法克服；有的人说：明知欲念的害处，却又忍受不了它的诱惑。因为一个人的见识是一颗照出邪恶的明珠，意志力是一把能斩除邪魔的利剑，要想克制自己的欲念，见识和意志力是缺一不可的。

一二七

［原文］

觉人之诈，不形于言①；受人之侮，不动于色。此中有无穷意味，亦有无穷受用。

［注释］

①不形于言：不在言语里表现出来。形，表露在外。

［译文］

当发现别人在欺骗自己时，不要立刻说出来；当受到别人的侮辱时，也不要在表情上表露出自己的愤怒。这里有无穷的意蕴，也含有一生用之不竭的奥妙。

一二八

［原文］

横逆困穷，是煅炼豪杰的一副炉锤①。能受其煅炼，

则身心交[2]益；不受其煅炼者，则身心交损。

［注释］

①炉锤：这里指锻炼豪杰的环境。②交：都、同时。

［译文］

横逆、灾难、困苦的环境就像是锻炼英雄豪杰的熔炉，只要能够承受这种锻炼，人的身心就会同时得到好处；相反，受不了这种磨炼，人的身心都会受到损害。

一二九

［原文］

吾身一小天地也，使喜怒不愆，好恶有则，便是燮(xiè)理[1]的功夫；天地一大父母也，使民无怨咨，物无氛疹[2]，亦是敦睦[3]的气象。

［注释］

①燮理：调理、治理。②氛疹：各种凶病，引申为灾害。③敦睦：和谐的景象。

［译文］

我们的身体就像一个小天地，如果能让自己喜怒不逾越道德理法，让自己的好恶遵守一定的准则，这就是调理和谐的功夫；大自然就像是人的父母一样，如果能使人民没有怨叹，万物没有灾害，也是一番上下和谐的景象。

一三〇

［原文］

害人之心不可有，防人之心不可无，此戒疏于虑[1]也；宁受人之欺，毋逆人之诈，此警伤于察[2]者。二语并存，精明浑厚矣。

［注释］

①疏于虑：忽略于防备。②伤于察：这里指警觉性过高。

[译文]

不可以存有害人的念头，也不可以没有防人的心思，这是用来告诫那些思虑不周警惕性不高的人；宁可受到别人的欺负，也不要去揣摩别人的机诈之心，这是用来告诫那些过分小心提防的人。如果与人交往中能够做到这两句话，那才算是警惕性高又不失纯朴宽仁了。

一三一

[原文]

毋因群疑而阻独见，毋任己意[1]而废人言，毋私小惠而伤大体，毋借公论以快[2]私情。

[注释]

①任己意：固执己见。②快：快意。《孟子·梁惠王》："抑王兴甲兵，危士臣构怨于诸侯，然后快于心与？"

[译文]

不要因为大多数人的猜疑而影响了自己的见解，不要固执己见而不肯听从别人的忠实劝谏，不要为了自己的小利益而伤害了大多数人的利益，不要借公众的舆论来满足自己的私欲。

一三二

[原文]

善人未能急亲，不宜预扬，恐来谗谮(zèn)[1]之奸；恶人未能轻去，不宜先发，恐招媒蘖[2]之祸。

[注释]

①谗谮：诬陷别人的谗言和谮语。②媒蘖：本义为酿酒的原料，这里指编织罪名，构陷他人。

[译文]

要想结交一个有修养的人，不必急着和他亲近，不要事先宣扬他的美德，以免遭到坏人的谗言和诋毁；要想摆脱一个心地险恶的人，不要轻率地打发他走，不要先揭发他的恶行，以免遭到他的诬陷和报复。

一三三

[原文]

青天白日的节义，自暗室屋漏[1]中培来；旋乾转坤的经纶，从临深履薄[2]处操出。

[注释]

①屋漏：在屋子的东北角落，是古人安藏神主的地方。引申为人们看不到的细小角落。②临深履薄：面临深渊脚踏薄冰，比喻人在险恶的环境中。

[译文]

青天白日般高洁的节操义举，是在一种十分艰辛的环境中培养出来的；扭转局势的雄才伟略，是在令人战战兢兢的险境中锻炼出来的。

一三四

[原文]

父慈子孝，兄友弟恭，纵做到极处，俱是合当如此，着不得一毫感激的念头。如施者任德[1]，受者怀恩，便是路人，便成市道[2]矣。

[注释]

①任德：接受别人的感激。②市道：市井交易之道。

[译文]

父母对子女的慈爱，子女对父母的孝敬，哥哥姐姐对弟弟妹妹的呵护，弟弟妹妹对哥哥姐姐的尊敬等，这些即使做到最完美的境界，也只是应该如此，彼此之间用不着存在感激的念头。如果施恩的人自以为是恩人，接受的人抱着

寝门视膳

古人认为，父慈子孝、兄友弟恭是一种理想人格。周文王谨守孝道，每天都要探望父亲，照顾父亲的饮食起居，亲自查看食物的冷热。

感恩图报的想法，那么彼此之间的关系就像路上的陌生人一样，把真挚的骨肉之情变成了一种市井交易。

一三五

[原文]

有妍必有丑为之对①，我不夸妍，谁能丑我？有洁必有污为之仇，我不好洁，谁能污我？

[注释]

①为之对：和它相对。

[译文]

天地间的事物，有美丽就必定有丑陋和它相对，只要我不夸自己美丽，又有谁会说我丑陋呢？有洁净就必定会有污秽和它相对，只要我不夸自己洁净，又有谁能来说我污秽呢？

一三六

[原文]

炎凉之态，富贵更甚于贫贱；妒忌之心，骨肉尤狠于外人。此处若不当以冷肠①，御以平气②，鲜不日坐烦恼障③中矣。

[注释]

①冷肠：客观冷静的态度。②平气：平和的心理。③烦恼障：佛家语。人因贪、嗔、痴等产生烦恼，佛家称之为“烦恼障”。

[译文]

人情的冷暖，世态的炎凉，在富贵人家比贫贱的人家表现得更为鲜明；忌妒、猜疑的心理，在亲骨肉之间比和外人之间更为明显。在这种情况下，如果不用冷静的态度、平和的心理来解决的话，那就会整日处在烦恼中了。

一三七

[原文]

功过不容少混，混则人怀惰隳(duò huī)①之心；恩仇不可太明，明则人起携贰②之志。

[注释]

①惰隳：懒惰堕落。②携贰：有二心，有离心。贰，二心。

[译文]

对部下的过失和功劳不可以有一点含混，如果含混不清就会让人产生苟且怠惰的心理；一个人对于恩惠和仇恨，不可以表现得过于分明，太分明就会使人产生疑心而发生背离的事情。

一三八

[原文]

爵位不宜太盛，太盛则危；能事不宜尽毕，尽毕则衰；行谊①不宜过高，过高则谤兴而毁来。

[注释]

①行谊：指品行和道义。

[译文]

官最好不要做得太大，太大就有遭到人家忌妒而使自己陷于困境的危险；能做得很好的事也不要做得太完美了，太完美了就会使自己走向衰败；言行不可以太高出别人，高出别人太多就会受到人的中伤而毁坏了名誉。

一三九

[原文]

恶忌阴①，善忌阳②，故恶之显者祸浅，而隐者祸深；善之显者功小，而隐者功大。

[注释]

①阴：不易被人发现。②阳：此处意为宣扬出去。

[译文]

做了坏事最忌讳的是隐藏不让人知道，做好事最怕的是到处宣扬，所以做坏事能及早被发现，那灾祸就会小，如果掩盖那灾祸就会更大。如果一个人做了好事而自己宣扬出去，那功德则小，只有在暗中默默行善功德才大。

一四〇

[原文]

德者才之主，才者德之奴。有才无德，如家无主而奴用事矣，几何不魍魉（wǎng liǎng）[1]猖狂。

[注释]

①魍魉：各种鬼怪。

[译文]

品德应是一个人才能的主宰，才能应是一个人品德的奴婢。如果一个人只有才能而缺乏品德，就好像一个家庭没有主人而奴婢做主，这样哪有不胡作非为，狂妄嚣张的呢？

一四一

[原文]

锄奸杜幸[1]，要放他一条去路。若使之一无所容，譬如塞鼠穴者，一切去路都塞尽，则一切好物俱咬破矣。

[注释]

①幸：得宠的奸佞之臣。

[译文]

要想铲除杜绝那些邪恶奸诈之人，就要给他们一条改过自新的途径。如果使他们走投无路，就好像堵塞老鼠洞一样，一切进出的道路都阻塞了，一切好的东西也都会被咬坏了。

一四二

[原文]

当与人同过①，不当与人同功，同功则相忌；可与人共患难，不可与人共安乐，共安乐则相仇。

[注释]

①同过：一同承担过失。

[译文]

应该勇于和别人共同承担过失，不应当和别人共同享受功劳，共享功劳就会引起彼此的猜忌；应该和别人共同度过艰难困苦，不该和别人共同享受安乐，共享安乐会造成互相仇恨。

一四三

[原文]

士君子贫不能济物①者，遇人痴迷②处，出一言提醒之，遇人急难处，出一言解救之，亦是无量功德。

[注释]

①济物：用财物接济别人。②痴迷：迷惑。

[译文]

有学问有节操的人，如果贫穷得无法用物质去接济他人，但当遇到别人为某件事执迷不悟时，能去指点他、提醒他，当遇到别人发生危急困难时，能为他说几句公道的话，使他解除困扰，也算是无限的大功德。

一四四

[原文]

饥则附，饱则飏(yáng)①，燠(yù)②则趋，寒则弃，人情通患也。君子宜净拭冷眼，慎勿轻动刚肠③。

[注释]

①飏：飞扬。这里指远走。②燠：暖和。此处引申为富贵。③刚肠：

刚正不阿。

[译文]

饥饿潦倒时就去投靠人家，丰裕饱足时就远走高飞，看到人家富贵就去巴结，看到人家贫寒就掉头而去，这是一般人的通病。一个有才学品德的人，要以冷静的态度来面对事情，要小心谨慎，不要轻易地表露自己刚直的态度。

苏秦衣锦还乡

战国时期的苏秦落魄时，嫂子不给他饭吃，还耻笑他。苏秦掌六国相印，衣锦还乡后，嫂子出门相迎，态度恭敬。

一四五

[原文]

德随量进[1]，量由识长，故欲厚其德，不可不弘其量；欲弘其量，不可不大其识。

[注释]

①德随量进：人的品德随着气量而增进。

[译文]

人的道德是随着气量的增长而增长的，人的气量又是随着人的见识的增长而增长的。所以要想增长自己的品德，不可不使自己的气量更宏大；要想使自己的气量更宏大，不能不拓宽自己的见识。

一四六

[原文]

一灯萤然，万籁无声，此吾人初入宴寂[1]时也；晓梦初醒，群动未起，此吾人初出混沌处也。乘此而一念回光，炯然返照，始知耳目口鼻皆桎梏[2]，而情欲嗜好悉机械[3]矣。

[注释]

①宴寂：晚上寂静之时。②桎梏：桎和梏是古代两种刑具，此处指约束。③机械：机关和械具，这里引申为束缚。

[译文]

一盏微弱的灯光，寂静无声的夜晚，这是人们正要入睡的时候；清晨从梦中醒来，万物还没有苏醒，这是人们刚从朦胧的梦境中走出来。如果能利用这一刻来澄清自己的内心，来反省自身的一切，便会明白耳目口鼻是约束我们心智的枷锁，而情欲爱好都是使我们堕落的束缚。

一四七

[原文]

反己者，触事皆成药石；尤人者，动念即是戈矛。一以辟众善之路，一以濬①诸恶之源，相去霄壤②矣。

[注释]

①濬：同“浚”，疏通河道。②霄壤：天上和地下，形容差别极大。

[译文]

一个能随时反省自己的人，平时能接触到的事物都能成为修身养性的良药；一个整日怨天尤人的人，他心中的念头都像是会伤人的戈矛一样。前者是用来开辟无数善行的道路，后者是走向罪恶的渊源，两者有天壤之别。

一四八

[原文]

事业文章随身销毁①，而精神万古如新；功名富贵逐世转移②，而气节千载一日。君子信不当以彼易此也。

[注释]

①销毁：消亡、失去。②逐世转移：随着时代而变化。

[译文]

事业和文章都会随着人的死亡而消失，但圣贤的精神却可以永久不变；功名利禄和荣华富贵都会随着时代的变换而转移，但义士的气节却可以万古不朽。所以，一个真正的君子是不可以用一时的事业功名来换取永恒的精神气节的。

一四九

[原文]

鱼网之设，鸿则罹①其中；螳螂之贪，雀又乘其后。机里藏机，变外生变，智巧何足恃哉？

[注释]

①罹：遭逢、碰上。

[译文]

设置渔网是为了捕鱼，鸿雁却落网被捉住；螳螂贪吃眼前的蝉，却不知黄雀已在它身后伺机而动。玄机里隐藏玄机，变化之外还会再生变化，人的智慧和计谋怎么能够凭恃呢？

一五〇

[原文]

作人无点真恳念头，便成个花子①，事事皆虚；涉世无段圆活机趣②，便是个木人，处处有碍。

[注释]

①花子：乞丐。②圆活机趣：圆通灵活、随机应变的趣味。

[译文]

做人如果没有一点真实诚恳的念头，就会成为一个虚有其表的人，无论任何事情都会做得很虚假；处世如果没有一点圆通灵活、随机应变的趣味，就成了一个木头人，无论做任何事情都会碰到障碍。

一五一

[原文]

水不波则自定，鉴①不翳②则自明，故心无可清，去其混之者，而清自现；乐不必寻，去其苦之者，而乐自存。

［注释］

①鉴：镜子。②翳：遮蔽。

［译文］

水不兴风作浪就会自然安定，没有灰尘遮蔽的镜子自然是明净的，所以人的心灵没有什么需要刻意清洁，只要去除心中的贪欲，清纯的心灵自然会呈现；快乐不需要去刻意寻找，只要心中排除了一切痛苦和烦恼，快乐就自然会存在了。

一五二

［原文］

有一念而犯鬼神之禁[1]，一言而伤天地之和，一事而酿子孙之祸者，最宜切戒。

［注释］

①鬼神之禁：触犯鬼神的禁忌。禁，禁忌。

［译文］

如果有一个邪恶的念头会触犯鬼神的禁忌，如果说一句话会伤害天地人世的祥和，如果做一件事会给子孙后代带来灾祸，那么这句话、这件事都是我们需要警戒的。

一五三

［原文］

事有急之不白者，宽之或自明，毋躁急以速其忿；人有操之不从者，纵之或自化[1]，毋操切[2]以益其顽。

［注释］

①自化：自己觉悟。②操切：急躁、急切。

［译文］

有些事情越是急着想弄清楚，就越是弄不清楚，暂时缓和心情，或许头脑冷静就会自然明白，不要过度急躁使事情变得更加纷乱；有些人想指挥他却就是不愿听从，任其发展，或许他就能够自然觉悟，不要太急切，以免增强他的顽固。

一五四

［原文］

节义傲青云，文章高白雪[1]，若不以德性陶镕之，终为血气之私[2]，技能之末。

［注释］

①文章高白雪：品味高雅的文章。白雪，高雅乐曲的名称。②血气之私：凭个人意气用事。

［译文］

节操和义气足以胜过高官厚禄，生动感人的文章足以胜过白雪名曲，然而不用高深的道德来陶冶它们，节操和义气终究仅仅是一时的意气用事，感人的文章也只能算是微不足道的雕虫小技。

一五五

［原文］

谢事[1]当谢于正盛之时，居身宜居于独后[2]之地。谨德须谨于至微之事，施恩务施于不报之人[3]。

［注释］

①谢事：辞职隐退。②独后：独自在后面，不与别人争先。③不报之人：没有能力回报的人。

［译文］

引退要在自己事业处在鼎盛的时候，这样才能使自己有一个完满的结局；处世应与人无争，这样才可能彻底地修身养性。人要加强品德修养须在细枝末节上下功夫，积德行善就要给那些不能报答自己的人。

德灭祥桑

商代中宗时，有桑树与榖树在朝中长得大如合抱，中宗觉得怪异而心中恐惧。大臣伊陟说，妖不能胜德。于是，中宗修德政，后来桑树枯死，商道复兴。

一五六

[原文]

交市人不如友山翁；谒朱门不如亲白屋[1]；听街谈巷语，不如闻樵歌牧咏；谈今人失德过举，不如述古人嘉言懿(yì)行[2]。

[注释]

①白屋：穷苦人的简陋房屋，用茅草搭成。②懿行：美好的言行。

[译文]

与其和市井商贾结交不如和山野老翁来往；与其进出权贵之家不如和平民百姓亲近；与其听街坊邻居的流言蜚语，不如听樵夫的民谣和牧童的山歌；与其议论今人的错误过失，不如传述古人的善言美行。

一五七

[原文]

德者事业之基，未有基不固而栋宇[1]坚久者。心者后裔[2]之根，未有根不植而枝叶荣茂者。

[注释]

①栋宇：房屋。②后裔：子孙后代。

[译文]

高尚的品德是一个人事业的基础，这就像盖房子一样，如果没有坚实的地基，就不可能建筑坚固耐用的房屋。我们善良的心地是后代子孙的根本，这就像栽花种树一样，如果不把根须埋在泥土里，就不可能有繁花似锦、枝叶茂盛的景象。

一五八

[原文]

前人云："抛却自家无尽藏[1]，沿门持钵效贫儿。"又云："暴富贫儿休说梦，谁家灶里火无烟？"一箴[2]自昧所有，一箴自夸所有，可为学问切戒。

［注释］

①无尽藏：佛教语。泛指事物之取用无尽。②箴：劝诫、告诫。

［译文］

从前的人说："抛弃自己家里无穷宝藏，效仿乞丐拿着饭碗沿街乞讨。"又说："突然发财的人不要信口胡说，有谁家里的炉灶只会生火不会冒烟？"这两句话，一则是规劝那些蔑视自己的人，一则是忠告那些炫耀自己的人，也是做学问的人应当戒除的事情。

一五九

［原文］

道是一件公众物事，当随人而接引①；学是一个寻常家饭，当随事而警惕。

［注释］

①接引：佛家语。本指引度众生，这里指引导。

［译文］

人生的道理是一件人人都可以追求的事情，应该随着个人的性情来加以引导；做学问就像每个人吃的家常便饭一样，应该随着事情的变化而有所戒慎和警惕。

一六〇

［原文］

信人者，人未必尽诚①，己则独诚矣；疑人者，人未必皆诈，己则先诈矣。

［注释］

①尽诚：以诚相待。

［译文］

能够信任别人的人，别人不一定就会以诚相待，但至少自己是诚实的；一个常怀疑别人的人，别人不一定都是虚伪狡诈的，但至少自己已经做了虚诈之人了。

一六一

[原文]

念头宽厚的，如春风煦育①，万物遭之而生；念头忌刻的，如朔雪阴凝②，万物遭之而死。

[注释]

①煦育：抚育、化育。煦，温暖。②朔雪阴凝：阴冷凝固的冰雪。

[译文]

一个心怀宽大仁厚的人，就像温暖和煦的春风，能够化育万物，给万物带来勃勃生机；一个心胸窄小待人刻薄的人，就像寒冷的冰雪，万物遇到它都会被摧残，枯萎凋零。

一六二

[原文]

为善不见其益，如草里冬瓜，自应暗长；为恶不见其损①，如庭前春雪，当必潜消②。

[注释]

①损：害处。②潜消：暗暗消融。

[译文]

做好事不能立刻就看到它的益处，如同草里生长的冬瓜，自然会在暗中长大；一个人做坏事表面上看不出有什么害处，但是那害处就像春天庭院里的积雪，必然会慢慢地消融。

一六三

[原文]

遇故旧之交，意气要愈新；处隐微之事，心迹宜愈显①；待衰朽之人，恩礼当愈隆。

[注释]

①心迹宜愈显：态度要更加坦诚。

[译文]

遇到多年不见的老朋友，情意要更加真诚，气氛要更加浓烈；处理机密的事情，态度要更加光明磊落，要心怀公正；对待衰落的人，礼节要更加恭敬，照顾要更加周到。

一六四

[原文]

勤者敏于德义，而世人借勤以济其贪；俭者淡于货利①，而世人假俭以饰其吝。君子持身之符②，反为小人营私之具矣，惜哉！

[注释]

①货利：钱财。②符：标准、法则。

[译文]

勤奋的人应该努力培养自己的品德和仁义，可是世上的人偏偏凭借勤奋来满足自己的贪念；节俭的人应该对钱财名利保持淡泊，可是世上的人偏偏借节俭的名义来掩饰自己的吝啬。勤奋和节俭本来是君子修身养性的标准，却反而成了市井小人用来营私求利的工具，真是可惜啊！

一六五

[原文]

凭意兴①作为者，随作则随止，岂是不退之轮？从情识解悟者，有悟则有迷，终非常明之灯。

[注释]

①意兴：个人意趣。

[译文]

一个只凭一时的意气、兴趣做事的人，随时会开始，也会随时停止，哪能像车轮一样勇往直前呢？一个只从感情意识中领悟道理的人，有时会清醒，有时会迷惑，终究无法像智慧之灯一样永放光明。

一六六

[原文]

人之过误宜恕[1]，而在己则不可恕；己之困辱[2]当忍，而在人则不可忍。

子羔仁恕

子羔曾依法判处一罪人刖刑。后来内乱时，此人守城门，却放了子羔。子羔很意外，那人说："被砍了脚，是我应得之罪。执行时您非常严肃，没有喜色，说明您公正，所以我敬佩您。"

[注释]

①恕：宽恕、原谅。②困辱：穷困和侮辱。

[译文]

对于别人的过失和错误应该宽恕，而对待自己的过失和错误却不能宽恕；对于自身的困境和遭到的屈辱应该忍受，但在别人遇到困境和遭到屈辱时，就不该再忍受。

一六七

[原文]

能脱俗便是奇，作意尚奇者，不为奇而为异；不合污便是清，绝俗求清者，不为清而为激[1]。

[注释]

①激：行为偏激。

[译文]

能够超凡脱俗的人是奇人，故意标新立异的不是奇人而是怪人；不肯同流合污的人就是清高的人，故意违背常情以显示自己清高的人，不是清高而是偏激。

一六八

[原文]

恩宜自淡而浓[1]，先浓后淡者，人忘其惠；威宜自严

而宽，先宽后严者，人怨其酷。

[注释]

①自淡而浓：从浅淡到深厚。

[译文]

给别人以恩惠应该从淡薄到深厚，如果开始浓厚、后来淡薄，人们就会忘记他的恩惠；树立威仪应该对人从严到宽，如果先宽厚待人后来反而严厉，人们就会怨他冷酷。

一六九

[原文]

心虚[1]则性现，不息心而求见性，如拨波觅月；意净则心清，不了意而求明心，如索鉴增尘[2]。

[注释]

①心虚：心里虚静空灵，没有杂念。②索鉴增尘：索鉴，照镜子。鉴，镜子。增尘，布满很厚的灰尘。

[译文]

心中空灵本性就会显现，如果不平息功名利禄之心就想见到本性，就像拨开水波在水中寻找月亮一样，越拨越找不到；思想纯洁心灵就会清明，如果不清除物欲就希望内心清明，就像在布满灰尘的镜子上看自己的形象，根本照不清。

一七〇

[原文]

我贵而人奉之，奉此峨冠大带[1]也；我贱而人侮之，侮此布衣草履也。然则原非奉我，我胡为喜？原非侮我，我胡为怒？

[注释]

①峨冠大带：古代官员戴的高帽和扎的大带，代指高官显爵。

[译文]

当我富贵时，人们奉承我，他们是奉承这高高的官帽和宽大的绶带；我地位低下时，别人侮辱我，他们是在侮辱这身粗陋的布衣和草鞋。既然如此，那么，他们奉承的本来就不是我，我为什么要高兴？他们侮辱的也本来就不是我，我为什么要生气？

一七一

[原文]

“为鼠常留饭，怜蛾不点灯”，古人此等念头，是吾人一点生生之机①。无此，即所谓土木形骸②而已。

[注释]

①生生之机：生生不息的契机。②土木形骸：指没有精神的人的形体。

[译文]

“常为老鼠留一点饭不让它饿死，怕飞蛾扑火烧死尽量避免点灯。”古人的这类想法，是让我们生生不息的契机。如果没有这种想法，人就和泥土、树木没有什么分别了。

一七二

[原文]

心体便是天体：一念之喜，景星庆云①；一念之怒，震雷暴雨；一念之慈，和风甘露；一念之严，烈日秋霜。何者少得？只要随起随灭，廓然②无碍，便与太虚同体。

[注释]

①景星庆云：景星，祥瑞之星。庆云，吉庆之云。②廓然：形容广大。

[译文]

心就是宇宙：一个高兴的念头闪过，就像天空出现了吉星祥云；一个愤怒的念头出现，就像是一场雷阵雨；慈悲的念头一产生，就像春风雨露润泽万物；一个严厉的念头，就像烈日灼人、秋霜寒冷。哪一种感情少得了？只要这些情绪能随时产生，随时消失，不成为障碍，人心就可以和天地一体了。

一七三

[原文]

无事时，心易昏冥，宜寂寂而照以惺惺[1]；有事时，心易奔逸，宜惺惺而主以寂寂[2]。

[注释]

①惺惺：冷静、机警。②寂寂：沉静。

[译文]

无事可做的时候，心绪容易昏沉迷乱，这时应该在沉静中保持机警；有事的时候，心容易忙乱，应该在机警中保持沉静。

一七四

[原文]

议事者身在事外，宜悉利害之情[1]；任事者身居事中，当忘利害之虑。

[注释]

①悉利害之情：了解事情的利害得失。

[译文]

评论事情的人处在旁观者的地位，应该多了解事情的利害得失；当事人处在事情中，应当忘记个人利害得失，才能冷静。

慎德君子

西汉哀帝时的上书仆射郑崇为人忠直敢谏，曾说过“臣门如市，臣心如水”，态度相当平和。

一七五

[原文]

士君子处权门要路，操履[1]要严明，心气要和易。毋少随而近腥膻之党[2]，亦毋过激而犯蜂虿(chài)[3]之毒。

[注释]

①操履：品行、德操。②腥膻之党：这里指奸邪之徒。③蚉：一种毒虫。

[译文]

一个正直有修养的人身居要职时，操行要严明，对人态度要平和。但不要过于随和而接近那些不正派的人，也不要太偏激而去触怒那些阴险的小人。

一七六

[原文]

标节义者，必以节义受谤；榜道学者，常因道学招尤[1]。故君子不近恶事，亦不立善名，只浑然和气，才是居身[2]之珍。

[注释]

①招尤：遭到别人的指责。②居身：立身。

[译文]

喜欢标榜自己有节操讲道义的人，一定因为自己所谓的节义而受到别人的诽谤；标榜自己有道德学问的人，常常因为道德学问而受到责难。所以君子不去做坏事，也不去立好名声，只是保持一种自然温和的态度，这才是处世的要诀。

一七七

[原文]

遇欺诈的人，以诚心感动之；遇暴戾的人，以和气熏蒸[1]之；遇倾邪私曲[2]的人，以名义气节激厉[3]之。天下无不入我陶冶中矣。

[注释]

①熏蒸：熏陶、感化。②倾邪私曲：邪恶自私。③激厉：激发鼓励。

[译文]

遇到爱欺骗别人的人，就用诚心打动他；遇到残暴的人，就用和气来熏陶他；遇到邪恶自私的人，就用名节来激励他，那么天下人都会被我感化了。

一七八

[原文]

一念慈祥，可以酝酿①两间②和气；寸心洁白，可以昭垂③百代清芬。

[注释]

①酝酿：调和。②两间：这里指天地之间。③昭垂：流传、昭示。

[译文]

心怀慈悲，就可以使天地间充满和气；心地清明，可以使百年之后流传你的美德。

一七九

[原文]

阴谋怪习，异行奇能，俱是涉世的祸胎。只一个庸德庸行，便可以完混沌①而招和平。

[注释]

①完混沌：保持自然淳朴的本性。混沌，指宇宙初形成时元气未分的时候。

[译文]

阴谋诡计、特别的习惯、奇异的本领和才能，都是处世中招祸的根源。只要品行平常就可以保住自己的本性，带来安宁的生活。

一八〇

[原文]

语云："登山耐侧路，踏雪耐危桥。"一"耐"字极有

意味。如倾险①之人情，坎坷之世道，若不得一耐字撑持过去，几何不堕入榛莽坑堑②哉！

[注释]

①倾险：险恶。②榛莽坑堑：草木丛生的深沟险阻。坑堑，土坑和壕沟。

[译文]

俗话说："登山耐侧路，踏雪耐危桥。"这里的一个"耐"字用得很有意味。像险恶的人情、坎坷的世路，如果没有忍耐支撑过去，早就掉进杂草丛生的沟壑里了。

一八一

[原文]

夸逞功业，炫耀文章，皆是靠外物做人。不知心体莹然①，本来不失，即无寸功只字②，亦自有堂堂正正做人处。

[注释]

①莹然：洁白纯净。②寸功只字：指很小的功业。

[译文]

夸耀自己的功业、炫耀自己的文章都是靠身外的东西来做人。却不知道心是纯真的，只要保持本性，即使没有一点功劳也同样能堂堂正正做人。

一八二

[原文]

忙里要偷闲，须先向闲时讨个把柄①；闹中要取静，须先从静处立个主宰。不然，未有不因境而迁，随时而靡②者。

[注释]

①把柄：此处意为凭借。②靡：损毁、消亡。

[译文]

想要忙里偷闲，要先在清闲时做好准备；要在闹中取静，必须在平静时做好安排。不然，一遇到具体情形就会顾此失彼。

一八三

[原文]

不昧己心，不尽人情，不竭物力①，三者可以为天地立心，为生民立命，为子孙造福。

[注释]

①不竭物力：不用尽物资财富。

[译文]

不昧自己的良心，不排斥人之常情，不用尽物资财富，有了这三点就能够树立天地一般的心性，为民众创造安定的生活，为子孙后代造福。

一八四

[原文]

居官有二语，曰："惟公则生明，惟廉则生威。"居家有二语，曰："惟恕则情平，惟俭则用足①。"

[注释]

①用足：日常所用充足。

[译文]

做官有两句格言说："只有公正才能清明，只有廉洁才有威严。"家庭生活中有两句格言说："只有宽仁才能使家庭和睦，只有节俭才能使资财够用。"

孔奂廉明

南北朝时，晋陵太守孔奂为官多年，公正廉明，清白自守。逢侯景之乱，人都卑服，孔奂却不谄媚以求全。

一八五

[原文]

处富贵之地，要知贫贱的痛痒[1]**；当少壮之时，须念衰老的辛酸**。

[注释]

①痛痒：疾苦、痛苦。

[译文]

富贵的时候要理解贫穷卑贱的人的痛苦，年轻人要理解衰老的人的辛酸。

一八六

[原文]

持身不可太皎洁，一切污辱垢秽要茹纳[1]**得；与人不可太分明，一切善恶贤愚要包容得**。

[注释]

①茹纳：容纳、包容。茹，吃。

[译文]

做人不要太清高，所有的污垢和羞辱都要容忍得下；与人交往不要分得太明白，所有好坏善恶的人都要接纳得下。

一八七

[原文]

休与小人仇雠(chóu)[1]**，小人自有对头；休向君子谄媚，君子原无私惠**[2]。

[注释]

①仇雠：结仇、敌对。②私惠：个人利益。

［译文］

不要和小人结怨，小人自有他的冤家对头；不要向君子谄媚，君子本来就没有个人利益。

一八八

［原文］

纵欲之病可医，而势理[1]之病难医；事物之障可除，而义理之障难除。

［注释］

①势理：固执己见，自以为是。

［译文］

放纵欲望的毛病可以医治，但固执己见的毛病却难医治；一般事物的障碍可以除去，但义理所造成的障碍难以除去。

一八九

［原文］

磨砺当如百炼之金，急就者，非邃养[1]；施为宜似千钧之弩[2]，轻发者，无宏功。

［注释］

①邃养：深厚的修养。邃，深。②弩：利用机械装置射箭的弓。

［译文］

修身养性要像千锤百炼的真金一样，急就的人不会有深厚的修养；行事作为要像拉千斤的强弓一样，轻易发射的人得不到大的功效。

一九〇

［原文］

宁为小人所忌毁，毋为小人所媚悦[1]；宁为君子所责备，毋为君子所包容。

[注释]

①媚悦：献媚取悦别人，即用不正当手段博取别人的欢心。

[译文]

宁愿受到小人的忌恨毁谤，也不要受到小人的献媚取悦；宁愿受到君子的责怪，也不要受到君子的宽容包涵。

一九一

[原文]

好利者，逸出①于道义之外，其害显而浅；好名者，窜入②于道义之中，其害隐而深。

[注释]

①逸出：越出、超越。②窜入：隐藏进去。

[译文]

贪图私利的人，所作所为逾越道义之外，所造成的伤害虽然明显但不深远；而喜好虚名的人，他的言行都隐藏在道义之中，所造成的伤害虽然不明显却都很深远。

一九二

[原文]

受人之恩，虽深不报，怨则浅亦报之。闻人之恶，虽隐不疑，善则显亦疑之。此刻之极，薄之尤①也，宜切戒之。

[注释]

①尤：极度过分。

[译文]

受到别人的恩惠，虽然深厚却不去报答，而受到别人的怨恨，虽然只有一点也要去报复。听到别人的坏事，虽不明显却坚信不疑；而听到别人的好事，虽然已经很明显却仍然怀疑。这实在是刻薄到了极点，应该切实加以戒除。

一九三

[原文]

谗夫毁士，如寸云蔽日，不久自明；媚子阿人①，似隙风②侵肌，不觉其损。

[注释]

①媚子阿人：阿谀、奉承别人的人。②隙风：从门缝中吹进来的风，不容易被人察觉。

[译文]

造谣进谗诋毁别人的小人，就像一片薄云遮蔽了太阳，不久之后太阳会重现光芒；谄媚奉承别人的小人，就像从缝隙吹来的风侵袭肌肤，使人们在不知不觉中受到伤害。

一九四

[原文]

山之高峻处无木，而溪谷回环则草木丛生；水之湍急处无鱼，而渊潭停蓄则鱼鳖聚集。此高绝之行①，褊(pián)急之衷②，君子重有戒焉。

[注释]

①高绝之行：过分清高的行为。②褊急之衷：偏狭的心理。

[译文]

山高险峻的地方往往不会生长树木，而河谷环绕的地方却会草木茂盛；水流湍急的地方往往没有鱼，而潭水深而又静的地方却会鱼虾聚集。这是说过度清高孤绝的品行，以及急功近利的心理，是君子应该引以为戒的。

一九五

[原文]

建功立业者，多虚圆①之士；偾(fèn)事②失机者，必执拗之人。

[注释]

①虚圆：谦虚圆通。②偾事：败事。

[译文]

古来建功立业的大都是谦虚灵活的人，而败坏事业丧失良机的必定是固执倔强不愿接纳别人意见的人。

一九六

[原文]

处世不宜与俗同[1]，亦不宜与俗异；作事不宜令人厌，亦不宜令人喜。

[注释]

①与俗同：与世俗之人相同。

[译文]

一个人为人处事不应该与世俗之人相同，也不应该标新立异故意与世俗人不同；做事不能到处让人厌恶，也不能故意讨人喜欢。

一九七

[原文]

日既暮而犹烟霞绚烂，岁将晚而更橙橘芳馨。故末路晚年[1]，君子更宜精神百倍。

[注释]

①末路晚年：人到晚年的时候。末路，终点。

[译文]

当太阳快要落山的时候，天空的晚霞仍然是灿烂绚丽，光彩夺目，一年将

岁将晚而更橙橘芳馨

到了收获的季节，橙橘芳香无比。因此，老年人应该老有所为、老有所乐。

尽的季节，橙橘却飘着诱人的芳香。所以有德行的人到了晚年时，就更应该振作精神，老有所为。

一九八

［原文］

鹰立如睡，虎行似病，正是它攫①人噬（shì）人手段处。故君子要聪明不露，才华不逞，才有肩鸿②任巨的力量。

［注释］

①攫：伤害。②肩鸿：担当重任。鸿，大的意思。

［译文］

老鹰站立时如同睡着了一样，老虎走路时如同生病了一样，而这恰恰是它们抓食人畜的高明手段。故此有德的人不显露他们的聪明，不夸耀他们的能力，这样才会有肩负重大任务的力量。

一九九

［原文］

俭，美德也，过则为悭吝，为鄙啬①，反伤雅道；让，懿行也，过则为足恭②，为曲谨③，多出机心。

［注释］

①鄙啬：吝啬，舍不得用钱。②足恭：过分恭敬。③曲谨：谨小慎微。

［译文］

俭朴是一种美德，但过分了就是吝啬，成为斤斤计较的守财奴，反而有伤风雅之道；谦让本来也是一种美德，但做得过分了就成为卑躬屈膝，成为小心翼翼的人，反而多出了一些巧诈的心思。

二〇〇

［原文］

毋忧拂意①，毋喜快心，毋恃久安，毋惮初难。

［注释］

①拂意：违背意愿。

[译文]

不要为不如意的事情而担忧，不要为暂时的顺心而喜悦，不要为长久的平安而有恃无恐，不要为一时的困难而畏惧不前。

二〇一

[原文]

饮宴之乐多，不是个好人家；声华[1]之习胜，不是个好士子；名位之念重，不是个好臣士[2]。

[注释]

①声华：声，乐声。华，华丽、奢华。②臣士：官吏。

[译文]

经常宴请宾客寻欢作乐的，不算是个好家庭；喜欢淫靡音乐和华丽服饰的，不算是正派的读书人；过分重视名利权势的，不算是个好官吏。

二〇二

[原文]

世人以心肯[1]处为乐，却被乐心引在苦处；达士以心拂处为乐，终为苦心换得乐来。

[注释]

①心肯：心愿得到满足，与下文的“心拂”相对。

[译文]

世人以能满足心中欲望为乐趣，却反而被寻求快乐的心引导到痛苦中；一个豁达明智的人在平时能信心百倍地忍受各种不如意，最后反而用劳苦换来真正的快乐。

二〇三

[原文]

居盈满者，如水之将溢[1]未溢，切忌再加一滴；处危急者，如木之将折未折，切忌再加一搦[2]。

［注释］

①溢：水流出来。②搦：压制。

［译文］

当一个人权势达到鼎盛的时候，就好像水满了快溢但还没有溢出来一样，这时千万不能再多加一滴；当一个人处在危急存亡的关头，就像木头快折断但没有折断一样，这时千万不能再加一点压力。

二〇四

［原文］

冷眼观人，冷耳听语，冷情当感[1]，冷心思理。

［注释］

①冷情当感：以冷静的情感来处理事务。

［译文］

用冷静的眼光来观察别人，用冷静的耳朵来听别人说话，用冷静的情感来处理事务，用冷静的头脑来思考问题。

五福先寿

五福中，第一福是“长寿”，第二福是“富贵”，第三福是“康宁”，第四福是“好德”，第五福是“善终”。“寿”在五福之首。

二〇五

［原文］

仁人心地宽舒，便福厚而庆长[1]，事事成个宽舒气象；鄙夫念头迫促，便禄薄而泽短，事事成个迫促规模[2]。

［注释］

①庆长：福气长久。②迫促规模：局促狭隘的格局。

［译文］

仁慈博爱的人心胸宽阔坦荡，所以福禄丰厚而长久，凡事都能表现出宽宏大度的气概；浅薄无知的人心胸狭窄，所以福禄微薄而短暂，凡事都表现出目光短浅狭隘局促的格局。

二〇六

[原文]

闻恶不可就恶[1]，恐为谗夫泄怒；闻善不可急亲，恐引奸人进身[2]。

[注释]

①就恶：马上就去厌恶。②进身：作为谋生求官的手段。

[译文]

听到别人做坏事，不可以马上就去厌恶他，因为这可能是有人为了发泄心中的怒气故意造的谣言；听到别人做好事，不可以立刻就去亲近他，因为这可能是小人用来谋官求职的手段。

二〇七

[原文]

性躁心粗者，一事无成；心和气平者，百福自集[1]。

[注释]

①百福自集：很多福分都会到来。

[译文]

性情鲁莽、粗心大意的人，没有一件事能够做得成功；性情温和、心绪宁静的人，所有的幸福自会降临到他头上。

二〇八

[原文]

用人不宜刻，刻则思效者[1]去；交友不宜滥，滥则贡谀[2]者来。

[注释]

①思效者：愿意效力的人。②贡谀：用甜言蜜语阿谀奉承别人。

[译文]

用人要宽厚不能太过刻薄，如果太苛求于人就会使那些愿为你效忠的

人离你而去；交朋友不能太没原则，胡乱交友就会有喜欢献媚说谎的人到你身边来。

二〇九

[原文]

风斜雨急[1]处，要立得脚定；花浓柳艳处，要着得眼高；路危径险处，要回得头早。

[注释]

①风斜雨急：指变化莫测的局势。

[译文]

在急风暴雨中要站稳脚跟，才不会跌倒；在繁花翠柳的温柔乡，要放眼高处，才不会迷惑；在道路险恶的地方，要及早回头，才不至于危险。

二一〇

[原文]

节义之人济以和衷[1]，才不启忿争[2]之路；功名之士承以谦德，方不开嫉妒之门。

[注释]

①和衷：和气、谦和。②忿争：争执。

[译文]

有品行的人要用和气之心来调和，才不会和别人发生意气之争；有地位的人要培养谦虚的品德，才不会招人嫉妒。

二一一

[原文]

士大夫居官，不可竿牍[1]无节，要使人难见，以杜倖端[2]；居乡，不可崖岸[3]太高，要使人易见，以敦旧好。

[注释]

①竿牍：简牍，即书信。②幸端：这里指善于投机钻营之人企图升官的苗头。③崖岸：比喻心高气傲。

[译文]

读书人做官和别人书信往来要有节制，要使人难以见面，以避免给别人钻营送贿留下机会；辞官回家时，不要言行太清高，要使别人容易接近，才能和乡邻们增进感情。

二一二

[原文]

大人[①]不可不畏，畏大人则无放逸之心；小民亦不可不畏，畏小民则无豪横之名[②]。

[注释]

①大人：有道德名望的人。②豪横之名：豪强横暴的名声。

[译文]

对德高望重的人不能不敬畏，畏惧德高望重的人就不会放纵自己；对地位低贱的老百姓不能不敬畏，因为畏惧百姓就不会有横暴的恶名。

二一三

[原文]

事稍拂逆[①]，便思不如我的人，则怨尤自消；心稍怠荒[②]，便思胜似我的人，则精神自奋。

[注释]

①拂逆：不称心。②怠荒：精神懈怠，不振奋。

[译文]

事情一有些不称心，就去想处境不如我们的人，怨恨就会自然消失；心中稍有些懈怠，就去想比我们强大的人，精神就自然能振奋起来。

二一四

［原文］

不可乘喜而轻诺，不可因醉而生嗔，不可乘快而多事，不可因倦而鲜终[1]。

［注释］

①鲜终：有始无终。鲜，少。

［译文］

不要因一时高兴而随便对人许诺，不要因为喝醉酒就乱发脾气，不要因一时兴起多管闲事，不要因怕累而不把事情做完。

二一五

［原文］

善读书者，要读到手舞足蹈处，方不落筌(quán)蹄[1]；善观物者，要观到心融神洽时，方不泥迹象。

［注释］

①不落筌蹄：意思是读书不能只停留在表面，要领悟其真理。筌，捕鱼的竹器。蹄，捉兔的器具。《庄子·外物》：“筌者所以在鱼，得鱼而忘筌；蹄者所以在兔，得兔而忘蹄；言者所以在意，得意而忘言。”

［译文］

真正会读书的人要读到使自己手舞足蹈时，才不会陷入字面意思；会观察事物的人，要观察到自己的心灵与外物融合时，才不会停滞于事物表面。

二一六

［原文］

天贤一人，以诲众人之愚，而世反逞所长，以形[1]人之短；天富一人，以济众人之困，而世反挟所有，以凌人之贫。真天之戮民[2]哉！

[注释]

①形：暴露。②戮民：有罪之人。

[译文]

天给一个人聪明使他教导智力差的人，而世人反倒夸耀自己的聪明来暴露别人的缺点；上天赐予一个人财富，是让他来救助贫困的人，而世人反倒依靠自己的财富欺凌穷人。这两种人真是上天的罪人。

二一七

[原文]

至人何思何虑，愚人不识不知，可与论学，亦可与建功。唯中才的人，多一番思虑知识，便多一番臆度①猜疑，事事难与下手。

[注释]

①臆度：主观地推测、猜想。

[译文]

最聪明的人心胸开阔没有什么值得忧虑的，蠢笨的人没有知识，也没有什么见解，这两种人都可以研究学问建功立业。只有那些中等才智的人，比别人多一些忧虑，多一些猜想，什么事都很难下手处理。

二一八

[原文]

口乃心之门，守口不密，泄尽真机；意乃心之足，防意不严，走尽邪蹊①。

[注释]

①邪蹊：指不正的路。

[译文]

口是心的大门，如果说话不注意，就会把心中的秘密都泄露出去；意是心的双脚，如果意志不坚定，就会走上歧途。

二一九

［原文］

责人者，原[1]无过于有过之中，则情平；责己者，求有过于无过之内，则德进。

［注释］

①原：此指原谅。

［译文］

对待别人时，要在他的错误中找出其中正确的部分，这样才能使人心气平和；对待自己，要在没有错的地方尽可能找出错误，这样才能增进品德。

二二〇

［原文］

子弟者，大人之胚胎[1]；秀才者，士夫之胚胎。此时若火力不到，陶铸不纯，他日涉世立朝，终难成个令器[2]。

［注释］

①胚胎：雏形、基础。②令器：栋梁之材。

［译文］

孩子是大人的雏形，秀才是官吏的雏形。这个时候如果教育不够、磨炼不多，以后走向社会或居官朝廷，终究成不了一个有用之才。

二二一

［原文］

君子处患难而不忧，当宴游而惕虑[1]；遇权豪而不惧，对茕(qióng)独[2]而惊心。

［注释］

①惕虑：警惕。②茕独：茕，没有兄弟。独，没有子女。引申为孤独无依之人。

［译文］

君子处在危难的环境中绝对不会感到担忧，而处在宴饮作乐的环境中就会产生警惕，不沉迷其中；他们遇到有权有势的大人物并不会感到畏惧，而遇到孤苦无依的人就会产生怜悯，而不会无动于衷。

二二二

［原文］

桃李虽艳，何如松苍柏翠之坚贞？梨杏虽甘，何如橙黄橘绿之馨冽①？信乎，浓夭②不及淡久，早秀不如晚成也。

［注释］

①馨冽：清香。馨，芳香。冽，冷。②浓夭：美好事物的消亡。夭，夭亡。

［译文］

桃李的花朵虽然美丽夺目，但哪里比得上松柏的四季常青？梨和杏的果实虽然香甜可口，但哪里能比得上黄橙绿橘散发出的幽香。说得对呀，浓艳容易消失不如清淡保持得长久，一个人少年得志还不如大器晚成。

后集

二二三

［原文］

谈山林之乐[①]者，未必真得山林之趣；厌名利之谈者，未必尽忘名利之情。

［注释］

①山林之乐：隐居的快乐。

［译文］

那些喜欢谈论隐居山林乐趣的人，不一定真能体味隐居山林的乐趣；那些讨厌谈功名利禄的人，不一定完全忘记对功名利禄的贪恋之情。

二二四

［原文］

钓水，逸事也，尚持生杀之柄；弈棋，清戏也，且动战争之心。可见喜事不如省事之为适，多能不如无能之全真[①]。

［注释］

①全真：保全纯真。

［译文］

在水边钓鱼是清闲的事，还掌握着鱼的生杀大权；下棋是高雅的游戏，还要动战争的心思。说明喜欢多事不如省事使人舒适，多才多艺不如没有才能更易保全品格。

二二五

［原文］

莺花茂而山浓谷艳，总是乾坤之幻境；水木落而石瘦崖枯，才见天地之真吾[①]。

[注释]

①真吾：自我的本来面目。文中指大自然的真面目。翁森《四时读书乐》："木落水尽千崖枯，迥然我亦见真吾。"

[译文]

燕语莺歌花草茂盛的山谷中一片艳丽，终究是天地间虚幻的景象；河流干枯草木凋零，石崖上一片枯萎，这才是天地的本来面目。

二二六

[原文]

岁月本长，而忙者自促；天地本宽，而卑者自隘；风花雪月本闲，而劳攘[1]者自冗[2]。

[注释]

①劳攘：忙碌奔波。②自冗：让自己奔忙劳碌。

[译文]

岁月本来很长，而忙碌的人觉得短暂；天地间本来宽厚，而短视的人觉得狭小；风花雪月本来是悠闲的，而四处奔波的人将自己弄得繁忙。

鸟语花香

自然的真谛存在于每种生物中。正所谓一叶一世界，一沙一天堂，鸟语花香，传递着自然的美好以及生命的可贵。

二二七

[原文]

得趣不在多，盆池拳石间，烟霞俱足；会景不在远，蓬窗竹屋下，风月自赊[1]。

[注释]

①赊：辽阔、旷远。

[译文]

寻找情趣不在于东西多，盆子大的池水、拳头大的石头间，也足以享受烟雾云霞的妙处；欣赏景致不一定要去远处，在自己家的窗子外、屋檐下，也可以享受到清风明月的情趣。

二二八

［原文］

听静夜之钟声，唤醒梦中之梦；观澄潭之月影，窥见身外之身①。

［注释］

①身外之身：指人形体之外的精神世界。

［译文］

倾听静夜里的钟声，能把我们从人生的梦幻中唤醒；细看清澈潭水中月亮的影子，使我们想到了躯壳之外的真实生命。

二二九

［原文］

鸟语虫声，总是传心①之诀；花英草色，无非见道之文。学者要天机②清彻，胸次玲珑③，触物皆有会心处。

［注释］

①传心：佛家语。指以心传心。这里是心领神会之意。②天机：天赋的灵性智慧。③胸次玲珑：胸怀光明磊落。玲珑，透明的样子。

［译文］

鸟叫虫鸣都是大自然在传达心中的秘密；花草的美丽颜色都是阐述道理的文章。学者的心地要清纯，胸怀要磊落，这样接触万物就都会有心灵的感触。

二三〇

［原文］

人解读有字书，不解读无字书；知弹有弦琴，不知弹无弦琴。以迹用①，不以神用②，何以得琴书之趣？

［注释］

①以迹用：理解有形的事物。②以神用：用心意去领会。

［译文］

人们只知道读有文字的书，却无法读懂宇宙这没有文字的书。知道弹有琴弦的琴，不知道弹人生这无弦的琴。只能理解事物的形体，却不懂得领会其神韵，如此，怎能理解读书、弹琴的乐趣？

二三一

［原文］

心无物欲，即是秋空霁海①；座有琴书，便成石室丹丘②。

［注释］

①霁海：辽阔的海面。②石室丹丘：石室，本指珍藏贵重物品的地方，这里指神仙居住的地方。丹丘，本指炼丹的场所，这里指仙人的居所。

［译文］

心中没有功名利禄的欲望，就会像秋天的天空、雨后的大海一样辽阔；家中有古琴、诗书，就会像生活在神仙的石室丹丘一样的居所。

二三二

［原文］

宾朋云集，剧饮淋漓，乐矣。俄而，漏尽烛残①，香销茗冷②，不觉反成呕咽，令人索然无味。天下事率类此，人奈何不早回头也？

［注释］

①漏尽烛残：夜深人静的时候。②香销茗冷：檀香已经烧完，香茶已经变冷。

［译文］

宾客朋友聚集在一起，痛快淋漓地饮酒作乐，很高兴。可是过一会儿，夜深了，烛火快要熄灭，檀香烧尽热茶变冷，反而想要呕吐，让人感到索然无味。天下的事，大多和这相似，人却总是不及早回头。

二三三

［原文］

会得个中趣，五湖之烟月尽入寸里[1]；破得眼前机，千古之英雄尽归掌握。

［注释］

①寸里：心里。

［译文］

能体会风景中的情趣，五湖四海的景色都能收入心里；能看破时局的关键，千古以来的英雄都会被我掌握。

二三四

［原文］

山河大地已属微尘[1]，而况尘中之尘！血肉身躯且归泡影，而况影外之影！非上上智[2]，无了了心[3]。

［注释］

①微尘：佛家语。指极为细小的物体。②上上智：最高的智慧。③了了心：彻悟明了之心。

［译文］

山河大地是宇宙中的细小尘埃，而人是这尘土中的小尘埃；血肉身躯都将成为一片泡影，何况功名富贵这些幻影人生中的幻影呢！没有最高超的智慧，就不能有彻悟之心。

二三五

［原文］

石火光中[1]，争长竟短，几何光阴？蜗牛角上[2]，较雌论雄，许大世界？

［注释］

①石火光中：击打石头发出的火光一闪而逝去，形容时光短暂。②蜗牛角上：形容极小的地方。《庄子·则阳》："有国于蜗之左角者，曰触氏，有国于蜗之右角者，曰蛮氏。时相与争地而战，伏尸数万，逐北旬有五日而后反。"

［译文］

在电光石火般短暂的人生中计较时间的长短，又能争到多少的光阴呢？在蜗牛角那么狭小的地方追名逐利，又能争来多大的世界？

二三六

［原文］

寒灯无焰，敝裘无温，总是播弄[1]光景；身如槁木，心似死灰，不免堕在顽空[2]。

［注释］

①播弄：玩弄、翻弄。②顽空：冥顽虚空。

［译文］

微弱的孤灯失去了光焰，破旧的衣服丧失了温暖，这是大自然在玩弄虚幻的景象；衰弱的身体像腐朽的树木，空虚的心灵像失去火焰的灰烬，这样就难免陷入冥顽的虚空。

出家

出家入了佛门，断了烦恼丝，虽然环境清静，但真正内心的清静仍是很难的。

二三七

［原文］

人肯当下休，便当下了。若要寻个歇处，则婚嫁虽完，事亦不少；僧道虽好，心亦不了。前人云："如今休去便休去，若觅了时无了时。"见之卓[1]矣。

［注释］

①卓：高明、超凡。

［译文］

一个人如果愿意就此罢休，便应该立即了断一切。如果要找个适当的罢休机会，那么即使婚事办完了，以后的事情也还不少。出家当了和尚道士虽然获得了好的清静，其实内心仍然有杂念。古人说："现在如果能罢休就赶紧罢休，以后若想找到了断的机会，可能永远没有了。"这真是高见。

二三八

［原文］

从冷视热，然后知热处之奔驰①无益；从冗②入闲，然后觉闲中之滋味最长。

［注释］

①奔驰：奔波劳顿。②冗：烦冗、繁杂。

［译文］

用冷淡的态度去观察那热衷名利的时候，就会发现那些奔波劳顿对生活毫无益处。从繁忙的生活中清闲下来才会觉得闲淡中的趣味最为长久。

二三九

［原文］

有浮云富贵①之风，而不必岩栖穴处；无膏肓泉石之癖②，而常自醉酒耽诗。竞逐听人而不嫌尽醉，恬淡适己而不夸独醒，此释氏③所谓不为法缠④，不为空缠⑤，身心两自在者。

［注释］

①浮云富贵：把富贵看得如同浮云一样，指有节操。《论语·述而》："不义而富且贵，于我如浮云。"②膏肓泉石之癖：指喜好山水林泉成癖。膏肓，病入膏肓。这里指极其喜好，无法自拔。③释氏：即佛祖释迦牟尼。

释氏代指佛教。④法缠：被一切事物和现象困扰束缚。⑤空缠：被虚空所困扰束缚。

[译文]

有能把富贵看作浮云的节操就不必隐居在山野里；没有对泉水、山石的特别喜好，常能饮酒赋诗也自有情趣。让别人争斗去吧，不要嫌恶他们醉心名利；自己淡泊地生活，但不要炫耀只有自己才清醒。这是释迦牟尼所说的，既不为万物所束缚，也不为虚空所束缚，肉体和精神都很自在。

二四〇

[原文]

延促[①]由于一念，宽窄系之寸心。故机闲[②]者一日遥于千古，意广者斗室宽若两间。

[注释]

①延促：长短。延，长。促，短促。②机闲：闲逸、闲散。

[译文]

时间的长短是因为人的感受，地方的宽窄在于人的想法。所以心情闲散时，一天比一千年还长，心境坦荡时，斗大的屋子像天地间一样宽广。

二四一

[原文]

损之又损[①]，栽花种竹，尽交还乌有先生[②]；忘无可忘，焚香煮茗，总不问白衣童子。

[注释]

①损之又损：少而又少。②乌有先生：司马相如《子虚赋》中虚构的人物。指世间没有的人。《史记·司马相如列传》：“相如以子虚，虚言也，为楚称。乌有先生者，乌有此事也，为齐难。亡是公者，无是人也，明天子之义。”后来用“子虚乌有”指称不存在的事物。

[译文]

把欲望减少得不能再少，每日栽花种竹，把烦恼都交给乌有先生。事忘得没有什么再能忘的了，连烧香煮茶的白衣童子是谁都不去问。

二四二

[原文]

都来眼前事，知足者仙境，不知足者凡境；总出世上因，善用者生机①，不善用者杀机②。

[注释]

①生机：良机，蓬勃之机。②杀机：危机，有害的机缘。

[译文]

一样都是平淡的生活，感到满足的人觉得像是生活在仙境，不知满足的人却是生活在凡俗的世界。都是世上的机缘，在善于利用的人那里是发展的机会，在不善于利用的人那里是毁灭的危机。

二四三

[原文]

趋炎附势之祸，甚惨亦甚速；栖恬守逸①之味，最淡亦最长。

[注释]

①栖恬守逸：过闲适安静的生活。

[译文]

攀附权贵的人，招来的祸患很惨又很快。坚持节操过闲静生活的人，滋味最平淡也最恒久。

二四四

[原文]

松涧边，携杖独行，立处云生破衲①；竹窗下，枕书高卧，觉时月侵寒毡②。

[注释]

①衲：和尚所穿的衣服叫衲。②毡：毯子。

[译文]

在松树下溪水边，拄着拐杖独自行走，站立时云气就会从破衣服上飘出；竹窗下，枕着书本安然入睡，醒来时月光已浸透了旧毛毯。

二四五

[原文]

色欲火炽，而一念及病时，便兴似寒灰；名利饴(yí)甘，而一想到死地，便味如嚼蜡。故人常忧死虑病，亦可消幻业[1]而长道心[2]。

周幽王戏举烽火

周幽王沉湎女色纵一时之欲，疾病痛苦则可能如影随形。

[注释]

①幻业：佛教语。指色欲名利等虚妄的东西。②道心：德业之心，悟道之心。

[译文]

好色的欲望像燃烧的烈火，但一想到疾病，就会使兴致像灰烬一样冷却；名利像美味的糖果，但一想到死亡，便感到像嚼着蜡丸一样没有味道。所以人要常常担心疾病、死亡，也可以消除追求虚幻之心，助长修行得道之心。

二四六

[原文]

争先的径路[1]窄，退后一步，自宽平一步；浓艳的滋味短，清淡一分，自悠长一分。

[注释]

①径路：道路。

［译文］

争着向前走，道路就显得狭窄，人人都向后退一步，路就能宽一步；浓艳的滋味短暂，使它清淡一分，它就会延续一分。

二四七

［原文］

忙处不乱性，须闲处心神养得清；死时不动心①，须生时事物看得破。

［注释］

①不动心：不畏惧、不害怕。

［译文］

忙乱的时候心能够不乱，就必须在清闲的时候修养理智的心神；要死的时候能够不害怕，就必须在活着的时候把事情看得真切。

二四八

［原文］

隐逸林中无荣辱，道义路上无炎凉①。

［注释］

①炎凉：人情冷暖。

［译文］

退隐在山林中，人生没有荣耀和耻辱；讲仁义道德，就没有人情冷暖。

二四九

［原文］

热不必除，而除此热恼①，身常在清凉台上；穷不可遣②，而遣此穷愁，心常居安乐窝中。

［注释］

①热恼：因酷热而产生的烦恼。②遣：排遣。

[译文]

热不能被消除，而热所带来的困扰可以消除，身体就像常处在清凉的地方。穷困无法赶走，但穷困带来的愁苦可以赶走，心便常能处在安乐的地方。

二五〇

[原文]

进步处便思退步，庶免触藩[1]之祸。着手时先图放手，才脱骑虎之危。

[注释]

①触藩：指陷入困境，进退两难。

[译文]

向前走的时候就要做好后退的准备，才能免于撞在墙上；着手做事时就要先想到怎样脱手，才能免于面临骑虎难下的境地。

二五一

[原文]

贪得者分金恨不得玉，封公怨不授侯，权豪自甘乞丐；知足者藜羹[1]旨[2]于膏粱[3]，布袍暖于狐貉(hé)[4]，编民[5]不让王公。

[注释]

①藜羹：藜，野菜。羹，菜汤。②旨：味美。③膏粱：美味佳肴。④狐貉：用狐、貉之皮做成的衣服。⑤编民：列入户籍的平民。欧阳修《菱溪石记》："今刘氏之后散为编民，尚有居溪旁者。"

[译文]

贪得无厌的人，分给他金子，他就遗憾没有得到宝玉；封他做高官，他就怨恨没让他当王侯。这样，虽然有权有势却活得像个乞丐。知足常乐的人喝野菜汤比美味佳肴都香，穿布衣比皮袍都暖，虽然是平民却活得像王公。

二五二

[原文]

矜名①不若逃名趣，练事②何如省事闲。

[注释]

①矜名：炫耀名声。②练事：处世练达。

[译文]

夸耀名声不如抛弃浮名更高明，处世干练不如免去一切事务更悠闲。

二五三

[原文]

嗜寂者①，观白云幽石而通玄②；趋荣者，见清歌妙舞而忘倦。唯自得之士，无喧寂，无荣枯，无往非自适之天。

[注释]

①嗜寂者：喜欢幽寂的人。②通玄：领悟玄妙的道理。

[译文]

喜欢静的人，看到飘浮的白云和幽远的山石就能领悟玄妙的道理。喜爱荣华富贵的人，听见嘹亮的歌声看到美妙的舞姿就会忘记疲惫。只有那些怡然自得的人，无所谓喧闹和孤寂，无所谓繁华和衰败，每到一个地方都是适合他的天地。

二五四

[原文]

孤云出岫（xiù）①，去留一无所系；朗镜悬空，静躁②两不相干。

[注释]

①岫：山洞、山谷。②静躁：安静和喧闹。

［译文］

孤云从山谷中飘出，它的去留和任何事物都没有关系；明月悬在天空，安静和喧嚣都与它无关。

二五五

［原文］

悠长之趣，不得于醲(nóng)酽[①]，而得于啜菽(shū)饮水[②]；惆怅之怀，不生于枯寂，而生于品竹调丝[③]。故知浓处味常短，淡中趣独真也。

［注释］

①醲酽：醇厚的美酒。②啜菽饮水：咀嚼豆类食物，饮用清水。指平淡的生活。菽，豆类的总称。③品竹调丝：指欣赏音乐。《礼记·乐记》："金石丝竹，乐之器也。"

［译文］

悠远的味道不是从畅饮美酒中得来，而是从咀嚼豆类饮用清水中得来；惆怅遗憾的感觉不是从困苦中产生，而是在听歌看舞时产生。由此可见鲜浓的味道短时间就会消失，而清淡中的趣味才是最真切的。

二五六

［原文］

禅宗[①]曰："饥来吃饭倦来眠。"《诗旨》曰："眼前景致口头语。"盖极高寓于极平，至难出于至易；有意者反远，无心者自近也。

［注释］

①禅宗：佛教宗派之一。

［译文］

禅宗里说："饿了就吃饭，困倦了就睡觉。"《诗旨》上说："用口头话写眼前景象就是好诗。"所以，最高深的道理蕴涵在极平凡的事物中间，最困难的事情要从最平凡的地方下手。有意去做，反而离它更远，无心而做的人自然而然就离它很近。

二五七

[原文]

水流而境无声，得处喧见寂①之趣；山高而云不碍，悟出有入无②之机。

[注释]

①处喧见寂：处在喧闹的环境中能体会的寂静。②出有入无：超脱眼前的俗世世界进入到虚无的境界。

[译文]

流水淙淙而水边的物却并没有声音，从中能体味到喧闹中仍能享受恬静的趣味；山峰高高耸立，而云却不受阻碍，从中可以悟出超脱世俗进入虚无的玄机。

二五八

[原文]

山林是胜地，一营恋①便成市朝②；书画是雅事，一贪痴便成商贾。盖心无染着③，欲界是仙都；心有系恋，乐境成苦海矣。

[注释]

①营恋：留恋、迷恋。②市朝：集市和朝廷，指俗世。③染着：心灵被外物所污染。

[译文]

山林是隐居的好地方，一旦心存私念就会成为喧闹的市场；书法、绘画是高雅的事，一旦有贪婪的念头，就会变成俗气的商人。所以，心中没被世俗沾染，即使在充满欲望的环境里也会像仙境一样。心中迷恋声色物欲，即使处在快乐的地方也会像生活在苦海里一样。

静夜相思

夜深人静，是内心深处的情感最蠢蠢欲动的时候。这个时间适合整理思绪、反思自我。

二五九

[原文]

时当喧杂，则平日所记忆者皆漫然[1]忘去；境在清宁，则夙昔[2]所遗忘者又恍尔[3]现前。可见静躁稍分，昏明顿异也。

[注释]

①漫然：随意、不经意。②夙昔：往昔、往日。③恍尔：忽然。

[译文]

在喧嚣繁杂的时候，连平时记得的也都会因为不经心而忘记；在清静安宁的时候，平时忘记的又忽然出现在眼前。可见，安静、喧闹稍有不同，就会立刻呈现出昏乱与理智的差别。

二六〇

[原文]

芦花被[1]下，卧雪眠云，保全得一窝夜气；竹叶杯[2]中，吟风弄月，躲离了万丈红尘。

[注释]

①芦花被：用芦花絮做成的被子。②竹叶杯：指酒杯。

[译文]

在芦花被下，躺在雪中枕着云雾入睡，可以保全获得夜晚天地间的精气；在竹叶为杯装盛的美酒中，吟诗赏月，可以摆脱世俗的烦扰。

二六一

[原文]

衮（gǔn）冕[1]行中，着一藜杖的山人[2]，便增一段高风；渔

樵路上，着一衮衣的朝士③，转添许多俗气。固知浓不胜淡，俗不如雅也。

[注释]

①衮冕：本义为衣冠，代指达官贵人。②山人：隐居在山野林泉中的人。③朝士：朝廷官员。

[译文]

在衣着华贵的权贵高官行列中，如果站了一个拖着藜杖的隐士，就会增加一些高雅之气。在渔人樵夫行走的路上，站着一个穿着华丽的朝臣，反倒添了许多俗气。由此可知，浓烈的不如清淡的，世俗的不如高雅的。

二六二

[原文]

出世之道，即在涉世中，不必绝人以逃世；了心①之功即在尽心②内，不必绝欲以灰心。

[注释]

①了心：了悟自己的本心。②尽心：用心体味。

[译文]

超脱世俗的方法，就在世俗活动中去寻找，不必刻意逃避世俗遁迹山林；了悟本心的功夫，就在于竭尽心力去体味，不必要断绝欲念使心如槁灰。

二六三

[原文]

此身常放在闲处，荣辱得失，谁能差遣我？此心常安在静中，是非利害，谁能瞒昧①我？

[注释]

①瞒昧：欺骗。

［译文］

把身心常放在悠闲的地方，一切的荣辱得失如何能够驱使我？心灵常处在恬静的环境，一切的是非利害又如何能够欺骗愚弄我？

二六四

［原文］

竹篱下，忽闻犬吠鸡鸣，恍似云中世界；芸窗[1]中，雅听蝉吟鸦噪，方知静里乾坤[2]。

［注释］

①芸窗：即书房。古代书房常用芸香驱虫，故称芸窗。②静里乾坤：静之中有意境。

［译文］

在竹篱下听到狗叫鸡鸣，就恍惚置身在白云仙境；在书房里听到蝉鸣蛙唱，才知道寂静中别有一个世界。

二六五

［原文］

我不希荣[1]，何忧乎利禄之香饵？我不竞进，何畏乎仕宦之危机？

［注释］

①希荣：希图荣华富贵。

［译文］

我不希望荣华发达，怎么会担心功名利禄的引诱呢？我不追求仕途晋升，又怎么会怕做官所带来的危机呢？

二六六

［原文］

徜徉于山林泉石之间，而尘心渐息；夷犹[1]于诗书图

画之内，而俗气潜消。故君子虽不玩物丧志，亦常借境调心。

［注释］

①夷犹：徘徊、流连。

［译文］

徜徉在山林泉石之间，世俗的杂念就会渐渐平息。留意于诗词、书法、绘画之中，庸俗的气质就会日渐消失。所以说君子虽然不会玩物丧志，也常常要借一些优雅的环境来调理心绪。

六祖慧能

慧能大师被中国禅宗尊为六祖，他不识一字，却拥有过人的智慧。他所作的《坛经》是中国佛教典籍中唯一的“经”籍。

二六七

［原文］

春日气象繁华，令人心神骀(dài)荡[1]，不若秋日云白风清，兰芳桂馥，水天一色，上下空明，使人神骨俱清也。

［注释］

①骀荡：舒畅。

［译文］

春天的景象繁华热闹，使人心旷神怡，却不如秋天白云飘浮，秋高气爽，兰花馥郁桂子飘香，秋水和天空是一样的蓝色，天上地下一片空明，使人的身体和精神都清爽无比。

二六八

［原文］

一字不识，而有诗意者，得诗家真趣；一偈(jì)[1]不参，而有禅味者，悟禅教玄机。

［注释］

①偈：佛经中的颂词。

［译文］

一个字也不认识，而具有诗意，才是得到了真正的诗的情趣；一句偈语也不明白，却富有禅意的人，才是懂得了最深奥的玄机。

二六九

［原文］

机重①的，弓影疑为蛇蝎，寝石视为伏虎，此中浑是杀气；念息②的，石虎可作海鸥，蛙声可当鼓吹，触处俱见真机。

［注释］

①机重：动心重。②念息：心平气和。

［译文］

总是动心机的人，在杯中看到弓的影子，就以为是蛇蝎，看见草中的卧石就当作趴在地上的老虎，到处都是危险。心平气和的人，可以把石虎化作温顺的海鸥，把蛙声当作和谐的鼓吹乐曲，到处都能看到生命的真正致趣。

二七〇

［原文］

身如不系之舟，一任流行坎止①；心似既灰之木，何妨刀割香涂。

［注释］

①流行坎止：漂流和停止。

［译文］

身体像没有系缆的小船，随它去飘浮或停止；心像已焚成灰烬的木头，用刀割或涂上香料都无关痛痒。

二七一

[原文]

人情听莺啼则喜，闻蛙鸣则厌，见花则思培之，遇草则欲去之，俱是以形气用事。若以性天①视之，何者非自鸣其天机，非自畅其生意②也?

[注释]

①性天：万物的天性。②生意：生机。

[译文]

人们按常情听到黄莺的啼叫就会喜欢，听见蛙叫就会讨厌，见到鲜花美丽就想培植他，看见野草就想除掉，这都是根据它们的外形生性去决定好恶。但如果从天性来看，哪一种生物不是在表现上天赋予自己的生命，哪一种不是展现自己的生机?

二七二

[原文]

发落齿疏，任幻形①之凋谢；鸟吟花笑，识自性之真如②。

[注释]

①幻形：指人的身体。②真如：佛教语。指最高的真理。

[译文]

头发脱落，牙齿稀疏，只好听任身体渐渐地衰老；鸟语花香的时候，应体悟到人类本性永恒不变的真理。

二七三

[原文]

欲其中者①，波沸寒潭，山林不见其寂；虚其中者②，凉生酷暑，朝市不知其喧。

[注释]

①欲其中者：心中私欲过多的人。②虚其中者：淡泊名利的人。

[译文]

心中充满欲望的人，即使是寒潭也会掀起波涛，即使身居山林，也体会不到寂静。心中没有欲望的人，即使在酷暑中也会感到天气阴凉，在闹市上也感觉不到喧闹。

二七四

[原文]

多藏者厚亡①，故知富不如贫之无虑；高步者疾颠②，故知贵不如贱之常安。

[注释]

①厚亡：害怕钱财丢失。厚，看重。《老子》第四十四章：“甚爱必大费，多藏必厚亡。”②疾颠：害怕跌倒。这里指害怕失去权势。颠，倒下。

[译文]

钱财多的人害怕丢的东西也多，由此可见富有的人不像穷人那样无忧无虑。爬得高的人害怕跌跤，由此可见地位高的人不像地位卑贱的人常能得到安宁。

二七五

[原文]

读《易》晓窗，丹砂研松间之露；谈经午案，宝磬①宣竹下之风。

[注释]

①磬：乐器，敲打时发出声响。

[译文]

清晨在窗边读《周易》，用松间露水研开作圈点书籍的朱砂；正午时在桌案前谈论经书，竹林里的清风把石磬声传得很远。

二七六

［原文］

花居盆内终乏生机，鸟入笼中便减天趣；不若山间花鸟错杂成文，翱翔自若，自是悠然会心。

［译文］

花种在盆里总是缺乏生气，鸟关进笼子里，就缺少了天然的情趣。不像山间的花相映，形成美丽的图案，山间的鸟自由地飞翔，自然能领会到一种妙趣。

笼中鸟

鸟儿再美丽，丧失了自由飞翔的机会，也就成了没有生机的一件玩物。

二七七

［原文］

世上只缘认得“我”字太真，故多种种嗜好，种种烦恼。前人云：“不复知有我，安知物为贵？”又云：“知身不是我，烦恼更何侵？”真破的[①]之言也。

［注释］

①破的：指箭射中目标。引申为言谈切中要害。的，箭靶的中心。

［译文］

世上的人只因为把自己看得太重要了，才有那么多的嗜好、那么多的烦恼。前人说：“连我的存在都不知道，怎么能知道外物的珍贵？”又说：“如果知道连身体都不是我自己的，烦恼又怎么能触及我？”这真是一语切中要害的话。

二七八

［原文］

自老视少，可以消奔驰角逐之心；自瘁（cuì）[①]视荣，可以

绝纷华靡丽之念。

[注释]

①瘁：身体困病。这里指衰败。

[译文]

从老人的眼中看青年人，就可以打消追逐名利的争斗之心；从衰败的境况里看荣华富贵，就可以打消那些奢侈繁华的念头。

二七九

[原文]

人情世态，倏忽万端，不宜认得太真。尧夫[1]云：“昔日所云我，今朝却是伊；不知今日我，又属后来谁？”人常作是观，便可解却胸中罥(juān)[2]矣。

[注释]

①尧夫：邵雍，字尧夫，为北宋理学家。②罥：牵挂、牵系。

[译文]

人情冷暖世态炎凉瞬息万变，不应该太认真。邵雍说：“昨天说这个人是我，今天却变成了他。不知今天的我，以后又会是谁。”人如果常常这样看，就可以消除心中的牵挂。

二八〇

[原文]

热闹中着一冷眼[1]，便省许多苦心思；冷落处存一热心，便得许多真趣味。

[注释]

①冷眼：冷静思考。

[译文]

在热闹的时候如果能冷静，就可以使以后少吃许多苦。落魄失意的时候仍有一份进取心，就可以有许多真正的乐趣。

二八一

[原文]

有一乐境界，就有一不乐的相对待；有一好光景，就有一不好的相乘除①。只是寻常家饭、素位②风光，才是个安乐的窝巢。

[注释]

①乘除：抵消。②素位：指守本分，没有非分的想法。《礼记·中庸》："君子素其位而行，不愿乎其外。"

[译文]

有一个安乐的境界，就有一个不安乐之处和它相对；有一段好的景象，就有一个不好的景象和它相抵触。只有平常的家常便饭，没有任何非分之想，才是个常能令人平安快乐的地方。

二八二

[原文]

帘栊①高敞，看青山绿水吞吐云烟，识乾坤之自在；竹树扶疏，任乳燕鸣鸠送迎时序②，知物我之两忘。

[注释]

①帘栊：窗帘。②时序：春夏秋冬四季的更替。

[译文]

高高地卷起窗帘，眺望窗外青山绿水、云雾缭绕的美景，才明白了天地自然地悠闲自在。茂密的竹林树丛中，任由乳燕和鸣叫的斑鸠迎送春夏秋冬的来去，从而体悟到万物与我浑然合一的境界。

二八三

[原文]

知成之必败，则求成之心不必太坚①；知生之必死，则保生之道不必过劳②。

[注释]

①坚：坚定执著。②过劳：过分操心。

[译文]

既然知道了事情有成功就有失败的道理，那么追求成功的心愿就不必太执著了；既然明白了有生就有死的道理，那么对于自己的养生之道就不必太费心思了。

二八四

[原文]

古德[①]云："竹影扫阶尘不动，月轮穿沼水无痕。"吾儒[②]云："水流任急境常静，花落虽频意自闲。"人常持此意，以应事接物，身心何等自在。

[注释]

①古德：佛教对年高得道的僧人的称呼。②吾儒：古代对有名望的儒者的称呼。

[译文]

古时候有一位道德高尚的和尚说："竹子的影子在石阶上掠过而尘土不会飞扬起来，月影穿过池塘的水面而不生起丝毫波澜。"有一位儒家学者说："水流得再急，四周的环境仍然宁静，花落得再多，意兴依然闲适。"一个人如果能抱着这种处世态度来待人接物，那么身心会是多么的自在啊！

二八五

[原文]

林间松韵，石上泉声，静里听来，识天地自然鸣佩[①]；草际烟光，水心云影，闲中观去，见乾坤最上文章。

[注释]

①鸣佩：玉佩撞击发出声音。

[译文]

林子里松涛阵阵，岩石上清泉淙淙，如果静静地聆听，就可以体会到天地间大自然的乐章；原野尽头的烟云霞光，水中央倒映的云影，如果以娴静的心情去观赏，就可以看到宇宙最夺目的伟大的文章。

二八六

［原文］

眼看西晋之荆榛[1]，犹矜白刃[2]；身属北邙[3]之狐兔，尚惜黄金。语云："猛兽易伏，人心难降。溪壑易填，人心难满。"信哉！

［注释］

①西晋之荆榛：指亡国的衰败景象。《晋书·索靖传》："靖有先识远量，知天下将乱，指洛阳宫门铜驼，叹曰：'会见汝在荆棘中耳。'"②矜白刃：夸耀兵器精良。矜，夸耀。白刃，代指兵器。③北邙：北邙山，洛阳北的墓地。代指墓地。

［译文］

眼看西晋已快灭亡，变成杂草丛生的荒野，朝中贵族们还在夸耀自己的强大；连命都保不住，身体将成为北邙山上狐狸、兔子的食物，还在吝惜黄金。俗话说："凶猛的野兽容易制服，人心却难降伏；沟壑容易填平，人心却难填满。"确实如此。

二八七

［原文］

心地上无风涛，随在皆青山绿树；性天中有化育[1]，触处见鱼跃鸢(yuān)飞。

［注释］

①化育：大自然孕育生成万物。

［译文］

心里如果没有风浪波涛，到处都是青山绿树。天性中有对万物的热爱，随处都可以看见鱼儿跃出水面，鸟儿在飞翔的美景。

二八八

[原文]

峨冠大带之士，一旦睹轻蓑小笠，飘飘然逸也，未必不动其咨嗟①；长筵广席之豪，一旦遇疏帘净几，悠悠焉静也，未必不增其绻恋②。人奈何驱以火牛③，诱以风马，而不思自适其性哉？

[注释]

①咨嗟：感叹。②绻恋：留恋、眷恋。③火牛：战国时，田单以火牛阵大破燕军。火牛阵即是在牛角绑缚兵刃，在牛尾束芦苇，涂油脂，点燃后牛便冲入敌阵。

[译文]

头戴高冠腰横玉带的达官贵人，一旦看见身穿蓑衣头戴斗笠的平头百姓潇洒安逸，就不会不发出感慨。筵席不断的富有人家，一旦看到窗明几净的小户人家安静悠闲，就不会不多一份眷恋。人为什么要放纵野兽般的欲望追逐名利，而不想自己如何顺应本性来生活呢？

二八九

[原文]

鱼得水逝，而相忘乎水；鸟乘风飞，而不知有风。识此可以超物累①，可以乐天机。

[注释]

①超物累：超脱外物的束缚。

[译文]

鱼儿能在水中自由自在地游，就忘记了水；鸟儿随着风飞，就不知道有风的存在。懂得了这个道理，可以超脱外物的束缚，可以享受天然的乐趣。

二九〇

[原文]

狐眠败砌①，兔走荒台，尽是当年歌舞之地；露冷黄

花，烟迷衰草，悉属旧时争战之场。盛衰何常？强弱安在？念此令人心灰。

[注释]

①砌：台阶。

[译文]

狐狸居住在倒塌的台阶，兔子出没于荒废的楼台，都是当年贵族们观看歌舞的地方。冷露沾湿黄花，雾气弥漫枯草，这里都是当年发生战争的地方。兴衰成败怎能永恒不变？强弱双方如今又在哪里？想一想这些，叫人灰心。

二九一

[原文]

宠辱不惊，闲看庭前花开花落；去留①无意，漫随天外云卷云舒。

[注释]

①去留：官场的升迁与贬谪。

[译文]

受到恩宠还是受到侮辱，都不为所惊，只悠闲地看庭前花开花落。被升迁被贬谪都不去在意，自己像天边的轻云一样随意飘浮。

二九二

[原文]

晴空朗月，何天不可翱翔，而飞蛾独投夜烛；清泉绿卉，何物不可饮啄，而鸱鸮偏嗜腐鼠①。噫！世之不为飞蛾鸱鸮者，几何人哉！

[注释]

①鸱鸮偏嗜腐鼠：《庄子·秋水》："夫鹓雏发于南海，而飞于北海，非梧桐不止，非练实不食，非醴泉不饮。于是鸱得腐鼠，鹓雏过之，仰而视

之曰：'吓！'今子欲以子之梁国而吓我邪？"喻指庸俗的人喜好低劣的事物。鸱鸮，猫头鹰。

[译文]

晴朗的夜空里明月皎洁，到处都可以飞翔，而飞蛾偏偏要扑向夜晚的烛火；清亮的泉水边绿草如茵，什么东西不能吃，而猫头鹰单单喜欢吃腐烂的老鼠。唉！世上不做飞蛾、猫头鹰的有几个人呢？

二九三

[原文]

才就筏便思舍筏，方是无事道人[1]；若骑驴又复觅驴，终为不了禅师[2]。

[注释]

①无事道人：不被外界事物所牵绊的得道者。②不了禅师：没有悟道的禅师。

[译文]

上了竹筏便想上岸后舍弃竹筏，才是个不受外物束缚的真人。如果骑上驴又要去找驴，最终也只能是个难以了却尘缘的和尚。

骑驴觅驴，终为不了禅师

二九四

[原文]

权贵龙骧(xiāng)[1]，英雄虎战，以冷眼视之，如蚁聚膻，如蝇竞血；是非蜂起，得失猬兴[2]，以冷情当之，如冶化金，如汤消雪。

[注释]

①龙骧：像龙一样飞腾，形容很威武。骧，马昂首奔驰。②猬兴：像刺猬毛一样密集。

[译文]

权贵们气势威武，英雄们勇猛作战，用冷静的眼光看，就像蚂蚁们聚在臭肉上争食，像苍蝇们争着吸血一样。纷乱的是是非非像群蜂乱舞，得失像刺猬的毛刺一样多，用冷静的眼光看，就像炼金炉销蚀金属，热水融化冰雪。

二九五

[原文]

羁锁于物欲，觉吾生之可哀；夷犹于性真，觉吾生之可乐。知其可哀，则尘情①立破；知其可乐，则圣境自臻。

[注释]

①尘情：俗世的欲念。

[译文]

被外在欲望所束缚，觉得生命是可悲的；在本性中停留，觉得生活是充满希望的。能感到被物欲束缚的悲哀，尘俗的欲念就可以立刻消除；知道生活在本性中的快乐，圣人的境界就自然可以达到。

二九六

[原文]

胸中既无半点物欲，已如雪消炉焰冰消日。眼前自有一段空明①，时见月在青天影在波。

[注释]

①空明：虚空清明。

[译文]

心中如果没有一点对外物的欲望，私心就会像雪在炉火里、冰在阳光下一样迅速消融。自己的眼前如果有一分空明，就时常能看见月亮挂在晴朗的天空，月影浮在水波之上。

二九七

[原文]

诗思在灞(bà)陵桥上，微吟就，林岫(xiù)便已浩然；野兴在镜

湖曲边，独往时，山川自相映发[1]。

［注释］

①映：照。

［译文］

在灞陵桥上会令你诗兴大发，刚刚低声吟出诗句，山林就已诗意盎然。镜湖曲折的水边充满野趣，独自漫步到那里，山水交映自然令人沉醉。

二九八

［原文］

伏久者飞必高，开先者谢独早。知此，可以免蹭(cèng)蹬[1]之忧，可以消躁急之念。

［注释］

①蹭蹬：失势，不得志。

［译文］

很久不飞的鸟一旦飞时一定会飞得很高，开得早的花常会过早凋谢。知道了这个道理，就不必为仕路不通达忧愁，就可以消除急躁的追求功名的想法。

二九九

［原文］

树木至归根，而后知华萼[1]枝叶之徒荣；人事至盖棺，而后知子女玉帛之无益。

［注释］

①华萼：花瓣。

［译文］

树到了叶落归根的时候，才知道那鲜艳的花、浓密的叶只是一时的繁荣；人到了死去装入棺材中，才知道子女繁盛、金钱富足都没什么用处。

三〇〇

[原文]

真空[1]不空，执相[2]非真，破相[3]亦非真。问世尊[4]如何发付？在世出世，徇[5]欲是苦，绝欲亦是苦，听吾侪(chái)[6]善自修持。

[注释]

①真空：佛家语。达到涅槃境界叫真空。②执相：佛家语。指执著于形形色色的外物。③破相：佛家语。意为把诸法都看成是虚幻的，不真实的。④世尊：对释迦牟尼的尊称。⑤徇：追求。⑥吾侪：我辈。侪，辈。

世尊释迦牟尼

释迦牟尼本为王子，因参透一切皆苦，终证无上道果。

[译文]

真正的空并不是拒绝一切空无一物，执著于外物不会看清事物本质，排斥外物也不会看清本质。请问佛陀怎样处理这个问题？身处世上又要超脱尘世，放纵私欲是痛苦的，断绝一切欲望也是痛苦的，只好靠自己自我修炼。

三〇一

[原文]

烈士[1]让千乘，贪夫争一文，人品星渊[2]也，而好名不殊好利；天子营家国，乞人号饔飧(yōng sūn)[3]，位分霄壤[4]也，而焦思何异焦声。

[注释]

①烈士：有节操的人。②星渊：星星和深潭，比喻高低差别很大。③号饔飧：为生计而奔忙。饔，早餐。飧，晚餐。④霄壤：天和地，比喻相差很远。

[译文]

有节操的士人可以把一个拥有千辆战车的大国让给别人，贪婪的人却为一文钱争夺，二者人格上有天壤之别，但喜好美名与好利没有什么不同。天子治理国家，乞丐哭喊着要饭，地位有天壤之别，但一个苦苦思虑，一个苦苦叫喊，并没有什么根本的差别。

三〇二

[原文]

饱谙世味，一任覆雨翻云，总慵①开眼；会尽人情，随教呼牛唤马，只是点头。

[注释]

①慵：懒惰。

[译文]

极懂得世态炎凉滋味的人，任凭世事变化无常，总是懒得睁眼看看；看透了人情冷暖的人，即使你像喊牛马一样喊他，他也只是点头，没有什么特别的表示。

三〇三

[原文]

今人专求无念，而念终不可无。只是前念不滞，后念不迎，但将现在的随缘打发得去，自然渐渐入无。

[译文]

现在的人都一心想要没有杂念，却最终也不能没有。只要以前的杂念不停留在心里，以后的杂念不进入心中，只要把现在的这些杂念随时打消，就渐渐进入了没有杂念的境界。

三〇四

[原文]

意所偶会①便成佳境，物出天然才见真机。若加一分调停布置，趣味便减矣。白氏②云：“意随无事适，风逐自

然清。”有味哉，其言之也！

[注释]

①偶会：偶然领悟。②白氏：唐代诗人白居易。

[译文]

心中偶然有所领悟就是一个好境界，事物天然生成才能看出真的趣味。如果人工地去做一点调整修饰，趣味就减少了。白居易说：“无事可想时心最舒适，自然吹来的缕缕微风才清爽无比。”这句话很有含义，说出了这个道理。

瑶池仙乐

丝竹之乐，美妙无比。但是，如果能够寻得人生的真境界，就如同无乐而美，自然恬淡幸福。

三〇五

[原文]

性天澄彻，即饥餐渴饮，无非康济身心；心地沉迷，纵谈禅演偈(jì)[1]，总是播弄精魂[2]。

[注释]

①演偈：佛家语。解释佛经中的唱词。②精魂：精力。

[译文]

天性纯洁的人，即使不有意修行，饿了就吃，渴了就喝，也能使身心健康。心灵沉入物欲中的人，就算谈佛法诵偈语，也是在白白浪费自己的精力。

三〇六

[原文]

人心有真境，非丝非竹而自恬愉，不烟不茗而自清芬。须念净境空，虑忘形释[1]，才得以游衍[2]其中。

[注释]

①虑忘形释：忘记思虑，放松形体。②游衍：悠游逍遥。

[译文]

人心中有一个真境界，不需要美妙的音乐就自然愉快安适，不需要檀香、清茶就自然感到清香。必须心中没有杂念没有物欲，忘记了忧愁，摆脱了形体的束缚，才能自由自在地生活在真境界中。

三〇七

[原文]

金自矿出，玉从石生，非幻无以求真；道得酒中，仙遇花里，虽雅不能离俗。

[译文]

黄金是从矿石冶炼出来的，美玉是从玉石中雕琢出来的，没有虚幻就无法获得真实；饮酒中可以悟出道理，在烟花丛里能遇见仙人，即使很高雅的也不能完全摆脱世俗。

三〇八

[原文]

天地中万物，人伦中万情，世界中万事，以俗眼观，纷纷各异；以道眼①观，种种是常。何烦分别，何用取舍？

[注释]

①道眼：得道之人的眼光。

[译文]

天地间的万物，人世间的所有感情，世界上的所有事，以世俗的眼光看，纷扰复杂每种都与别的不同。如果用超脱的眼光看，每种都是一样的。又何必把它们加以区别？又何必有所取舍呢？

三〇九

[原文]

神酣布被窝中，得天地冲和①之气；味足藜羹饭后，

识人生澹泊之真。

［注释］

①冲和：平和、和顺。

［译文］

只要睡得香，睡在布被中，也可以吸收天地间的和顺之气；只要吃得香，在粗茶淡饭中能体味到淡泊是人生的真谛。

三一〇

［原文］

缠脱[1]只在自心，心了，则屠肆、糟廛(chán)[2]居然净土。不然，纵一琴一鹤、一花一竹，嗜好虽清，魔障终在。语云："能休尘境为真境，未了僧家是俗家。"信夫！

［注释］

①缠脱：缠，束缚。脱，解脱。②屠肆糟廛：屠肆，卖肉的店铺。糟廛，造酒坊。

［译文］

是超脱还是被束缚关键在于自己的心，心地纯净，即使是肉铺酒店也会变成净土。不这样，纵然弹琴养鹤，浇灌花草，情趣虽然高雅，邪魔终究还在。俗话说："能斩断俗念在尘世中也如同处在仙境，没能了却尘缘做了和尚也是个俗家人。"确实如此。

三一一

［原文］

斗室中，万虑都捐[1]，说甚画栋飞云，珠帘卷雨？三杯后，一真自得，唯知素琴横月，短笛吟风。

［注释］

①捐：丢掉、抛开。

［译文］

住在小屋里，所有的杂念都抛开，还羡慕什么雕梁画栋、飞檐入云的华丽住宅？三杯酒下肚之后，领悟到世事真谛，只管在月下弹琴，风中吹笛。

三一二

[原文]

万籁寂寥中，忽闻一鸟弄声，便唤起许多幽趣；万卉摧剥①后，忽见一枝擢秀②，便触动无限生机。可见性天未常枯槁，机神最宜触发。

[注释]

①摧剥：剥落凋零。②擢秀：显示出秀美。

[译文]

万籁俱寂的时候，忽然听见一声鸟鸣，就会唤起许多幽远的情趣；百花凋零后，忽然看到一株挺立的鲜花，就会触发出无限的生机。由此可见万物天性不应永远衰败，生命的机趣应该不断地激发。

桃花源

桃花源是隐士避居之地，隐士在那里过着田园生活，不受外界的干扰，真实而淳朴。

三一三

[原文]

白氏①云："不如放身心，冥然任天造。"晁氏②云："不如收身心，凝然归寂定。"放者流为猖狂，收者入于枯寂。唯善操身心的，把柄在手，收放自如。

[注释]

①白氏：唐代诗人白居易。②晁氏：晁补之，北宋文学家。

[译文]

白居易说："不如放纵自己的身心，成败听凭自然。"晁补之说："不如收敛身心，静静地使一切归于寂静。"狂放的人会流于放荡，收敛的人过于枯燥。只有善于把持身心的人，将规律掌握在自己手里，想收心就收心，想放纵就放纵，才能自由自在。

三一四

［原文］

当雪夜月天，心境便尔澄澈；遇春风和气，意界[1]亦自冲融[2]。造化[3]人心，混合无间[4]。

［注释］

①意界：心情、心绪。②冲融：冲淡和谐。③造化：此指大自然。④无间：融合为一体。

［译文］

当面对白雪铺地的夜晚和有明月的天空，心绪就会清静明净；遇到春风吹拂气候暖和，意境也会自然通透；天地造化和人心交相合一没有分别。

三一五

［原文］

文以拙进，道以拙成，一拙字有无限意味。如桃源犬吠，桑间鸡鸣，何等淳庞[1]。至于寒潭之月，古木之鸦，工巧中便觉有衰飒[2]气象矣。

［注释］

①淳庞：淳朴。庞，充实。②衰飒：破落凋零。

［译文］

文章要讲究拙朴才能进步，学道要讲究拙朴才会成功，一个拙字有着深远的意味。像桃花源狗吠，桑林中鸡鸣，是何等的淳朴。至于寒潭中的月影，古树上的乌鸦，虽然工巧，却给人一种衰败的气象。

三一六

［原文］

以我转[1]物者，得固不喜，失亦不忧，大地尽属逍遥；

以物役我者，逆固生憎，顺亦生爱，一毛便生缠缚。

[注释]

①转：操纵、支配。

[译文]

以我为中心来操纵一切事物，成功时固然不会觉得欣喜，失败了也不会感到忧虑，无限天地都任我逍遥；用外物为中心来驾驭自我的人，不顺心时固然感到厌烦，顺利时就会产生眷恋，即使是一些微小的事也会把自己束缚住。

三一七

[原文]

理寂则事寂，遣事执理者，似去影留形；心空则境空，去境存心者，如聚膻却蚋(ruì)①。

[注释]

①聚膻却蚋：用腥臭的东西来驱赶蚊蝇，形容效果适得其反。蚋，蚊蝇。

[译文]

世间的道理如果归于空寂，那么一切事物也会归于空寂，一味地舍弃事物而执著于道理，就好像要祛除影子却要留下形体一样的荒谬；内心如果保持空寂，那么外在的境遇也会随着空寂，一味地舍弃外在境遇却执著于内在的心地，就如同聚集腥臭来赶走蚊蝇一样。

三一八

[原文]

幽人清事总在自适，故酒以不劝为欢，棋以不争为胜，笛以无腔为适，琴以无弦为高，会以不期约①为真率，客以不迎送为坦夷②。若一牵文泥迹③，便落尘世苦海矣！

[注释]

①不期约：事先没有约定的会面。②坦夷：坦诚、坦荡。③牵文泥迹：

拘泥于世俗的繁文缛节。

[译文]

清高的人和高雅的事都在于顺遂自己的本性，所以喝酒以不相劝饮为最快乐，下棋以不相争为最高明，吹笛以不按固定腔调为最适当，弹琴以信手拈来最为雅致，约会以不期而遇最为真实，客人以不相迎送最为坦诚。如果受到繁文缛节的拘束，就要掉进世俗苦海中了。

三一九

[原文]

试思未生之前有何象貌，又思既死之后作何景色，则万念灰冷，一性①寂然，自可超物外而游象先②。

[注释]

①一性：全心。②象先：天地万象尚未发生之前的世界。

[译文]

先想一想没有出生之前是什么相貌，再想想死后会变成什么景象，那么所有的欲念都会冷却，心中只有空静，自然可以超然物外，悠游在物象之外。

三二〇

[原文]

遇病而后思强之为宝，处乱而后思平之为福，非蚤智①也；幸福而先知其为祸之本，贪生而先知其为死之因，其卓见乎！

[注释]

①蚤智：先见之明。蚤，早。

[译文]

得病以后才知道健康是宝贵的，身处乱世才知道太平的生活是幸福的，这不是先见之明；幸福时能知道这是灾祸的本源，贪恋生命时知道这是后来早死的原因，这才是远见卓识。

三二一

[原文]

优人[1]傅粉调硃，效妍丑于毫端[2]。俄而[3]歌残场罢，妍丑何存？弈者争先竞后，较雌雄[4]于着子。俄而局尽子收，雌雄安在？

[注释]

①优人：古时表演杂戏和歌舞的演员称优或优伶。②毫端：细微之处。③俄而：一会儿。④较雌雄：决定胜负。

[译文]

演戏的人涂脂粉抹口红，用笔画出自己的美丑，一会儿歌唱完了，戏散场了，那些美的、丑的，又在哪里？下棋的人争着走在前面，恐怕落后，在落子上较量强弱，一会儿棋下完了，棋子也被收起，输赢又能如何呢？

三二二

[原文]

风花之潇洒[1]，雪月之空清，唯静者为之主；水木之荣枯，竹石之消长，独闲者操其权。

[注释]

①潇洒：自由自在、无所拘束的样子。

[译文]

微风中花朵的潇洒身姿，雪夜月光中的空明皎洁，只有内心安静的人才能成为它们的主人；流水边树木的繁茂枯萎，竹林间石头的消退增长，只有悠闲的人才能懂得欣赏。

三二三

[原文]

田父野叟，语以黄鸡白酒则欣然喜，问以鼎养[1]则不知；语以缊袍裋(shù)褐(hè)[2]则油然乐，问以衮服[3]则不识。其天

全[4]，故其欲淡，此是人生第一个境界。

［注释］

①鼎养：指山珍海味。鼎，古代王公贵族盛放食物的器具。②缊袍裋褐：形容朴素简单的衣着。袍，旧棉絮做成的衣服。裋褐，粗布衣服。③衮服：皇帝和贵族的礼服。④天全：天然的本性。

［译文］

对农人村夫谈到黄鸡白酒这些食物时，他们会显得欣喜，而如果问到山珍海味就不知道了；对他们谈到棉袍布衣，会显得自然愉快，而如果问一些官衣礼服，就丝毫不知道了。因为他们还没失去纯真的本性，所以欲望淡泊，这是人生的第一境界。

三二四

［原文］

心无其心[1]，何有于观？释氏曰“观心”[2]者，重增其障。物本一物[3]，何待于齐？庄生曰“齐物”[4]者，自剖其同[5]。

［注释］

①心无其心：意为没有任何杂念。②观心：自我省察。③物本一物：万物本来是一体的。④齐物：庄子的《齐物论》表述了他的“天地与我并生，而万物与我为一”的思想，强调自然与人是有机的生命统一体，肯定了物我之间的同体融合。⑤剖其同：剖开本来同为一体的东西。

［译文］

人心如果不产生任何妄念，又何必要去观心？佛家说“观心”，反而是增加了修持的障碍；天地间的万物原是一体的，何必等待人去划一？庄子说“齐物”，实际是把本来一体的东西给剖开了。

三二五

［原文］

笙歌正浓处，便自拂衣长往，羡达人撒手悬崖；更漏已残[1]时，犹然夜行不休，笑俗士沉身苦海[2]。

[注释]

①更漏已残：指深夜时候。②苦海：佛教指尘世间的苦难。《法华经·如来寿量品》：“我见众生没在苦海。”

[译文]

当歌舞正精彩的时候，能够拂衣离去，这种豁达的人，就是手攀住悬崖峭壁时也敢放开，真是让人钦佩；天都快亮了，仍然在忙着赶夜路，这种人完全是自沉苦海的俗人，真是可笑啊。

三二六

[原文]

把握未定，宜绝迹尘嚣，使此心不见可欲①而不乱，以澄吾静体②；操持既坚，又当混迹风尘，使此心见可欲而亦不乱，以养吾圆机③。

寒梅挺立

中国传统文化中，梅乃岁寒三友之一，象征着铮铮傲骨和坚韧不拔的精神。

[注释]

①不见可欲：出自《老子》：“不见可欲，使民心不乱。”②静体：心灵保持清净。③圆机：佛教语。指一念开悟即得佛果的根性。

[译文]

自己还不能凭自己的定力来控制自己的行动，就应该远离喧嚣的尘世，使自己的心灵因看不到诱人的东西而不被迷乱，这样才能清明地体悟自己纯净的心灵本体；内心的修持足够坚定了，又应该混居于世俗风尘中，使自己的内心见到了那些诱人的物体而不会意乱情迷，从而来培养出自己圆通的智慧。

三二七

[原文]

喜寂厌喧者，往往避人以求静。不知意在无人，便成

我相①，心着于静，便是动根。如何到得人我一视②、动静两忘的境界！

[注释]

①我相：佛教四相之一。《金刚经》："若菩萨有我相、人相、众生相、寿者相，即非菩萨。"②人我一视：人我等同，没有差别。

[译文]

喜欢寂静而讨厌喧闹的人，常常是躲避他人来求得安静。却不知有意避开人就是执著于自我，内心执着于安静就是躁动的根源。这怎么可能做到人我同一，而忘却动静之分的境界呢？

三二八

[原文]

山居胸次①清洒，触物皆有佳思：见孤云野鹤，而起超绝之想；遇石涧流泉，而动澡雪②之思；抚老桧③寒梅，而劲节挺立；侣沙鸥麋鹿，而机心顿忘。若一走入尘寰，无论物不相关，即此身亦属赘旒(liú)④矣！

[注释]

①胸次：心中。②澡雪：洗涤使之清洁。③老桧：老的桧木。这里表现耸立的崇高气象。④赘旒：多余的东西。赘，多余。旒，旗帜下的穗。

[译文]

在山野闲居时心胸清新洒脱，碰到任何事物都会产生好的遐思：看见孤云野鹤的自由自在，就会产生超越凡俗的想法；遇到山石间的涧水和流泉，就会产生洗涤心灵的念头；抚摸苍老的桧木和孤寒的梅树，会敬佩它们坚忍不拔傲然挺立的节操；和沙鸥麋鹿做伴，追求名利的念头就会立刻被打消。一旦再走回这个尘世，无论任何事物都和我不再相关，即使这个身体也会觉得是多余的。

三二九

[原文]

兴逐时来，芳草中撒履闲行，野鸟忘机时作伴；景与

心会，落花下披襟兀坐[1]，白云无语漫相留。

[注释]

①兀坐：静静地端坐。

[译文]

偶尔兴致来的时候，脱了鞋在草地上闲行漫步，野鸟也忘了被捕捉的危险飞到身边做伴；当景色与心灵相互融洽，在片片落花下披着衣裳独自静坐，白云会静静地停留在头上不忍离去。

三三〇

[原文]

人生福境祸凶，皆念想造成。故释氏云：“利欲炽然[1]，即是火坑；贪爱沉溺，便为苦海。一念清净，烈焰成池；一念警觉，船登彼岸[2]。”念头稍异，境界顿殊。可不慎哉！

[注释]

①然：燃烧。②彼岸：佛家语。佛教以生死之境界为此岸，以证得正果、得涅槃的境界为彼岸。

[译文]

人生的幸福灾祸都因念头而起。所以佛家说：“对名利的欲望太过炽热，就会踏入火坑，过度沉沦在贪嗔爱恋里就会掉入苦海。而一个清静的念头可以使火坑变成清凉的水池，一念之间觉醒过来就可以逃离苦海，到达彼岸。”念头稍不一样，境界马上有区别，不可以不谨慎。

三三一

[原文]

绳锯木断，水滴石穿，学道者须加力索[1]；水到渠成，瓜熟蒂落，得道者一任天机[2]。

[注释]

①力索：努力去探索。②一任天机：听任自然。

[译文]

绳子可以锯断木头，水滴可以穿透石头，修习大道的人应该努力去探索；水流到时自然成为沟壑，瓜熟透时瓜蒂自然会脱落，悟道的人全听凭自然的契机。

三三二

[原文]

机息[①]时，便有月到风来，不必苦海人世；心远处，自无车尘马迹，何须痼(gù)疾丘山[②]。

[注释]

①机息：停止心里复杂的念头。机，心机。②痼疾丘山：贪恋山野林泉的隐居生活。痼疾，此处指贪恋。

[译文]

当复杂的念头停止时，便能感受皎月清风的到来，不会再觉得人间是个苦海。当心境远离世俗，自然不会看到车马的喧嚣嘈杂，哪里还需要找一个僻静的山林?

三三三

[原文]

草木才零落，便露萌颖[①]于根底；时序虽凝寒，终回阳气于飞灰[②]。肃杀之中，生生之意常为之主，即此可以见天地之心。

[注释]

①萌颖：草木的芽和苞。②飞灰：古代将木灰放在律管中，阳气来临，灰则飞出，古人以此来定时序。

[译文]

草木的叶子才开始飘零陨落，在根底就已露出新芽；时序虽然已到寒冬，也终究要回复阳气的温暖。在深秋肃杀萧索的时候，大地仍然孕育着无限生机，由此可以看出天地化育万物的本心。

三三四

[原文]

雨余观山色，景象更觉新妍；夜静听钟声，音响尤为清越[1]。

[注释]

①清越：声音悠扬动听。

[译文]

雨下过之后观赏山峦的颜色，觉得景象更清新更美丽；夜晚静听远处的钟声，觉得声音特别的悦耳而又悠远。

三三五

[原文]

登高使人心旷，临流使人意远；读书于雨雪之夜，使人神清；舒啸于丘阜[1]之巅，使人兴迈。

[注释]

①丘阜：小山岗。

[译文]

登上高地会使人心胸开阔，面对流水会使人意念深远；在下雨下雪的晚上读书使人神清气爽；在山巅之上仰天长啸，会使人产生无限激情。

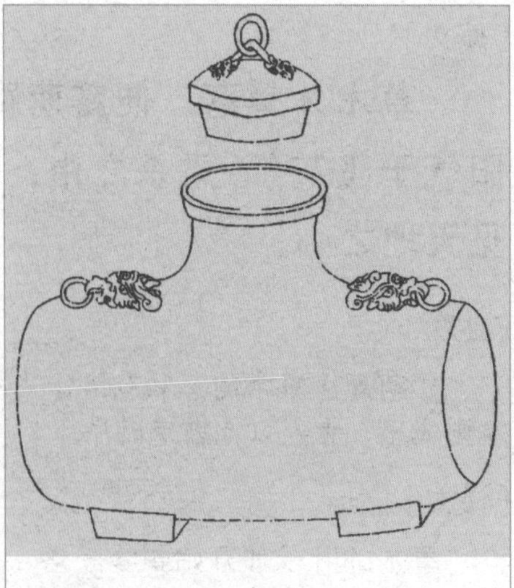

缶

缶，在古代是一种盛酒的瓦器，也可作乐器使用，是日常生活中必备的物品。

三三六

[原文]

心旷，则万钟[1]如瓦缶[2]；心隘，则一发似车轮。

[注释]

①万钟：指极多的财富。钟是古

代的量器。②瓦缶：瓦罐。

[译文]

心胸开阔，万钟的财富就像破瓦罐一样的不值钱；心胸狭窄，一根头发也像一个车轮一样重要。

三三七

[原文]

无风月花柳，不成造化；无情欲嗜好，不成心体。只以我转物，不以物役我，则嗜欲莫非天机，尘情[①]即是理境[②]矣。

[注释]

①尘情：世俗之情。②理境：天理的境界。

[译文]

没有了清风明月花草树木，大自然也就无法构成；没有了感情欲望和各种嗜好，就无法构成人心的本体。只要能够以我为主宰来运转万物，不让外物来驱使我，那么一切的嗜好情欲无不是自然的情趣，尘世俗情也就是理想的境界。

三三八

[原文]

就一身了[①]一身者，方能以万物付[②]万物；还天下于天下者，方能出世间于世间。

[注释]

①了：了悟、明白。②付：应付。

[译文]

能够就自身来了悟自身的人，才能使万物顺其自然各尽其用；能够把天下还给天下人的人，才能身处尘俗而心灵却超越到尘世之外。

三三九

[原文]

人生太闲，则别念窃生[1]；太忙，则真性不现。故士君子不可不抱身心之忧，亦不可不耽[2]风月之趣。

[注释]

①别念窃生：杂念在不知不觉中产生。②耽：迷恋。

[译文]

人生如果太闲散了，各种杂念就会悄然产生；如果太忙碌了，纯真的本性就不会显现。所以有学识有修养的人不可以不关心自己的身心健康，也不可以不懂得吟风弄月的乐趣。

三四〇

[原文]

人心多从动处失真。若一念不生，澄然[1]静坐，云兴而悠然共逝，雨滴而泠然[2]俱清，鸟啼而欣然有会，花落而潇然自得。何地非真境？何物无真机？

[注释]

①澄然：形容心里纯净，没有杂念。②泠然：形容水流声清越而激扬。

[译文]

人心往往是因为容易浮动才失去纯真的本性。如果一点杂念都不生，清明宁静地坐着，云朵升起了就和云朵一起消逝在天边，有雨滴落下心灵就随之变得清明透彻，听到鸟啼心灵就会从中欣然领悟自然的奥妙，见到花落能够潇洒自得，那么何处不是人间的仙境？什么东西不能体现人生真谛呢？

三四一

[原文]

子生而母危，镪(qiǎng)[1]积而盗窥，何喜非忧也；贫可以节用，病可以保身，何忧非喜也。故达人当顺逆一视，而欣

戚两忘。

[注释]

①镪：成串的钱。

[译文]

孩子的出生使得母亲有生命危险，财物的积蓄招来盗贼的窥视，如何说这是喜而不是忧呢？贫穷可以省吃俭用，疾病可以使人养生，如何说这是忧不是喜呢？所以豁达的人对于顺与不顺应该平等对待，对于欣喜和悲戚要一起忘记。

三四二

[原文]

耳根①似飙谷②投响，过而不留，则是非俱谢；心境如月池浸色，空而不着，则物我两忘。

[注释]

①耳根：佛家语，为六根之一。佛教以眼、耳、口、鼻、身、意为六根。②飙谷：狂风吹过山谷。飙，风暴。

[译文]

耳根如果像狂风吹过山谷造成巨响，过去后就什么也没有留下，那么人间的是非黑白就会淡化消逝；心境如果像月色倒映水中，不着痕迹，那么便能把自我和万物都忘记，无物我之分了。

三四三

[原文]

世人为荣利缠缚，动曰："尘世苦海。"不知云白山青，川行石立，花迎鸟笑，谷答樵讴①，世亦不尘，海亦不苦，彼自尘苦其心尔。

[注释]

①谷答樵讴：樵夫歌唱，山谷回响。

［译文］

世上的人往往受到荣华利禄的束缚，所以动不动就说，红尘世间就像无边苦海。却不知白云逍遥山色青翠，流水不断山石林立，花朵迎人鸟声啁啾，山谷回响樵夫高歌，尘世其实不是那么污浊，人间也不是那么痛苦，只是他们把自己的心灵困在苦海中罢了。

三四四

［原文］

花看半开，酒饮微醉，此中大有佳趣。若至烂漫酕醄（máo táo）[1]，便成恶境矣。履盈满者[2]宜思之。

［注释］

①酕醄：喝酒烂醉的样子。②履盈满者：指功成名就、志得意满之人。履，行为。

［译文］

看花要看它半开的时候，喝酒要喝到微醉的程度，这里有很美妙的趣味。如果要到花开灿烂、酒醉如泥的程度，便要进入极糟糕的地步了。境遇顺利，志得意满的人，应该想这个道理。

闲游

花看半开，酒饮微醉，此中有大佳趣。

三四五

［原文］

山肴不受世间灌溉，野禽不受世间豢养，其味皆香而且冽，吾人能不为世法[1]所点染，其臭味不迥然[2]别乎？

［注释］

①世法：世俗的功名利禄。②迥然：指差别很大。

［译文］

山间的植物没有人们的灌溉，野外的鸟兽不受人们的饲养，但它们的味道都香醇无比，我们如果能不被世间的功名利禄所污染，那么气质不就和别人有很大的不同吗?

三四六

[原文]

栽花种竹，玩鹤观鱼，亦要有段自得处。若徒留连光景，玩弄物华[①]，亦吾儒之口耳[②]，释氏之顽空而已，有何佳趣?

[注释]

①物华：自然界的美丽景色。②口耳：口传耳听。指无益于身心的教养。

[译文]

种植花草和竹子，饲养鹤鸟鱼类，也要懂得悠游其间怡然自得的道理。如果只是贪图眼前的快乐，玩赏它们奢华的外表，也就成了儒家说的口耳学问和佛家说的冥顽不灵，有什么乐趣可言呢?

三四七

[原文]

山林之士，清苦而逸趣自饶；农野之夫，鄙略[①]而天真浑具。若一失身市井驵(zǎng)侩[②]，不若转死沟壑神骨犹清。

[注释]

①鄙略：浅陋粗鲁。②驵侩：介绍牲畜交易的中间人。后泛指经纪人、商人。

[译文]

隐居山林的高人，生活虽然清苦却享有很多雅逸的情趣；住在乡野的农民，为人虽然粗鲁愚鄙，却拥有浑然天成的淳朴天性。如果不小心成为市井中的买卖商人，还不如死在荒谷里好保持精神气骨的清白。

三四八

[原文]

非分之福，无故之获，非造物之钓饵，即人世之机阱[1]。此处着眼不高，鲜不堕彼术中[2]矣。

[注释]

①机阱：设有机关的捕兽陷阱。比喻陷害人的圈套。②术中：计谋之中。

[译文]

不是分内应该享有的福气，无缘无故的意外收获，这两者如果不是造物者故意给人布下的诱饵，便是他人处心积虑设下的陷阱。在这种时候如果不把眼光放远一些，很少有不坠入对方圈套的。

三四九

[原文]

人生原是一傀儡，只要根蒂[1]在手，一线不乱，卷舒自由，行止在我，一毫不受他人提掇[2]，便超出此场中矣！

[注释]

①根蒂：牵动傀儡的线索。②提掇：提起、牵起。

[译文]

人生本来就是一场傀儡戏，只要牵动傀儡的线索始终在你手中，不让任何一根线乱动，收放舒卷自如，行动和停止都由你来决定，完全不受他人的困扰，那么便可以超脱这场戏了。

三五〇

[原文]

一事起则一害生，故天下常以无事为福。读前人诗云："劝君莫话封侯事，一将功成万骨枯。"又云："天下常令万事平，匣中不惜千年死[1]。"虽有雄心猛气，不觉化为冰霰(xiàn)[2]矣。

[注释]

①匣中不惜千年死：兵器藏在套子中，永远不使用也不觉得可惜。②霰：雪珠。

[译文]

只要有事情发生就会有弊病跟着来，因此天下人常把没有事端视为福气。前人的诗说："奉劝大家不要再谈授官封爵的事，一名将军的功勋需要成千上万士兵的牺牲换来。"又说："如果能使天下太平，就是把宝剑放在匣中一千年也在所不惜。"看了这些诗，就算有万丈的雄心壮志，也不知不觉化为冰雪般的淡泊。

三五一

[原文]

淫奔之妇，矫而为尼；热中之人，激而入道。清净之门，常为淫邪之渊薮（sǒu）①也如此。

[注释]

①渊薮：事物聚集的地方。

[译文]

淫乱私奔的女人，往往命运不好了就假意作了尼姑；热衷功名利禄的人，有时意气用事就入庙出家。清净的佛门圣地，因此往往成为奸邪罪恶聚集的地方。

三五二

[原文]

波浪兼天①，舟中不知惧，而舟外者寒心；猖狂骂座②，席上不知警，而席外者咋舌。故君子身虽在事中，心要超事外也。

[注释]

①兼天：冲天、滔天。②骂座：骂同席的人。

[译文]

波浪冲天的时候，船里的人不知道害怕，反而在船外的人感到十分担心；在座席上有人狂妄地谩骂，同席的人不知道警惕，反而是席外的人感到心惊胆战。所以君子虽然人处在事情当中，心智却要超脱事情之外才能保持清醒。

三五三

［原文］

人生减省一分，便超脱一分。如交游减，便免纷扰；言语减，便寡愆尤①；思虑减，则精神不耗；聪明减，则混沌②可完。彼不求日减而求日增者，真桎梏此生哉！

［注释］

①愆尤：过失。②混沌：人的自然本性。

［译文］

人生在世能减少一分事情，便能多一分超脱世俗的快乐。例如减少了与人交往的事情，便能避免了与人的争执纠纷；闲言乱语减了就能避免过失怨尤；减少了愁思忧虑，就不会虚耗精神；减少自作聪明就可以保持本性。那些不追求日渐减少事情却希望事情日渐增多的人，真是在给自己的生命戴上枷锁啊！

三五四

［原文］

天运之寒暑易避，人世之炎凉难除；人世之炎凉易除，吾心之冰炭①难去。去得此中之冰炭，则满腔皆和气，自随地有春风矣。

［注释］

①冰炭：寒冰和火炭，二者不能共存，指内心的争斗。

［译文］

天地运行所产生的冬夏冷暖容易躲避，人生在世的人情冷暖难以消除。世间的人情冷暖容易消除，而人们心中的水火不相容的杂念却难以去除。如果能去除心中水火不相容的杂念，那么心中都是清静，到处都有春风吹拂。

三五五

[原文]

茶不求精而壶亦不燥，酒不求洌而樽亦不空。素琴无弦而常调，短笛无腔而自适。纵难超越羲皇[1]，亦可匹俦[2]嵇阮[3]。

酒不求冽而樽亦不空

酒，代表着一种豪放的精神。虽无好酒亦要满杯，淡泊、潇洒、超迈的境界尽显无疑。

[注释]

①羲皇：指伏羲，为上古帝王。②匹俦：相匹敌。③嵇阮：嵇，嵇康，字叔夜，为竹林七贤之一，常弹琴吟诗以自娱。阮，阮籍，字嗣宗，性情不羁，嗜酒善琴。

[译文]

喝茶不需要精良的茶叶，茶壶不干就可以；喝酒不需要清冽的好酒，酒杯不空就可以。质朴的古琴常常随意拨弄，短笛吹不成腔调却可以使自己适意。这种生活即使比不上羲皇，也可以和嵇康、阮籍相匹敌。

三五六

[原文]

释氏随缘，吾儒素位[1]，四字是渡海的浮囊[2]。盖世路茫茫，一念求全，则万绪纷起；随寓[3]而安，则无入不得矣。

[注释]

①素位：安守本分。②渡海的浮囊：古代渡海时携带的用牛皮或羊皮制成的气囊，用来防止溺水。③寓：寄居、处所。

[译文]

佛家讲究顺其自然，儒家讲究严守自己的本分。“随缘素位”这四个字是度过人生苦海的救命气囊。因为人生的路茫茫无尽处，只要有一个求全的念头，就会有无数个念头升起。能够随遇而安，在哪里都能悠然自得。

三五七

[原文]

童子心虚而雉驯，海翁机息而鸥下。唯藏机挟诈之人，神形两猜疑，肝胆自为胡越，岂惟物不能动，抑且身自为仇。

[译文]

儿童心怀仁爱之心就连野鸟也会被驯服而不怕人，爱好鸥鸟的海翁一旦心怀机心就连平日与其亲近的鸥鸟也会不愿靠近他。那些深藏计谋的奸诈之人，精神与身体皆因猜疑而疲惫，肝与胆互相对立，岂止外物不能因其而感动，就连他自身都会相互矛盾。

三五八

[原文]

草木之芳菲，鱼鸟之飞跃，烟云风月之逸宕而光霁，皆吾性的生机。若被尘劳羁锁，物欲翳障，触目不见一点趣味，吾性亦索然稿矣！

[译文]

草木芳香艳丽，鱼儿跃出水面，鸟儿飞在天空，烟云风月在雨过天晴后无拘无束地展现光彩，这些都是我天性中的生机。一旦被尘世的烦恼所羁绊，被物欲之心障蔽，其乐趣即使尽在眼前也会视而不见，体会不到其中的半点乐趣，天性也因此变得索然无味。

三五九

[原文]

世态有炎凉，而我无嗔喜；世味有浓淡，而我无欣厌。一毫不落世情巢臼，便是一在世出世法也。

[译文]

人情世故有冷和热，但我不因此嗔怒或欢喜；社会人情有浓有淡，但我不因此欣喜或厌倦。使自己一丝一毫也不落入人情的窠臼，这就是处世而出世之道。

三六〇

[原文]

宁为璞玉，毋为圭璋；宁为素丝，毋为黄裳。凡事不受人益，此心便与天游。

[译文]

宁愿作一块未经雕琢的璞玉，也不要做一枚精于雕琢的玉质圭璋；宁愿做一束未经纺织的白色蚕丝，也不要做一件精于缝制的御用衣服。凡事不受别人的恩惠，此心便可超然物外。

三六一

[原文]

人心有一粘带，便鸿毛重若泰山。唯因物付物，洒然自得，则尧舜逊让不过三杯酒，汤武征诛真是一局棋矣。

[译文]

人的心一旦有物欲的羁绊，即使是轻如鸿毛之物也会变得重如泰山。只有根据自然法则使万物按照本性去发展，而各尽其用，洒然自在，那么尧与舜的禅让之后不过是三杯淡酒之事，而商汤与武王的征诛不过是一局棋的事情。

三六二

[原文]

奔走风尘者，心冗意迫，百年恍若一瞬；栖迟泉石者，念息机闲，一日真如小年。

[译文]

在人世风尘中奔走的人，心被物欲逼迫，即使生命长过百年也不过是一瞬间的事；生活于泉林间超然物外之人，心念俱息，欲望皆止，即使只生活一天也长于凡人的一年。

呻吟语

序

呻吟，病声也。呻吟语，病时疾痛语也。病中疾痛，惟病者知，难与他人道；亦惟病时觉，既愈，旋复忘也。

予小子生而昏弱善病，病时呻吟，辄志所苦以自恨曰："慎疾，无复病。"已而弗慎，又复病，辄又志之。盖世病备经，不可胜志。一病数经，竟不能惩。语曰："三折肱①成良医。"予乃九折臂②矣！沉痼年年，呻吟犹昨。嗟嗟！多病无完身，久病无完气。予奄奄视息而人也哉！

三十年来，所志《呻吟语》，凡若干卷，携以自药。司农大夫刘景泽，摄心缮性，平生无所呻吟，予甚爱之。顷共事雁门，各谈所苦。予出《呻吟语》视景泽，景泽曰："吾亦有所呻吟，而未之志也。吾人之病，大都相同。子既志之矣，盍以公人？盖三益焉：医病者见子呻吟，起将死病；同病者见子呻吟，医各有病；未病者见子呻吟，谨未然病。是子以一身示惩于天下，而所寿者众也。既子不愈，能以愈人，不既多乎？"余矍然曰："病语狂，又以其狂者惑人闻听，可乎？"因择其狂而未甚者存之。呜呼！使予视息苟存，当求三年艾③，健此余生，何敢以沉痼自弃？景泽，景泽，其尚医余也夫！

万历癸巳三月，抱独居士宁陵吕坤书。

［注释］

①三折肱：出自《左传·定公十三年》，比喻多次失败。②九折臂：出自《楚辞·九章·惜诵》，比喻阅历多，经验丰富。③三年艾：出自《孟子·离娄上》，比喻良药。

卷一　内篇·礼集

性　命

［原文］

正命者，完却正理，全却初气，未尝以我害之，虽桎(zhì)梏(gù)而死，不害其为正命[1]。若初气凿丧[2]，正理不完，即正寝告终[3]，恐非正命也。

［注释］

①正命：寿终而死。②凿丧：穿透、丢失。③正寝告终：正常死亡。

［译文］

完成人生使命而死的人，完满地保持了正理，保持了人生之初的元气，正理和元气没有因我而受到损害，这样，即使被囚禁而死，也可以称作正命。如果最初禀受的元气流失了，正理不完备，即使能寿终正寝，恐怕也不能称作正命。

［原文］

德性以收敛沉着为第一，收敛沉着中又以精明平易为第一。大段[1]收敛沉着人怕含糊，怕深险。浅浮子虽光明洞达，非蓄德[2]之器也。

［注释］

①大段：大多、通常。②蓄德：积累德性。

［译文］

人的德性以收敛沉着为第一，收敛沉着中，又以精明平易为关键。通常来说，收敛沉着的人怕含糊，怕深险。轻浮浅薄之人，表面上看来虽光明豁达，却算不上是具有高尚道德的人。

［原文］

人之念头与气血同为消长。四十以前是个进心，识见

未定而敢于有为；四十以后是个定心，识见既定而事有酌量；六十以后是个退心，见识虽真而精力不振。未必人人皆此，而此其大凡也。古者四十仕，六十、七十致仕，盖审[1]之矣。人亦有少年退缩不任事[2]，厌厌若泉下人者；亦有衰年狂躁妄动喜事者，皆非常理。若乃以见事风生之少年为任事，以念头灰冷之衰夫为老成，则误矣。邓禹[3]沉毅，马援[4]矍铄（jué shuò），古诚有之，岂多得哉！

［注释］

①审：认真观察考究。②不任事：对工作不能胜任。③邓禹：东汉的开国功臣，二十四岁即拜为大司徒，史称“行淳内笃”。见《后汉书·邓禹传》。④马援：东汉名将，在战场上屡建奇功。出征五溪蛮时，已八十四岁高龄。他曾经说过，丈夫立志，穷当益坚，老当益壮。

［译文］

人的心思念头与气力血性是共同消长的。四十岁以前有上进心，这个时候识见还没有稳定，敢于有所作为；四十岁以后心已安定，这时识见已经形成了，面对事情会斟酌衡量；到了六十岁以后就有后退的心思了，识见虽然已经真实透彻，但精力却萎靡不振。并非每个人都如此，这是一个大概的情况。在古代，人在四十岁的时候做官，六十岁或者七十岁的时候退休，就是因为明白了这个道理。也有的年轻人畏首畏尾，不愿意有所作为，无精打采就像黄泉下的死人一样；也有到了衰暮之年的人，却狂躁好动、喜欢做事，但这些都不是常理。如果认为那些遇事便意气风发的少年能够胜任工作，而把那些心思念头都已经灰冷的衰老之人当作老成的话，那我们也错了。汉代大将邓禹年轻的时候深沉坚毅，而马援到老还精神矍铄。这样的人在古代就有只是不可多得罢了！

马援

马援文武双全，所著《诫兄子严敦书》，经世传诵。今存诗《武溪深行》。

［原文］

命本在天①。君子之命在我，小人之命亦在我。君子以义处命②，不以其道得之不处，命不足道也；小人以欲犯命，不可得而必欲得之，命不肯受也。但君子谓命在我，得天命之本然；小人谓命在我，幸气数③之或然④。是以君子之心常泰，小人之心常劳。

［注释］

①命本在天：古人认为人的富贵贫贱等，由上天决定。②以义处命：处世坚持道义。③气数：命运。④或然：偶然。

［译文］

人的命运本来由上天掌握。但是，君子的命运是由自己掌握，小人的命运也由自己掌握。君子用道义来对待命运，不用真正的道义而得来的命运就不去侥幸拥有它，所以命运也就微不足道了；小人用欲望去违背命运，不能够得到的却一定要拥有它，所以就不肯接受命运了。但是，君子说命运是由我自己掌握，是得到了天命的本来真性；小人说命运在我自己的手中，只是侥幸得到了命运中的偶然。所以，君子的心理是泰然自若的，而小人的心理却永远是劳碌不安的。

存　心

［原文］

心要如天平，称物时物忙而衡①不忙，物去时即悬空在此。只恁②静虚中正，何等自在！

［注释］

①衡：称量用的天平和秤之类的器具。②恁：如此。

静坐

静虚中正，自在朗然。

[译文]

我们的心灵要像天平那样，称量物体的时候，物体忙而衡杆却不忙，物体拿下后衡杆自然就悬空而浮了。就在那样的虚无清静之中，不知道有多自在!

[原文]

收放心，休要如追放豚[1]，既入苙[2]了，便要使他从容闲畅，无拘迫懊(ào)憹[3]之状。若恨他难收，一向束缚在此，与放失同，何者？同归于无得也。故再放便奔逸不可收拾。君子之心如习鹰驯雉，搏击飞腾，主人略不防闲，及上臂归庭，却恁忘机[4]自得，略不惊畏。

[注释]

①豚：猪。②苙：猪圈，关牲畜用的围栏。③懊憹：气恼、烦躁。④忘机：忘掉心机。

[译文]

收拾自己放逸的心灵，不要像追逐放在圈外的猪儿一样，既然已经把它捉进了圈里，就要让他感觉到从容悠闲，不能有拘束烦恼的状态。如果只恨它难以收服，便一直把它束缚在这里，那就与放失在外没有区别，为什么呢？就因为那也一样没有任何收获。所以等再次放它出去的话，它便会奔走逃逸不可收拾了。君子的心灵，就要像训练雄鹰和驯导野雉一样，任由它们搏击飞腾，主人不会防备它们会逃走。等到它们落到了主人臂肩上回到庭院中的时候，忘记了重重的机关，悠然自得，一点也不会惊恐畏惧。

[原文]

学者只事事留心，一毫不肯苟且[1]，德业[2]之进也，如流水矣。

[注释]

①苟且：放松、马虎。②德业：道德、功业。

[译文]

为学的人只要事事多留心，一丝一毫也不肯放松，那么道德功业的进步就会像流水一样不停止。

[原文]

不动气①，事事好。

[注释]

①动气：生气。

[译文]

自己不生气的时候，什么事情都好解决。

[原文]

心放不放，要在邪正上说，不在出入上说。且如高卧山林，游心廊庙①，身处衰世，梦想唐虞②，游子思亲，贞妇怀夫，这是个放心否？若不论邪正，只较出入，却是禅定之学③。

[注释]

①廊庙：特指朝廷。②唐虞：陶唐即尧，虞氏即舜，借指太平盛世。③禅定之学：佛家的修行方法，通过静坐凝神来悟理。

[译文]

人的心到底是放失还是没有放失，要从邪道与正道上来说，不在心的出入上说。比如那些高卧深山的隐士，还关心着朝政，那些生活在衰世的人，向往着唐尧虞舜的盛世，那些在外的游子思念自己的亲人，贞洁的妇人怀念自己的丈夫，这些难道都是放失在外的心吗？如果不论邪道正道，只管他的心是出还是入，那却是佛家的禅定学问了。

[原文]

或问："放心①如何收？"余曰："只君此问，便是收了。这放收甚容易，才昏昏便出去，才惺惺②便在此。"

[注释]

①放心：放逸之心，用心不专一。②惺惺：清醒、警觉。

［译文］

有人问："放失出去的心，如何收回呢？"我回答道："只是你这一问，便就是收回了。这放心与收心的方法很容易，心一昏昏的时候，就是出去了，心一清醒的时候，这就是收回来了。"

［原文］

防欲如挽逆水之舟，才歇力便下流；力善[1]如缘[2]无枝之树，才住脚便下坠。是以君子之心，无时而不敬畏[3]也。

［注释］

①力善：尽力向善。②缘：攀爬。③敬畏：敬诚和畏惧。

［译文］

防止欲望就像挽拉逆水中的舟船，才歇下船就会往下流；极力做善事好像是在攀缘那没有枝杈的树木，才停住脚便会往下坠落。所以，君子的心灵无时无刻不是敬诚和畏惧的。

［原文］

一善念发，未说到扩充，且先执持住，此万善之囮[1]也。若随来随去，更不操存此心，如驿传[2]然，终身无主人住矣。

［注释］

①囮：一种装置，抓鸟时，用活鸟来诱捕其他鸟，也叫"鸟谋"。②驿传：古代公文传递和官员往来途中休息和换马的场所。

［译文］

心中生出了一个善念，先不要说扩充，只要能保持住，就是引出万善的媒介。如果让善念随来随去，而不用心保持，就好像驿站一样，永远没有常住的人。

［原文］

千日集义[1]，禁不得一刻不慊于心，是以君子瞬存息养，无一刻不在道义上。其防不义也，如千金之子之防盗，

惧馁②之故也。

［注释］

①集义：做好事，做事符合道义。②馁：饥饿。

［译文］

即使千日从事义举，也不能禁止片刻之间产生的私欲，所以，君子时刻都要进行修养，在道义上一刻也能不放松。君子防止自己做出不义的行为，犹如富家子弟防盗贼，惧怕日后受穷挨饿一样。

［原文］

无屋漏工夫①，做不得宇宙事业。

［注释］

①屋漏：古代房屋的西北角设小帐之处，专指暗处。屋漏工夫，意思是不暗地里做坏事，想坏点子。

［译文］

在无人看见的时候就做坏事，想坏点子，一定做不成天下的大事。

［原文］

君子口中无惯语，存心故也。故曰“修辞立其诚”①，不诚何以修辞？

［注释］

①修辞立其诚：语出《周易·乾·文言》。修辞，对言辞十分讲究。

［译文］

君子口里没有口头语，这是刻意避免的缘故。所以说，讲究言辞来表达诚心，不诚心怎么能讲究言辞呢？

［原文］

一念收敛，则万善来同①；一念放恣②，则百邪乘衅③。

［注释］

①万善来同：很多的善行都会随即而来。②放恣：放纵恣肆。③乘衅：乘虚而入。

［译文］

一个坏念头收敛了，则万种善行都会随即而来；将一个坏念头放纵了，则很多邪念都会乘虚而入。

［原文］

得罪①于法，尚可逃避；得罪于理，更没处存身。只我的心便放不过我。是故②君子畏理甚于畏法。

［注释］

①得罪：违反。②是故：因此。

［译文］

违犯了法律，还可能逃避；但是违背了天理，那就不会有藏身之处了。光是自己的良心就不肯放过自己。所以君子畏惧天理远远超过了畏惧法律。

［原文］

目中有花①，则视万物皆妄见也。耳中有声，则听万物皆妄闻也。心中有物，则处万物皆妄意也。是故此心贵虚②。

［注释］

①花：花点、尘土。②贵虚：贵在心灵的清净虚无。

［译文］

眼中有了尘物，看到的一切都是虚幻的。耳中有鸣声，听到的都不真实。心中有了某种念头，感受到的一切都会受其影响。因此我们的心灵最宝贵的就是一个虚字。

［原文］

忘是无心①之病，助长②是有心之病。心要从容自在，活泼于有无之间。

［注释］

①无心：没有用心，无意中。②助长：急于求成。

[译文]

什么事情都会忘记，这是没有心意的毛病。什么事情都要急于求成，却是太有心意的毛病了。心要保持从容自在，活泼地存在于有无之间。

宁静斋

没有宁静的心态生活就会发生混乱。经常保持安静，心里安静才能有主张。

[原文]

“静”之一字，十二时离不了，一刻才离便乱了。门尽日开阖(hé)[1]，枢[2]常静；妍蚩(chī)尽日往来，镜常静；人尽日应酬，心常静。惟静也，故能张主得动，若逐动而去[3]，应事定不分晓。便是睡时此念不静，作个梦儿也胡乱。

[注释]

①阖：闭合。②枢：使门转动的轴。③逐动而去：想法随时改变。

[译文]

“静”这个字是任何时候都离不了的，一时离开了便会导致混乱。门扇整日开开关关，然而门轴却是不动的；美丽与丑陋的面容尽日里往往来来，但镜子却永远是安静的；人们虽然整天应酬，但心灵经常保持安静。只有心里安静才能有主张。如果想法随意改变，处理事情就会难有分晓。即使是在睡觉时，如果心里不安静，做的梦也会很荒诞。

[原文]

把意念沉潜[1]得下，何理不可得？把志气奋发得起，何事不可做？今之学者，将个浮躁心观理[2]，将个委靡心临事[3]，只模糊过了一生。

[注释]

①沉潜：沉静潜伏。②观理：观察事物的真理。③临事：做事。

[译文]

把自己的意念沉静潜伏下来，什么真理不可以得到呢？把自己的志气

振奋起来，有什么事情不能做到呢？当今的学者，用浮浅狂躁的心去观察事物的真理，用委靡不振的心去办事。结果只是糊里糊涂地度过了自己的一生。

[原文]

当可怨、可怒、可辩、可诉，可喜、可愕①之际，其气甚平②，这是多大涵养！

[注释]

①愕：心中感到惊讶。②平：平静。

[译文]

当一个人应当抱怨、发怒、争辩、控诉、高兴、惊讶的时候，能够做到心平气和，这就需要有深厚的涵养。

[原文]

天地间真滋味，惟静者能尝得出；天地间真机括①，惟静者能看得透；天地间真情景，惟静者能题得破。作热闹人，说孟浪语②，岂无一得？皆偶合也。

[注释]

①机括：事物的关键。②孟浪语：大而无当，不着边际的话。

[译文]

天地间的真正滋味，只有静者才能尝得出；天地间事物真正的关键，只有静者才能看得透；天地间的真情景，只有静者才能写得出。做热闹人，说鲁莽话，难道不会做对一件事说对一句话吗？即使有那也都是偶然碰巧的。

[原文]

学者只多忻（xīn）喜①心，便不是凝道之器。

[注释]

①忻喜：怡然自得。

[译文]

学者只要经常有喜乐自得的心情，便不是能够修养出高尚道德的人。

［原文］

小人亦有坦荡荡①处，无忌惮②是已。君子亦有常戚戚③处，终身之忧是已。

［注释］

①坦荡荡：心里坦荡，光明磊落。②无忌惮：什么也不害怕。③常戚戚：常常忧虑。

［译文］

小人也有心灵坦荡的时候，因为他们对什么事情都没有忌惮。君子也有忧心忡忡的时候，因为他们总是有忧患意识。

戒急用忍

急躁是做事难以成功的原因之一，懂得忍让，退后一步，将会海阔天空。

［原文］

寐是情生景，无情而景者，兆也①。寤后景生情，无景而情者，妄也。

［注释］

①兆：事件未发之预征。

［译文］

睡着以后做梦，那是情生景，没有情而出现了景，就是预兆。醒了以后，是看到景而生情，没有看到景就有了情，那是虚妄。

［原文］

恶恶①太严，便是一恶。乐善甚亟②，便是一善。

［注释］

①恶恶：厌恶那些恶行。②亟：积极。

［译文］

厌恶丑恶的东西达到了极端，也是一种丑恶。喜欢积德行善很积极，也是一种善良。

[原文]

投佳果于便溺，濯①而献之，食乎？曰："不食。"不见而食之，病乎？曰："不病。"隔山而指骂之，闻乎？曰："不闻。"对面而指骂之，怒乎？曰："怒。"曰：此见闻障也。夫能使面而食②，闻而不怒，虽入黑海、蹈白刃可也。此炼心者③之所当知也。

[注释]

①濯：清洗。②面而食：当着别人的面吃。③炼心者：修炼自己道德的人。

[译文]

把好吃的果子投在粪便中，然后拿出来洗干净再给人吃，别人会吃吗？回答是："不吃！"如果没有见到果子掉进粪便中，吃了会得病吗？回答是："不会得病！"隔着一座山去指骂一个人，那个人能听见吗？回答是："听不见！"如果当着那个人的面去指骂他，他会不会发怒呢？回答是："会发怒！"这就叫作见闻的障碍。如果能够做到当面去吃那掉在粪便中又洗过的果子，当面听见别人的指骂而不发怒，即使是进入黑海，足踏刀刃，也是可以的。这是修炼心性的人所应当知道的。

[原文]

种豆，其苗必豆；种瓜，其苗必瓜。未有所存如是①，而所发不如是者。心本人欲，而事欲天理；心本邪曲②，而言欲正直，其将能乎？是以君子慎其所存③。所存是，种种皆是；所存非，种种皆非，未有分毫爽者。

[注释]

①如是：如此。②邪曲：邪恶不正。③慎其所存：对自己心里存想的东西很慎重。

[译文]

种下的是豆种，长出来的苗儿也一定是豆子；种下的是瓜种，长出来的也一定是瓜苗。没有所种下的是这个东西，而所生长出来的却是别的东西。心里全是个人私欲，而希望做出来的事符合天理；内心本来邪恶扭曲，却说要正直，这能够做到吗？所以，君子特别谨慎自己心里所存想的东西。所存想的是正确的，那表现出来的都是正确的；所存想的不是正确的，表现出来的也是不正确的。这是没有丝毫差失的。

［原文］

属纩（kuàng）[1]之时，般般都带不得，惟是带得此心，却教坏了，是空身归去矣。可为万古一恨。

［注释］

①属纩：古代举行的丧礼仪式。此指人病逝前，用新的丝絮放在病人口鼻上，观察是否有气息。属，放。因而“属纩”也代指“临终”。

［译文］

人临终的时候，什么东西都带不走。只有灵魂能带得走，但它却在人间学坏了，死者只能空着手回去了。这可以说是万古的一大恨事了。

［原文］

吾辈所欠，只是涵养不纯不定。故言则矢口所发[1]，不当事，不循物，不宜人；事则恣意所行，或太过，或不及，或悖理。若涵养得定，如熟视正鹄（gǔ）[2]而后开弓，矢矢中的；细量分寸而后投针，处处中穴。此是真正体验实用工夫，总来只是个沉静。沉静了，发出来件件都是天则。

［注释］

①矢口所发：说话不加思考，冲口说出。②鹄：箭靶的中心。

［译文］

我们这些人所欠缺的只是涵养不纯不定。因此说话时就脱口而出，不考虑面临的是什么，不遵循事物的法则，也不看对别人是否适宜；遇到事情则随意而为，或做得太过分，或做得还不够，或违背了事理。如果涵养工夫到家了，就如同看清了靶子再开弓射箭一样，箭箭都能射中目标；又如同找好穴位然后再针灸一样，每一针都能扎中穴位。这是真正的体验，也是实用的工夫，总的说来是一个沉静。沉静了，做出来的事，说出来的话，件件都符合自然规律。

[原文]

暮夜无知①，此四字百恶之总根也。人之罪莫大于欺。欺者，利其无知也。大奸大盗皆自无知之心充之。天下大恶只有二种：欺无知，不畏有知。欺无知还是有所忌惮心，此是诚伪关。不畏有知是个无所忌惮心，此是死生关。犹知有畏，良心尚未死也。

[注释]

①暮夜无知：黑夜里做事没有人知道。

[译文]

“暮夜无知”，这四个字是百恶的总根源。人的罪恶莫大于欺骗。欺骗就是利用了对方不知道这一点。大奸大盗都是认为别人不会知道才横行的。天下大恶只有两种：一是欺骗了别人，别人不知道；二是不怕别人知道。欺骗使别人不知道，还是心中有所惧怕，这是真诚与伪装的问题。不怕别人不知道，就是心中无所畏惧，这是死与生的问题。知道有所畏惧，说明良心还没有完全泯灭。

[原文]

心要虚，无一点渣滓①；心要实②，无一毫欠缺。

[注释]

①渣滓：杂念、牵挂。②实：实在、充实。

[译文]

心要谦虚，没有一点的杂念；心要诚实，没有一毫的亏欠。

[原文]

只大公①了，便是包涵天下气象。

[注释]

①大公：心底无私。

[译文]

只要能够做到大公无私，就是包容涵括天下的气象。

[原文]

士君子[1]作人，事事时时只要个用心。一事不从心中出，便是乱举动；一刻心不在腔子[2]里，便是空躯壳。

[注释]

①士君子：具有较高道德修养的人。士，古代的读书人。②腔子：胸中。

[译文]

真正的士君子做人，对待每一件事情，在任何时候，都要用心。做一件事情不从自己的本心出发，就是胡乱的举动；一个时刻心灵不在自己的胸中，那就是一具空洞的躯壳。

[原文]

圣、狂之分，只在苟[1]、不苟两字。

[注释]

①苟：苟且。

[译文]

圣人和狂士的分别，只在苟且与不苟且两个词上。

[原文]

恕心[1]养到极处，只看得世间人都无罪过。

[注释]

①恕心：宽厚仁慈之心。

[译文]

宽厚仁慈的心修养到最高的境界后，就会看到世上的人都是没有罪过的。

楚狂接舆

楚狂接舆是春秋时期楚国的隐士，接舆是他的名。他平时躬耕，佯狂不仕。

[原文]

欲理会七尺[1]，先理会方寸；欲理会六合，先理会一腔[2]。

[注释]

①七尺：七尺之躯，指自身。②一腔：自己的身体。

[译文]

要修养自身，先要修炼自己的方寸之心；要治理天地六合，先要修养好自身。

[原文]

静者生门，躁者[1]死户。

[注释]

①躁者：心里躁动不安。

[译文]

清静是生存的门户，躁动是死亡的门户。

[原文]

士君子一出口无反悔之言，一动手[1]无更改之事，诚之于思[2]故也。

[注释]

①动手：做事。②诚之于思：经过反复认真的考虑。

[译文]

士君子不说而已，一说出口就没有反悔的话，一动手就没有更改的事情，这是因为他们说话做事都是经过深思熟虑的。

[原文]

天下国家之存亡，身之生死，只系敬怠两字。敬则慎，慎则百务修举；怠则苟，苟则万事隳(huī)颓[1]。自天子以至于庶人，莫不如此。此千古圣贤之所兢兢，而亡人之此所必由也。

[注释]

①隳颓：破败，此处指失败。

[译文]

国家的存亡，人的生死，就在敬重、怠慢这两个词上。敬就会慎重，慎重做什么事都会成功；怠就会苟且，苟且做什么事都不会成功。上自天子，下至百姓，莫不如此。千古以来圣贤之人所以小心谨慎，失败者之所以失败，原因便在于此。

[原文]

每日点检①，要见这念头自德性上发出，自气质上发出，自习识②上发出，自物欲上发出。如此省察，久久自识得本来面目。初学最要知此。

[注释]

①点检：检查、省察。②习识：逐渐形成的认识。

[译文]

每天都要检查自己，看自己的各种念头是从德行、气质、习识，还是从物欲上发生出来的。这样反省久了，就能认清自己的本来面目。初学的人更要注意这一点。

[原文]

吾初念①只怕天知，久久来不怕天知，又久久来只求天知。但未到那“何必天知”地步耳！

[注释]

①初念：最开始的念头。

[译文]

开始时我的想法怕上天知道，时间久了以后就不怕上天知道了，再往后却希望让上天知道，只是还没有到达那种“心中的想法何必让上天知道”的境界！

[原文]

气盛①便没涵养。

[注释]

①气盛：意气过盛。

[译文]

如果意气太盛了，这个人就没有涵养了。

[原文]

定静安虑①，圣人胸中无一刻不如此。或曰：喜怒哀乐到面前如何？曰：只恁喜怒哀乐，定静安虑，胸次无分毫加损。

[注释]

①定静安虑：《大学》：“知止而后有定，定而后能静，静而后能安，安而后能虑。”朱熹《章句集注》：“止者，所当止之地，即至善之所在也。知之，则志有定向。静，谓心不妄动。安，谓所处而安。虑，谓处事精详。”

[译文]

定静安虑，圣人胸中无一刻不是如此。有人问：喜怒哀乐到了面前会怎样呢？我回答说：任凭怎样的喜怒哀乐，我那定静安虑的心没有分毫的改变。

[原文]

“得”之一字，最坏此心。不但鄙夫患得、年老戒得为不可。只明其道而计功，有事而正心，先事而动得心，先难而动获心，便是杂①霸杂夷。一念不极其纯，万善不造其极，此作圣者之大戒也。

[注释]

①杂：掺杂。

[译文]

“得”这个字，最坏人心。不只鄙陋浅薄的人会计较得失，即使让老年人警戒得失，也是做不到的，如果做事合乎道而计较功利，遇到事先端正用心，做事之前先有了得心，事情难做先有了获取心，便是用心不纯。一个念头不是纯而又纯，万种善事就不能善而又善了。这是想要成为圣人的大戒。

[原文]

充一个公己公人心[①]，便是吴越[②]一家；任一个自私自利心，便是父子仇雠(chóu)[③]。天下兴亡、国家治乱、万姓死生，只争这个些子。

[注释]

①公己公人心：公允而忘私的态度。②吴越：指春秋战国时的吴国和越国，两国经常发生战争。③雠：即“仇”。

[译文]

内心能够做到大公无私、人我不分，即使是世代为仇的吴国和越国也会成为一家；放任自私自利的心理，即使是父亲和儿子也会成为仇人。天下的兴盛与衰亡、国家的和平与混乱、人民的死亡与生存，关键也就在于此。

[原文]

为人辨冤白谤[①]是第一天理。

[注释]

①辨冤白谤：辩白冤屈不平之事。

[译文]

替那些遭受冤屈的人辩白冤屈是第一等天理。

[原文]

杀身者不是刀剑，不是寇仇[①]，乃是自家心杀了自家。

[注释]

①寇仇：贼寇仇人。

[译文]

杀害自己的不是什么刀剑，不是什么贼寇仇人，是自己的心灵杀害了自己。

[原文]

为恶惟恐人知，为善惟恐人不知，这是一副甚心肠[①]，

安得长进[2]？

［注释］

①甚心肠：什么样的用心。②安得长进：怎样才能提升道德修养呢？

［译文］

作恶害怕人们知道，为善却又唯恐人们不知道。这是出于怎样的一种心理呢？这样怎么能够长进呢？

［原文］

人心是个猖狂自大之物，殒身败家[1]之贼[2]，如何纵容得他？

［注释］

①殒身败家：损害身体，败坏家庭。②贼：罪魁祸首。

［译文］

人心是一个狂妄自大的东西，又是害命败家的祸首，怎么能够纵容它呢？

［原文］

心要实，又要虚。无物[1]之谓虚，无妄[2]之谓实。惟虚故实，惟实故虚。心要小，又要大。大其心能体天下之物，小其心不偾(fèn)[3]天下之事。

［注释］

①无物：心中没有挂碍。②无妄：没有虚妄的念头。③偾：败坏。

［译文］

心灵既要充实又要空虚。心中没有什么东西时就是空虚，没有什么妄想的时候就叫作充实。正因为空虚才会充实，正因为充实才会空虚。心胸要小，却又要大。心胸博大，就能够包容天下万物，小心翼翼，就不会败坏天下的事情。

伦 理

［原文］

一家之中要看得尊长尊，则家治。若看得尊长不尊，如何齐他得[①]？其要在尊长自修[②]。

［注释］

①如何齐他得：怎么能管理好家庭？②尊长自修：家长自己的道德修养。

［译文］

在家中要把家长看得很尊贵，这个家庭才会安宁。如果把家长看得不尊贵，那怎么能管理这个家庭呢？这里的关键在于家长自己的修养。

［原文］

人子之事亲[①]也，事心[②]为上，事身次之，最下事身而不恤[③]其心，又其下事之以文而不恤其身。

［注释］

①事亲：侍奉自己的父母。②事心：了解体察他们的心意。③恤：体谅。

［译文］

作为子女侍奉父母，重要的是关怀父母的心意，照料父母的身体在其次，更次的是虽然照料父母的身体但并不体恤他们的心意，最次的是只讲空话而不照料父母的身体。

［原文］

侍疾[①]忧而不食，不如努力而加餐。使此身不能侍疾，不孝之大者也。居丧羸(lěi)[②]而废礼，不如节哀而慎终。此身不能襄事[③]，不孝之大者也。

［注释］

①侍疾：照料生病的父母。②居丧羸：在给父母居丧时生病。③襄事：做成事情。

[译文]

伺候生病的父母因为忧虑而吃不下饭，不如努力多吃点饭。让自己的身体不能照顾父母，就是更大的不孝了。居丧时由于过于哀痛以致生病而废掉礼仪，不如节哀办完丧礼。不能完成丧礼是最大的不孝。

[原文]

长者有议论，唯唯而听，无相直也；有咨询，謇謇（jiǎn）[1]而对，无遽尽也。此卑幼之道也。

[注释]

①謇謇：忠贞的样子。

[译文]

长辈在谈话时，要用心去听，不要提出质问；长辈有询问，要恭敬耐心回答，不要慌慌张张，吞吞吐吐。这是卑幼对长辈的应有的态度。

[原文]

阳称其善[1]以悦彼之心，阴养其恶以快已之意，此友道[2]之大戮[3]也。青天白日之下，有此魑魅魍魉（chī mèi wǎngliǎng）[4]之俗，可哀也已。

[注释]

①阳称其善：表面上假意说别人好。②友道：和朋友交往的规则。③戮：害处、不利。④魑魅魍魉：泛指各种鬼。

[译文]

当面说朋友好来讨好他，背后又纵容他的缺点，满足自己幸灾乐祸之心，这是最有损于朋友之间的交往的行为。在青天白日之下有这样鬼鬼祟祟的恶习，真是悲哀啊。

[原文]

父在居母丧，母在居父丧，以从生者之命为重。故孝子不以死者忧生者，不以小节伤大体，不泥经而废权[1]，不徇名而害实，不全我而伤亲。所贵乎孝子者，心亲之心而已。

[注释]

①不泥经而废权：衡量是非轻重，灵活权变。泥，拘泥。经，指正确而不当变更的道理。权，权变。

[译文]

父在居母丧，母在居父丧，以顺从生者的愿望为重。所以孝子不因为死者而使生者忧愁，不以小节伤大体，不因固执于常理而不知变通，不因名而害实，不为了保全自己的名节而伤害亲人。对孝子来讲，最可贵的孝心就是按亲人的心意办事而已。

闻雷泣墓

王裒在居母丧时，因他的母亲在世时怕雷，每遇风雨天气，听到雷声，他就跑到母亲坟前，跪拜安慰母亲，如同母亲在世一样。

[原文]

子弟生富贵家，十九多骄惰淫泆，大不长进。古人谓之豢(huàn)养[①]，言甘食美服，养此血肉之躯与犬豖等。此辈阘(tà)茸[②]，士君子见之为羞，而彼方且志得意满，以此夸人，父兄之孽莫大于是！

[注释]

①豢养：喂养牲畜。②阘茸：指地位低下或品格卑劣的人。见章炳麟《新方言·释言》：“阘为小户，茸为小草，故并举以状微贱也。”

[译文]

富贵家庭出身的子女，十有八九都骄傲懒惰、淫荡放纵，没有长进。这就是古人所说的豢养，意思是用锦衣玉食来养活这个躯壳，就像是那狗儿猪儿一样。这些卑鄙微贱的东西，士君子见了他们觉得羞耻，他们却很得意，心满意足地用这些来炫耀！他们的父辈和兄长的罪孽，再也没有比这更大的了！

[原文]

示儿[①]云：门户高一尺，气焰低一丈。华山只让天，

不怕没人上。

[注释]

①示儿：吕坤写给儿子看的话。

[译文]

我告诉儿子说：我们的门户高了一尺，自己的气焰却要低下去一丈。华山只是让着天，从来不怕没人来上。

[原文]

门户可以托父兄，而丧德辱名非父兄所能庇①；生育②可以由父母，而求疾蹈险③非父母所得由。为人子弟者不可不知。

[注释]

①庇：庇护、保护。②生育：生长养育。③求疾蹈险：遭遇疾病和碰到危险的事情。

[译文]

出身的门户可以依托父母兄弟，然而败丧道德、侮辱名声的事情却不是父母兄弟能够庇护的；自己的生养可以依靠父母，然而遭遇疾病、面临危险的事情是由不得父母的。做人子弟的人不能够不知道这个道理。

[原文]

责人到闭口卷舌，面赤背汗时，犹刺刺不已①，岂不快心？然浅隘刻薄甚矣。故君子攻人②，不尽其过，须含蓄以余人之愧惧，令其自新，方有趣味，是谓以善养人③。

[注释]

①刺刺不已：依然不停地说。②攻人：批评别人。③以善养人：用自己的善行教导别人。

[译文]

责备别人，到别人张口结舌，面红流汗时，还不停地数落，这样心里痛快吗？但这样做也太狭隘刻薄了。君子批评别人，不能说尽别人的坏处，要留有余地，让别人自己懂得后悔和畏惧，让他自己改过才是好办法，这叫作用自己的善行教导别人。

[原文]

曲木恶绳[1]，顽石恶攻[2]，责善之言[3]不可不慎也。

[注释]

①绳：动词，用绳和墨来矫正。②攻：雕刻。③责善之言：劝勉别人向善的话。

[译文]

歪曲的木头难用绳墨矫正，坚硬的石头不容易雕琢，责人劝善的话，一定要慎重。

[原文]

责善之道，不使其有我所无[1]，不使其无我所有，此古人之所以贵友[2]也。

[注释]

①有我所无：做到那些连我们自己也无法做到的事。②贵友：看重朋友。

[译文]

劝别人向善的道理，是不让别人做我所做不到的，我能做到的别人也应该能做到，这就是古人看重朋友的原因。

谈　道

[原文]

真器不修，修者伪物也；真情不饰，饰者伪交也。家人父子之间不让而登堂，非简[1]也，不侑[yòu][2]而饱食，非饕[tāo][3]也，所谓真也。谁待让而入，而后有让亦不入者矣；惟待侑而饱，而后有侑亦不饱者矣。是两修文也。废文不可为礼，文至掩真，礼之贼也，君子不尚焉。

［注释］

①简：简慢、怠慢。②侑：劝食。③饕：此处指贪食。

［译文］

真正的器物不修饰，修饰以后就成了伪物；真情也不粉饰，粉饰就是伪交。家人父子之间，进屋时不必谦让，这不是简慢，吃饭时不必相劝，这不是贪吃，这就是“真”。只有等着让才进来，以后就会有让也不进来的人了；只有等人劝才吃饱，以后就会有劝也吃不饱的人了。这是双方都在文饰的缘故。废弃了应有的礼节就不合礼仪，过分了又会掩饰住真情，文饰成了害礼的东西，君子不推崇这个。

［原文］

百姓得所①，是人君太平；君民安业，是人臣太平；五谷丰登，是百姓太平；大小和顺，是一家太平；父母无疾，是人子太平；胸中无累②，是一腔太平。

［注释］

①得所：有其生存之所。②胸中无累：心里没有任何牵挂拖累。

［译文］

百姓各得其所，就是君主的太平；君主与人民都安居乐业了，就是大臣们的太平；粮食丰收了，就是黎民百姓的太平；一家大小都和睦了，就是家庭的太平；父母都没有疾病，便是做子女的太平；胸中没有任何牵挂，也就是自己一个人的太平了。

［原文］

至道之妙，不可意思①，如何可言？可以言，皆道之浅也。玄之又玄，犹龙公②亦说不破，盖公亦囿于玄玄③之中耳。要说，说个甚？然却只在匹夫匹妇共知共行④之中，外了这个，便是虚无。

［注释］

①意思：用心领会。②犹龙公：老子。③玄玄：玄之又玄的道。④共知共行：日常的知行。

[译文]

至道的妙处，是不能用心意领会的，怎么可以说出来呢？能够说出来的都是很浅显的东西。玄之又玄的道，老子也说不破，因为老子也钻进玄之又玄的道中去了。非要说，说什么呢？道只在普通人日常的知行之中，除这以外，都是虚无。

老子

老子是道家创始人。他所著《老子》一书幽微精妙，有“玄之又玄”之语。

[原文]

朱子[1]云：“不求人知，而求天知。”为初学者言也。君子为善，只为性中当如此，或此心过不去。天知、地知、人知、我知[2]，浑是不求底，有一求心，便是伪，求而不得，此念定是衰歇。

[注释]

①朱子：朱熹。南宋理学家。②天知、地知、人知、我知：东汉杨震为官清廉，他出任太守途经昌邑时，以前由他举荐的王密时任昌邑县令，为答谢杨震，王密趁深夜怀揣十锭黄金拜见杨震。杨震对王密此举很是生气，毅然拒绝。王密说：“夜黑人静，是不会有人知道的。”杨震说：“天知、地知、你知、我知，你怎么说没有人知呢？”说完他生气地将黄金掷于地。

[译文]

朱熹说：“不求别人知道，只求上天知道。”这是对初学者说的。君子行善道，是因为本性应当这样，如果不这样心里就过不去。天知、地知、人知、我知都不是君子所求的，只要心里刻意去求就是虚伪，追求而没有得到，则为善的念头一定走入末途。

[原文]

静中真味，至淡至冷，及应事接物时，自有一段不冷

杨震

杨震是东汉大臣，廉洁清明，不谋私利，曾“暮夜却金”，为人所称道。

不淡天趣①。只是众人习染②世味十分浓艳，便看得他冷淡。然冷而难亲，淡而可厌，原不是真味，是谓拨寒灰，嚼净蜡。

[注释]

①天趣：自然的趣味。②习染：逐渐沾染。

[译文]

虚静里的真味，淡到了极点，也冷到了极点，但在应事接物的实际过程中，却独有一段不冷不淡的自然之趣。只是因为众人习惯了俗世的那种浓艳的味道，才觉得那样是冷淡。但如果冷到了难以亲近，淡到了让人厌恶的地步，就不是真味了，就成了所谓的拨冷灰，嚼净蜡，枯燥无味。

[原文]

天地人物①原来只是一个身体②，一个心肠③，同了便是一家，异了便是万类。而今看着风云雷雨都是我胸中发出，虎豹蛇蝎都是我身上分来，那个是天地？那个是万物？

[注释]

①人物：人和万物。②一个身体：天地与人及万物本来是不可分割的一体。③一个心肠：天地与人及万物性质相同。

[译文]

天地与人及万物，原来是不可分割的一体，有相同的性质，当他们表现出相同的方面时，就是一家了，呈现出相异的方面时，便就是万事万物了。现在看那风云雷雨，都是从我的胸中发出的，虎豹蛇蝎也都是从我自己的身上分出来的。哪一个是天地呢？哪一个是万物呢？

[原文]

三氏①传心要法，总之不离一“静”字。下手处皆是

制欲②，归宿处都是无欲，是则同。

[注释]

①三氏：儒、释、道三家。②制欲：克制自己的私欲。

[译文]

儒、释、道三家传授心性的要法，归根到底离不开一个“静”字。入手处是要制约自己的欲望，要达到的目的是清净无欲，这一点三家都是相同的。

卷二 内篇·乐集

修身

[原文]

六合[1]是我底六合，那个是人？我是六合底我，那个是我？

[注释]

①六合：指天上、地下和东西南北四方，泛指天下或宇宙。

[译文]

天地四方这六合都是我自己的六合，哪个是别人呢？我是六合的我，哪个又是我自己呢？

[原文]

大事、难事看担当[1]；逆境、顺境看襟度[2]；临喜、临怒看涵养；群行、群止看识见[3]。

[注释]

①担当：负责、担负。②襟度：胸襟气度。③识见：见识。

[译文]

遇到大事和难事时，就要看一个人是否能够担当起来；在逆境与顺境中，要看一个人的胸襟和气度；遇到喜悦和愤怒的事时，要看一个人的涵养；大家一起行动，一起歇息时，就要看一个人的认识和见解。

[原文]

大其心[1]，容天下之物；虚其心，受天下之善[2]；平其心，论天下之事；潜其心[3]，观天下之理；定其心，应天下之变。

[注释]

①大其心：让自己心胸开阔。②受天下之善：接受天下的善行。③潜其心：使心沉潜、专注。

[译文]

使自己心胸开阔，来容纳天下的万物；让自己虚心，来接受天下的善；平和自己的心，来议论天下的事情；潜伏自己的心，来观察天下的事理；稳定自己的心，来应付天下的变化。

做人要如神龙

能屈能伸不被外物所使役，如龙一般悠然自得，必是有大智慧的人。

[原文]

称人之善①，我有一善，又何妒焉？称人之恶，我有一恶，又何毁焉②？

[注释]

①称人之善：称赞别人的善行。②又何毁焉：又何必去诋毁别人呢？

[译文]

称赞别人的善行，我就有了一个善行，又何必再去嫉妒别人呢？指责别人的恶行时，自己也就有了一种恶行，又何必再去诋毁别人呢？

[原文]

善者不必福，恶者不必祸，君子稔(rěn)知①之也，宁祸而不肯为恶；忠直者穷，谀佞②者通，君子稔知之也，宁穷而不肯为佞。非但知理有当然，亦其心有所不容已耳③。

[注释]

①稔知：深知、熟识。②谀佞：阿谀谄佞。③亦其心有所不容已耳：也是他们内心不容许这样做。

[译文]

为善的人不一定会得到幸福，作恶的人也不一定会遭到灾祸，君子熟知这个道理，但宁愿遭到灾祸也不愿作恶；忠诚正直的人必然穷困，阿谀谄佞的人必然通达，君子对此也很清楚，但宁愿穷困也不愿意去做奸佞的事。他们不仅知道天理是合于情理的，而且他们自己内心也不容许这样去做。

[原文]

少年只要想我见在[①]干些什么事，到头成个什么人，这便有多少恨心[②]！多少愧汗！如何放得自家过？

[注释]

①见在：现在。②恨心：遗憾的心理。

[译文]

人在少年的时候，应该想想我现在在干些什么事？将来又要成为一个什么样的人？这样一想，便会生出多少遗憾的情绪！感到多少的惭愧！又怎么会放得过自己呢？

[原文]

明镜虽足以照秋毫之末，然持以照面不照手者何？面不自见，借镜以见。若手则吾自见之矣。镜虽明，不明于目也。故君子贵自知自信。以人言为进止[①]，是照手之识也。若耳目识见所不及，则匪天下之见闻不济矣。

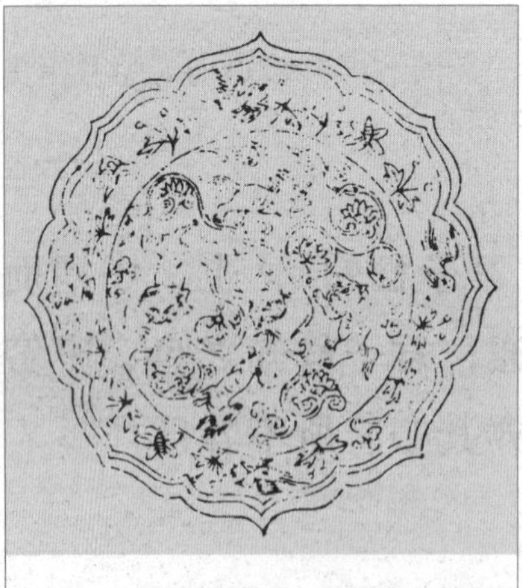

镜

以铜为镜，可以正衣冠；以史为镜，可以知兴替；以人为镜，可以明得失。镜以其特性成为中国文化中反思的一种象征物。

[注释]

①以人言为进止：以别人的言语作为自己行动的标准。

[译文]

明亮的镜子足以照秋毫之末，然而为什么拿它照面目而不照手呢？自己看不见自己的面目，因此用镜子来照。自己的手自己却能看见。镜子虽然明亮，但不如自己的眼睛更能辨明一切。因此君子贵在自知自信，以别人的言语作为自己行动的标准，那就是用镜子照手的见识。如果是自己的识见无法达到的，那么没有天下的见闻道理就不行了。

[原文]

善之当为，如饮食衣服然，乃吾人日用常行事也。人未闻有以祸福废衣食者，而为善则以祸福为行止[1]；未闻有以毁誉废衣食者，而为善则以毁誉为行止。惟为善心不真诚之故耳。果真果诚，尚有甘死饥寒而乐于趋善者。

[注释]

①行止：做或者不做。

[译文]

人应该为善，就像人应该吃饭穿衣一样，是人们的日常生活中应该做的事。没有听说有因为福祸而停止吃饭穿衣的，但人们却因为福祸而决定是否行善；没有听说因为人们的毁谤和赞誉而停止穿衣吃饭的，但人们却以他人的毁谤和赞誉决定自己是否行善。这是因为他们为善的心不真诚。如果确实有真心诚意，就有宁可死于饥寒而乐于向善的人。

[原文]

只见得眼前都不可意[1]，便是个碍世之人。人不可我意，我必不可人意。不可人意者我一人，不可我意者千万人。呜呼！未有不可千万人意而不危者也。是故智者能与世宜[2]，至人不与世碍[3]。

[注释]

①不可意：不合自己的心意。②智者能与世宜：聪明人能够与世间事物相适应。③至人不与世碍：道德修养高的人与世间事物不互相阻碍。

[译文]

如果眼前所有的事都不尽自己的意，那就是一个妨碍世间事物的人。别人都不合自己的心意，那自己也一定不合别人的心意了。不合他人心意的只有我一个人，但不合自己心意的却有千万人。哎呀！世间没有不合千万人的心意而不发生危险的人啊！所以智者能够与世间事物相适应，至人不与世间事物发生冲突。

[原文]

初看得我污了世界，便是个盗跖；后看得世界污了我，便是个伯夷[1]；最后看得世界也不污我，我也不污世界，便是个老子[2]。

[注释]

①伯夷：商末孤竹君长子。武王灭商后，伯夷和叔齐以食周粟为耻，逃亡到首阳山，后饿死。②老子：先秦道家学派创始人。其《老子》一书主张“自然”“无为”。

[译文]

一开始，把自己看得是污染了这个世界，便是个强盗；后来再看，觉得是这个世界玷污了我，那就是清廉的伯夷了；到最后，看得这个世界没有玷污我，我也没有污染这个世界，就是老子了。

[原文]

心要有城池，口要有门户。有城池则不出[1]，有门户则不纵。

[注释]

①不出：不放逸。

[译文]

人心要有一座城池，口要有门户。有了城池，心就不会放逸，有了门户，口就不会乱说。

[原文]

学者说话要简重从容，循物傍事[1]，这便是说话中涵养。

[注释]

①循物傍事：遵循依傍事理。

[译文]

学道的人说话，要简洁有重点，从容沉着，说话要根据事理，这就是

说话时应有的涵养。

［原文］

气[1]忌盛，心忌满[2]，才忌露。

［注释］

①气：意气。②满：骄傲自满。

［译文］

意气忌讳的是盛大，心中忌讳的是满足，才华忌讳的是显露。

［原文］

奋始怠终[1]，修业之贼也；缓前急后，应事之贼也；躁心浮气，畜德[2]之贼也；疾言厉色，处众[3]之贼也。

［注释］

①奋始怠终：事情开始时奋力而为，结束时懈怠潦草。指办事不能一以贯之，持之以恒。②畜德：培养道德、修德。③处众：与人相处、处世。

［译文］

有始无终，是修业的大敌；前缓后急，是做事的大敌；心浮气躁，是修德的大敌；疾言厉色，是处世的大敌。

［原文］

名心盛者[1]必作伪。

［注释］

①名心盛者：有强烈的出名心理的人。

［译文］

出名的心理过于迫切的人，干事情一定会作假。

［原文］

人一生大罪过，只在“自是[1]自私”四字。

［注释］

①自是：自以为是。

[译文]

人一生最大的过错，就在于自以为是和自私自利。

[原文]

贫不足羞，可羞是贫而无志；贱不足恶，可恶是贱而无能；老不足叹，可叹是老而虚生①；死不足悲，可悲是死而无闻。

[注释]

①虚生：虚度、荒废了一生。

[译文]

贫穷不足以让人羞愧，让人羞愧的是贫穷却没有志气；地位低下不足以让人感到厌恶，厌恶的是卑贱却无能；衰老不足以让人叹息，可叹的是衰老却虚度了一生；死亡不足以让人感到悲哀，悲哀的是死了却默默无闻。

[原文]

治乱系所用事。天下国家，君子用事则治，小人用事则乱；一身德性用事则治，气习①用事则乱。

[注释]

①气习：个人意气习性。

[译文]

是和平还是动乱要看是用什么来治理。天下国家，如果是君子当政就和平，是小人把持政权就混乱；凭道德来处理事情则和平，凭个人意气习性来处理事情就混乱。

[原文]

难管底是任意，难防底是惯病。此处着力①，便是穴上着针、痒处着手。

[注释]

①着力：用力纠正，加以改正。

[译文]

难管的是肆意而为，难防的是老毛病。如果在这方面用力纠正，那就是像在穴位上扎针，在身体痒处挠痒一样，恰到好处，抓住了根本。

[原文]

力有所不能，圣人不以无可奈何者[1]责人；心有所当尽，圣人不以无可奈何者自诿(wěi)[2]。

[注释]

①无可奈何者：无法做到的事情。②自诿：自我推托。

[译文]

有的事情是自己的能力不能做到的，圣人不会拿无法做到的事情去责备他人；但应当用心做事，不遗余力，圣人是不会用无可奈何来作推托的。

[原文]

万物安于知足，死于无厌[1]。

[注释]

①无厌：不满足，贪得无厌。

[译文]

各种事物都是因为知道满足而得到安宁，因为贪得无厌而死亡。

[原文]

吉凶祸福是天主张[1]，毁誉予夺是人主张，立身行己是我主张。此三者，不相夺[2]也。

[注释]

①主张：主宰、决定。②不相夺：互相不矛盾。

[译文]

吉凶祸福是由上天主宰的，诋毁与赞誉名声是别人决定的，安身立命与实践自我，是由自己来主张的。这三件事情，是互相没有矛盾的。

[原文]

凡在我者，都是分内底；在天在人者，都是分外底。

学者要明于内外之分①，则在内缺一分，便是不成人处②，在外得一分，便是该知足处。

［注释］

①内外之分：分内之事与分外之事的区别。②不成人处：有损于自己的为人。

［译文］

取决于我自己的事情，都是我分内的事；取决于上天和他人的事情，是我分外的事。学者要清楚分内与分外的分别，那么，在分内的少了一分，那就有损于自己的为人，在分外处得到了一分，就是自己应该知道满足的地方。

［原文］

世人皆知笑人，笑人不妨，笑到是处①便难，到可以笑人时则更难。

［注释］

①笑到是处：嘲笑别人那些值得嘲笑的地方。是处，正确的地方。

［译文］

世人都知道嘲笑别人，嘲笑别人没有什么妨害，只是笑到正确的地方就难了，而且在适当的时候嘲笑别人就更难了。

［原文］

毁我之言可闻，毁我之人不必问也。使我有此事也，彼虽不言，必有言之者。我闻而改之，是又得一受业之师也。使我无此事耶，我虽不辨，必有辨之者。若闻而怒之，是又多一不受言之过①也。

［注释］

①不受言之过：不接受别人意见的过错。

［译文］

诋毁我的话可以去听，但诋毁我的人是谁不必去追问。假使我做过这样的事，即便他不说，也一定会有别人说。我听到了他说的话，便又得到了一位老师的帮助。假使我没做这样的事情，即使我不去辩白，也会有人替我辩白。如果一听了别人的诋毁就发怒，这就是又多了一个不接受别人意见的过错。

警谕贪顽

东晋永和年间的官吏王仔、马谔搜刮民脂民膏，贪得无厌。文昌帝君为了惩罚他们，分别将其变为牛、马。

[原文]

只一个贪爱心，第一可贱可耻。羊马之于水草，蝇蚁之于腥膻(shān)①，蜣螂(qiāng láng)②之于积粪，都是这个念头。是以君子制欲。

[注释]

①腥膻：指难闻的气味。②蜣螂：一种昆虫，俗称屎壳郎。

[译文]

人贪婪爱欲的心理，是最卑鄙可耻的。羊马对于水草，苍蝇蚊虫对于血腥和膻味，屎壳郎对于堆积的粪便，都是这样一个念头。因此君子一定要控制自己的欲望。

[原文]

闻世上不平事，便满腹愤懑，出激切①之语，此最浅夫薄子②，士君子之大戒。

[注释]

①激切：激动愤慨。②浅夫薄子：浅薄愚陋之人。

[译文]

只要听说世上发生了不公平的事情，便表现出满腔的愤怒，并且说出激动愤慨的话，这就是那些最浅薄愚陋的人，士大夫君子要以此为戒。

[原文]

仁厚刻薄是修短①关；行止语默②是祸福关；勤惰俭

奢是成败关；饮食男女是死生关。

［注释］

①修短：生命的长短。②行止语默：言行举止。

［译文］

是仁爱敦厚还是尖酸刻薄，这是人寿命长短的关键；行为是否得当，语言是否谨慎，这是一个人遭祸与得福的关键；是辛勤懒惰还是节俭奢侈，这是人生事业成败的关键；饮食和情欲是否节制，是生死的关键。

［原文］

世有十态，君子免焉：无武人之态（粗豪），无妇人之态（柔懦），无儿女之态（娇稚），无市井之态（贪鄙），无俗子之态（庸陋），无荡子之态（儇佻(xuān tiāo)①），无伶优之态（滑稽），无闾阎②之态（村野），无堂下人之态（局迫），无婢子之态（卑谄），无侦谍之态（诡暗），无商贾之态（衒(xuàn)售③）。

［注释］

①儇佻：轻浮而又爱耍小聪明。②闾阎：普通百姓的居住区，借指民间。 ③衒售：夸耀功利。

［译文］

为人处世有十种态度，君子是应该避免的：不应该有武人的粗鲁冲动的态度；不应该有妇人的柔弱怯懦的态度；不应该有小儿女娇嫩稚气的态度；不应该有市井小人贪婪鄙吝的态度；不应该有凡夫俗子平庸愚陋的态度；不应该有浪荡公子浮薄轻佻的态度；不应该有戏子优伶滑稽可笑的态度；不应该有乡民俗野无礼的态度；不应该有站在堂下之人拘束的态度；不应该有奴婢丫头卑贱谄媚的态度；不应该有侦探间谍鬼祟阴暗的态度；不应该有商人夸耀功利的态度。

［原文］

作本色人，说根心话①，干近情事②。

［注释］

①根心话：真诚的话。②近情事：合乎情理的事情。

［译文］

做人要本分，要说真心话，干近乎人情的事。

［原文］

君子有过不辞谤①，无过不反谤，共过不推谤②。谤无所损于君子也。

［注释］

①辞谤：拒绝别人的指责。②推谤：把责任推脱给别人。

［译文］

君子有了过错不拒绝别人的指责，没有过错也不会去反对别人的指责，共同犯下的错也不会推托给别人。苛责诋毁并不能给君子带来任何损害。

［原文］

心无留言，言无择人，虽露肺肝，君子不取也。彼固自以为光明矣，君子何尝不光明？自不轻言①，言则心口如一耳。

［注释］

①自不轻言：不轻易说话，说话谨慎。

［译文］

心直口快，脱口而出，说话不看对方是谁，即使像露肝肺一样坦白真心，君子也认为这样不可取。如此说话的人固然自认为光明磊落，君子又何尝不光明呢？君子不轻易说话，说话就是心口如一，内外一致。

［原文］

恒言“疏懒勤谨”，此四字每相因。懒生疏，谨自勤。圣贤之身岂生而恶逸好劳哉？知天下皆惰慢，则百务废

弛，而乱亡随之矣。先正①云：古之圣贤未尝不以怠惰荒宁为惧，勤励不息自强。曰惧曰强，而圣贤之情见矣。所谓“忧勤惕励”者也。惟忧故勤，惟惕故励。

[注释]

①先正：先贤。

[译文]

人常说“疏懒勤谨”，这四个字往往是相联系的。懒惰就会导致疏忽，谨慎自然就勤勉。圣贤们难道是生来厌恶清闲喜好勤劳吗？他们知道如果天下人都懒惰散漫，那各种事务都会废弛，乱亡就会随之而来。先贤说：古代的圣贤未尝不惧怕怠惰荒疏，于是他们勤勉不息以自强。这里说到惧怕和自强，圣人的心情我们就能理解了。这就是所谓的“忧勤惕励”啊。因为忧惧才会勤勉，因为警惕才会自励。

[原文]

无责人，自修①之第一要道；能体人，养量之第一要法。

[注释]

①自修：加强自我修养。

[译文]

不要责怪别人，是加强自我修养的第一要道；能够体谅别人，是培养自己气量的第一要法。

[原文]

亡我者，我也。人不自亡①，谁能亡之？

[注释]

①自亡：自取灭亡。

[译文]

使我自己灭亡的人，只能是我自己。人如果不自取灭亡，谁还能够灭亡他呢？

[原文]

既做人在世间，便要劲爽爽、立铮铮[1]的。若如春蚓秋蛇，风花雨絮，一生靠人作骨，恰似世上多了这个人。

[注释]

①立铮铮：刚强有骨气。

[译文]

我们既然在世间做人，就要劲爽刚强有骨气。如果像春天的蚯蚓、秋天的蛇一样在地下钻营，像风中的花草和雨中的柳絮随意飘舞，一辈子仰人鼻息，那就如同世上多了这个人一样。

[原文]

夫礼非徒亲人，乃君子之所以自爱也；非徒尊人，乃君子之所以敬身[1]也。

[注释]

①敬身：敬爱自己。

[译文]

礼不只是用来亲近人的，也是君子用来自爱的；不只是用来尊重他人的，也是君子用来敬爱自己的。

[原文]

君子之出言也，如啬(sè)夫[1]之用财；其见义[2]也，如贪夫之趋利。

[注释]

①啬夫：吝啬的人。②见义：做符合道义的事情。

[译文]

君子说话的时候，就像吝啬的人花钱一样；君子见到正义的时候，就像贪婪的人在追求利益一样。

[原文]

先王之礼文用以饰情[1]，后世之礼文用以饰伪。饰情

则三千三百虽至繁也，不害其为率真；饰伪则虽一揖一拜，已自多矣。后之恶饰伪者，乃一切苟简决裂，以溃天下之防，而自谓之率真，将流于伯子②之简而不可行，又礼之贼也。

[注释]

①饰情：节制人的情感，用适当的形式表达情感。②伯子：指子桑伯子。《论语·雍也》朱熹注："《家语》记孔子不衣冠而处，孔子讥其欲同人道与牛马。"

[译文]

古代先王那时的礼仪是用来表达人的感情的，后世的礼仪是用来掩饰虚伪的。表达感情的礼仪，即使有三千三百条那么烦琐，也仍然不损害它率真的本质；后世掩饰虚伪之情的礼仪，即使只有一个作揖下拜，也算是多余的。后世那些厌恶虚伪礼节的人，于是过分精简礼节，结果礼节丧失殆尽，以致天下混乱，他们还自认为是率真，这样将会像子桑伯子那样简化礼节，是不可行的，也是礼的祸害啊。

[原文]

处世以讥讪①为第一病痛。不善在彼，我何与焉？

[注释]

①讥讪：讥讽讪笑别人。

[译文]

为人处世以讥讽讪笑别人为最大的毛病。是别人不好相处，我又何必参与呢？

[原文]

刚、明，世之碍也。刚而婉①，明而晦②，免祸也夫！

[注释]

①刚而婉：刚强而委婉。②明而晦：明白而隐晦。

[译文]

办事刚强、明白，这是处世的障碍。如果刚强的人能够委婉一些，明白直率的人能够隐晦一些，就会避免很多灾祸了！

[原文]

处身不妨于薄[1]，待人不妨于厚[2]；责己不妨于厚，责人不妨于薄。

[注释]

①不妨于薄：不妨刻薄一些。②不妨于厚：不妨宽厚一些。

[译文]

对待自己可以刻薄一些，对待他人最好是能够宽厚一些；责备自己不妨严厉一些，责备他人我们不妨要宽松一些。

[原文]

人之视小过也，愧怍(zuò)悔恨，如犯大恶，夫然后能改。“无伤”[1]二字，修己者之大戒也。

[注释]

①无伤：没有妨害。

[译文]

人们看待小的过错，应该内心惭愧悔恨，就像是犯了大的错误一样，只有这样以后才能改正。“无伤”这两个字，是修养道德的人的大戒。

[原文]

有过是一过[1]，不肯认过又是一过。一认则两过都无，一不认则两过不免。彼强辩以饰非[2]者，果何为也[3]？

[注释]

①有过是一过：犯了错算是一个过错。②饰非：掩饰过错。③果何为也：这样又

思过民悔

有过改之的政策由汉朝桂阳太守许荆设制，使辖内有过居民知悔改。这种政策，有助于整顿民风和修养道德。

有什么用呢？

［译文］

犯了错算是一个过错，不肯承认过错就又是一个过错了。如果承认错误，这两个过错都没有了，不肯认错，这两个过错都免不了。那些强行辩解掩饰错误的人，这样又有什么用呢？

［原文］

君子之为善也，以为理所当为，非要福，非干禄①；其不为不善也，以为理所不当为，非惧祸，非远罪。至于垂世教，则谆（zhūn）谆以祸福刑赏为言。此天地圣王劝惩之大权，君子不敢不奉若而与众共守也。

［注释］

①干禄：求取官禄。

［译文］

君子做善事，认为理当如此，不是要去求福，也不是要获得官禄，他们不做不善的事，认为按理不该如此，不是惧怕祸患，也不是为了远离罪恶。那些教育别人的人，总是把行善和祸福刑赏联系起来。这是天地圣人劝惩世人的大权，君子不敢不奉行它，并和众人一起遵守。

［原文］

蜗以涎（xián）见觅①，蝉以声见粘，萤以光见获。故爱身者②，不贵赫赫之名。

［注释］

①见觅：被人找到。②爱身者：珍惜自己生命的人。

［译文］

蜗牛因为涎迹而被人发现，知了因为叫声被人粘住，萤火虫因为自己的光亮而被人捕获。所以，那些想保全自己的人，并不看重显赫的名声。

［原文］

大相反①者大相似，此理势②之自然也。故怒极则笑，

喜极则悲。

[注释]

①大相反：完全相反。②理势：道理和形势。

[译文]

完全相反的事物也会相似，这就是道理和形势的必然结果。所以，愤怒到了极点就会发笑，高兴到了极点就会悲痛。

[原文]

多门之室生风，多口之人生祸[①]。

[注释]

①生祸：招来祸患。

[译文]

门多的房子风多，多嘴的人容易招来灾祸。

[原文]

苦毒易避，甘毒难避。晋人之璧马[①]，齐人之女乐[②]，越人之子女玉帛[③]，其毒甚矣。而愚者如饴(yí)，即知之，亦不复顾也。由是推之，人皆有甘毒，不必自外馈，而耽耽求之者且众焉。岂独虞人、鲁人、吴人愚哉？知味者，可以惧矣。

[注释]

①晋人之璧马：《战国策·秦使赵攻魏》："昔者晋人欲亡虞而伐虢，伐虢者，亡虞之始也。故荀息以马与璧假道于虞，宫之奇谏而不听，卒假晋道。晋人伐虢，反而取虞。"②齐人之女乐：《史记·孔子世家》载，孔子由大司寇行摄鲁国的相位，齐国人听说后，"选齐国中女子好者八十人，皆衣文衣而舞《康乐》，文马三十驷，遗鲁君。陈女乐文马于鲁城南高门外，季桓子微服往观再三，将受，乃语鲁君为周道游，往观终日，怠于政事。"孔子于是离开鲁国。③越人之子女玉帛：《史记·越王勾践世家》载，越国败后，大夫文种建议，以美女宝器献给吴国太宰嚭。太宰嚭说服吴王不听伍子胥的劝谏，赦免越国。越王勾践卧薪尝胆，最后灭亡吴国。

[译文]

苦的毒害容易回避，甜的毒害却难以回避。晋国人送给虞国的璧和马，齐国人送给鲁国人的女子舞乐，越国送给吴国的子女玉帛，这些甘甜的毒物害处更重。而那些愚蠢的人接受这些甘甜的毒物如吃糖一样，即使知道是毒物也不回头。由此看来，人都有甜毒，想获得不必通过外人的馈赠，而贪求甜毒的人已很多了。难道只是虞国人、鲁国人和吴国人愚蠢？了解了这个道理，心里就会畏惧。

[原文]

好逸恶劳，甘食悦色，适己害群，择便逞忿，虽鸟兽亦能之。灵于万物者，当求有别，不然，类之矣。且凤德麟仁，鹤清豸直，乌孝雁贞，苟择鸟兽之有知者而效法之，且不失为君子矣，可以人而不如乎？

[译文]

好逸恶劳，吃美食爱美色，为了自己舒适而损害别人利益，一有机会便发泄自己的不满，即使是鸟兽也这样做。作为万物之长的人，应当不同于鸟兽，否则与鸟兽就是同类了。况且凤德麟仁、鹤清豸直、乌孝雁贞，如果选择鸟兽中这些有善德的去效法，也不失为君子，为何做个人连鸟兽都不如的人呢？

[原文]

万事都要个本意①。宫室之设只为安居；衣之设只为蔽体；食之设只为充饥；器之设只为利用②；妻之设只为有后；推此类不可尽穷。苟知其本意，只在本意上求，分外的都是多了。

[注释]

①本意：本来的意义。②利用：使用。

[译文]

万事万物都有它本来的意义。建造宫殿房屋是为了居住；穿衣服是为了遮蔽身体；吃饭是为了能够不饥饿；器物的设置是为了方便使用；娶妻是为了能够传宗接代。如此类推，这样的事是不可穷尽的。只要知道了事物本来的意义，只在本来的意义上去追求，分外的东西都是多余的了。

［原文］

士大夫殃及子孙者有十：一曰优免太侈，二曰侵夺太多，三曰请托灭公[①]，四曰恃势凌人，五曰困累乡党，六曰要结权贵、损国病人，七曰盗上剥下、以实私橐(tuó)[②]，八曰簧(huáng)鼓邪说[③]、摇乱国是，九曰树党报复、阴中善人，十曰引用[④]邪昵、虐民病国。

［注释］

①请托灭公：谋求私利，损害公家。②私橐：私囊。橐，口袋的一种。③簧鼓邪说：散布歪理邪说，流言蜚语。④引用：启用、任用。

［译文］

官僚士大夫留给子孙后代的祸患有十条：一是生活优裕，过于奢侈；二是侵占掠夺的东西太多；三是请人托党而损害公家；四是仗势欺民；五是拖累邻里街坊；六是勾结权贵，损害国家和人民；七是偷盗国家剥削下民，充实自己的私囊；八是鼓吹邪说，扰乱国家的安定；九是结党报复，暗中伤害善人；十是启用那些奸诈邪恶的人，祸国殃民。

［原文］

儿辈问立身之道。曰：本分之内，不欠纤微；本分之外，不加毫末。今也舍本分弗图，而加于本分之外者，不啻千万矣。内外之分何处别白？况敢问纤微毫末间耶？

［译文］

儿孙询问立身的道理。我说：本分之内的事，事事做得周全；本分之外的事，丝毫不涉及。现在的人放弃了本分之内的事，而对本分之外的事不只做了千千万万。哪里还分得清内外呢？更不敢说纤微毫末的差别了。

［原文］

智者不与命斗[①]，不与法斗，不与理斗，不与势斗[②]。

［注释］

①不与命斗：不与天命斗争。②不与势斗：不与事情发展的大势作斗争。

[译文]

聪明的人不与天命作斗争，不与法律作斗争，不与真理作斗争，不与形势作斗争。

[原文]

学者事事要自责，慎无责人[①]。**人不可我意，自是我无量；我不可人意，自是我无能。时时自反**[②]**，才德无不进之理**。

[注释]

①慎无责人：千万不要去责备他人。②自反：自我反省。

[译文]

学者每件事情都要自我检讨，千万不要去责备他人。他人满足不了我自己的意愿，自然是自己没有气量；我不能够满足他人的意愿，自然是我自己没有能力。时时刻刻都自我反省，自己的才能和道德绝对不会有不进步的道理。

[原文]

富以能施为德，贫以无求为德，贵以下人为德[①]**，贱以忘势为德**[②]。

[注释]

①贵以下人为德：高贵的人以礼贤下士为美德。②贱以忘势为德：地位低贱的人以不依附权贵为美德。

[译文]

富人能够乐善好施就是一种美德，贫穷的人不去乞求施舍就是美德，高贵的人能够礼贤下士就是美德，地位低的人不依附权贵就是美德。

[原文]

人生惟有说话是第一难事。

[译文]

人这一生只有说话是最难的事。

[原文]

人生天地间，要做有益于世[1]底人。纵没这心肠、这本事，也休作有损于世[2]底人。

[注释]

①有益于世：有益于社会。②有损于世：对社会有危害。

[译文]

人活在世上，要做个有益于社会的人。如果没有这样的志向和本事，也不要做有损于社会的人。

[原文]

福莫美于安常[1]，祸莫危于盛满。天地间万事万物未有盛满而不衰者也。而盛满各有分量，惟智者能知之。是故卮(zhī)[2]以一勺为盛满，瓮以数石(dàn)[3]为盛满。有瓮之容而怀勺之惧，则庆有余[4]矣。

[注释]

①安常：安宁平常。②卮：酒杯。③石：容量单位，十斗为一石。④庆有余：有多余的福气。

[译文]

最幸福的莫过于安宁和平常，最危险的就在于鼎盛与盈满。万事万物没有达到了鼎盛盈满而不衰败的。鼎盛与盈满也各有自己的分量，智者能够知道这一点。所以往酒杯里放上一勺水就是鼎盛盈满了，但大瓮装好几石水才算鼎盛盈满。如果有瓮的容量，又怀有勺的恐惧，就会有多余的福气了。

问　学

[原文]

读书人最怕诵底是古人语，做底是自家人。这等读书，虽闭户十年，破卷五车[1]，成甚么用！

［注释］

①破卷五车：形容读了很多的书。

［译文］

读书的人最怕的是，诵读的是古代的圣贤之道，但办事还是按自己的一套方法。这样读书，就是闭门十年，读破了五车的书卷，又有什么用呢！

［原文］

不由心上做出，此是喷叶学问①；不在独中慎起②，此是洗面工夫③，成得甚事？

［注释］

①喷叶学问：指学问十分浅薄。②独中慎起：在一个人的时候也能做到严格要求自己。③洗面工夫：表面工夫。

［译文］

学习如果没有真正用心，学问就会很肤浅；修身而没有做到慎独，那只是表面工夫。这样怎么能够成就大事呢？

［原文］

自德性①中来，生死不变；自识见中来，则有时而变矣。故君子以识见养德性②。德性坚定则可生可死。

［注释］

①德性：道德品性。②以识见养德性：提高自己的见识来培养道德品性。

［译文］

从道德品性中来的，到死也不会变；从见识中来的，有时会发生变化。君子靠见识培养道德，道德品性坚定以后，那么生死都可以置之度外了。

圣门四科

孔子教授学生以德行科为首，其次才是语言、政事和文学。

卷三　内篇·射集

应　务

[原文]

实见得是[1]时，便要斩钉截铁，脱然爽洁。做成一件事，不可拖泥带水，靠壁倚墙[2]。

[注释]

①实见得是：确实认为是正确的。②靠壁倚墙：倚靠着墙壁。指思前想后，畏缩不前。

[译文]

确实认为对时，就要斩钉截铁，爽快利落。要想做成一件事，就不能拖泥带水，瞻前顾后，畏缩不前。

[原文]

责善要看其人何如，其人可责以善[1]，又当自尽长善救失之道[2]。无指摘其所忌，无尽数其所失，无对人，无峭直[3]，无长言，无累言[4]。犯此六戒，虽忠告，非善道矣。其不见听，我亦且有过焉，何以责人？

[注释]

①可责以善：可以相劝让他向善。②长善救失之道：劝人向善，补救过失的方法。③峭直：直率，无所顾忌。④累言：多余的话。

[译文]

劝人为善也要看那个人的具体情况，如果他可以相劝，相劝时也要采取适当的方法。不要指摘他所忌讳的，不要一味数其过失，不要发生口角，不要过于直率，不要说得过多，不要啰唆唠叨。如果做不到这六点，即使是肺腑之言，也不是劝人为善的方法。对方不接受你的劝告，说明你自己有过错，又凭什么去责劝别人呢？

[原文]

余行年五十，悟得“五不争”之味。人问之，曰：“不与居积①人争富，不与进取人争贵，不与矜饰②人争名，不与简傲③人争礼节，不与盛气人争是非。”

[注释]

①居积：囤积货物。②矜饰：自夸虚伪。③简傲：倨傲简慢。

[译文]

我活到了五十岁，才懂得了“五不争”的道理。有人问是哪“五不争”，我说：“不和囤积钱财的人争富，不和追求显达的人争贵，不和自夸矫饰的人争名，不和倨傲简慢的人争礼节，不和逞强好胜的人争是非对错。”

[原文]

凡祸患，以安乐生，以忧勤免；以奢肆①生，以谨约免；以觖（jué）望②生，以知足免；以多事生，以慎动③免。

[注释]

①奢肆：奢侈而又放肆。②觖望：不满足。③慎动：行为慎重，不轻举妄动。

[译文]

祸患生于安乐，担忧与勤奋就能避免；生于奢侈放肆，谨慎自律就能避免；生于过分奢求，容易知足就可以避免；生于无端多事，行事慎重就能避免。

[原文]

任难任之事①，要有力而无气；处难处之人，要有知而无言②。

[注释]

①任难任之事：做那些难做的事。②有知而无言：有智慧而不多说话。

[译文]

做那些难以处理的事，需要的是力量而不是动气；和那些难以相处的人打交道，需要的是智慧而不是多说话。

［原文］

撼大摧坚[1]，要徐徐下手，久久见功，默默留意。攘臂极力[2]，一犯手自家先败。

［注释］

①撼大摧坚：撼动摧毁大而牢固的东西。②攘臂极力：把袖子卷起，竭尽全力。

［译文］

撼动摧毁坚固的事物，一定要慢慢地下手着力，很久以后才能见到功效，还要默默地留意事情的发展。一旦卷起袖子竭尽全力，一动手自己就先吃败仗了。

［原文］

以时势低昂理者，众人也；以理低昂[1]时势者，贤人也；惟理是视[2]，无所低昂者，圣人也。

君子学道则爱人

子游在武城理政，孔子在武城听到弦歌之声，于是赞赏子游用礼乐文化教育百姓。子游说："君子学道则爱人，小人学道则易使也。"

［注释］

①低昂：起伏。这里的意思是衡量、权衡。②惟理是视：只看重事理。

［译文］

用时势来衡量事理，这是普通人的做法。以事理衡量时势，这是贤人的做法。只讲求事理，不因为时势变化改变看法，这是圣人的做法。

［原文］

凡听言，先要知言者人品，又要知言者意向，又要知言者识见，又要知言者气质，则听不爽[1]矣。

[注释]

①听不爽：听从别人就不会有差错。爽，差错。

[译文]

听取别人的意见，要先知道说话人的人品，还要知道说话人的心意，知道说话人的识见水平，知道说话人的个性气质，这样听取意见就不会出差错。

[原文]

万弊都有个由来[1]，只救枝叶[2]成得甚事？

[注释]

①由来：事情的根本原因。②只救枝叶：只救治细枝末节的问题。

[译文]

各种问题都有个根本原因，只救那些细枝末节，成得了什么事？

[原文]

与小人处，一分计较不得，须要放宽一步。

[译文]

在与小人相处的时候，是一点也计较不得的，必须要放宽一些才行。

[原文]

果决人似忙，心中常有余闲；因循人[1]似闲，心中常有余累。君子应事接物，常赢得心中有从容闲暇时便好。若应酬时劳扰[2]，不应酬时牵挂，极是吃累[3]的。

[注释]

①因循人：办事犹豫徘徊的人。②劳扰：操劳。 ③吃累：劳累。

[译文]

办事果断坚决的人看上去很忙，其实心里却常感到悠闲；办事犹豫徘徊的人看上去似乎悠闲，但心中却常有拖累。君子应事接物，要让心中常感到从容清闲。若是应酬的时候操劳，不应酬的时候也一样牵肠挂肚，那就非常受累了。

［原文］

使气①最害事，使心②最害理③，君子临事平心易气。

［注释］

①使气：靠一时的义气处理事情。②使心：凭自私的心计和手段来做事。③害理：违背道理。

［译文］

凭自己的义气办事最有损于事情，凭心计手段办事最容易伤道理。君子遇到事情的时候，就一定会保持平心静气。

［原文］

字到不择笔①处，文到不修句处，话到不检口②处，事到不苦心处，皆谓之自得③。自得者与天遇。

［注释］

①不择笔：不选择笔法。②不检口：不需要考虑言辞。指脱口而出，出口成章。③自得：掌握要领，应用自如。

［译文］

写字到了不选择笔法的时候，写文章到了不修饰句子的时候，说话到了出口成章的地步，做事到了不费心的时候，就可以说是已经得到要领了。掌握了要领的人，一定是与天地自然相际遇的结果。

［原文］

遇事不妨详问、广问，但不可有偏主心①。

［注释］

①偏主心：个人偏见。

［译文］

碰到事情时，不妨详细广泛地询问别人，但自己不能先有偏见。

［原文］

君子与人共事，当公人己而不私①。苟事之成，不必功之出自我也；不幸而败，不必咎之归诸人也。

[注释]

①公人己而不私：他人与自己的利益要分明，无私心。

[译文]

君子与他人共同做事的时候，他人与自己的利益要分明，没有私心。假如事情成功了，不必把功劳全部归于自己；假如事业失败了，也不必把过错都推给他人。

[原文]

姑息依恋①，是处人大病痛，当义处，虽处骨肉亦要果断。卤（lǔ）莽径直②，是处事大病痛，当紧要处，虽细微亦要检点③。

[注释]

①姑息依恋：姑息纵容别人，依恋难断。②卤莽：粗鲁轻率。③检点：考虑周详。

[译文]

对别人纵容难断，是与人相处的大毛病。在道义前，即使是骨肉之亲也要果断处理。鲁莽冲动是办事的大毛病，在紧要的时刻，即使是细小的地方也要考虑周详。

[原文]

处人、处己①、处事都要有余，无余便无救性②，此里甚难言。

[注释]

①处己：对待自己。②救性：挽救的可能性。

[译文]

对别人，对自己，对事情，都要留有余地，没有余地就无法挽回了，这里面的道理很难说清楚。

[原文]

悔前莫如慎始①，悔后莫如改图②，徒悔无益也。

[注释]

①慎始：一开始就小心谨慎。②改图：谋求其他方法。

[译文]

事后后悔，不如刚开始就谨慎准备；后悔之后，不如另外再找出路，光后悔是没有用的。

[原文]

天下之事，在意外者常多。众人见得眼前无事都放下心，明哲[1]之士只在意外做工夫，故每[2]万全而无后忧。

[注释]

①明哲：聪明贤能的人。②每：常常。

[译文]

天下的事情，经常会有意外。普通人只看眼前没有什么情况就放心了，那些聪明人却专门在意外的事情上下工夫，因此他们总是能确保事情没有后顾之忧。

[原文]

有一介[1]必吝者，有千金可轻者，而世之论取与，动曰所直几何[2]，此乱语耳。

[注释]

①一介：这里指利益十分微小，犹如草芥。②所直几何：值多少钱。

[译文]

有时候小如草芥的利益也要争取，有时候重如千金的利益也要放弃，而世上的人谈论获取和给予，动不动就说值多少钱，这实在是胡说啊。

[原文]

无识见底人，难与说话；偏识见底人[1]，更难与说话。

[注释]

①偏识见底人：带个人偏见的人。

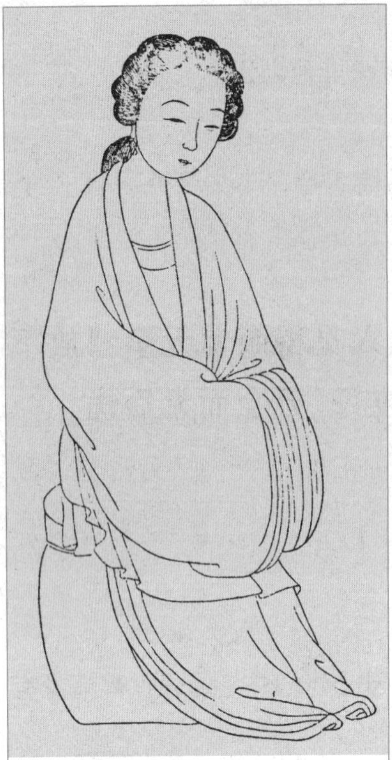

李香君

世人为获得利益而忙碌，而李香君则在了解嫁给侯方域乃权奸拉拢侯方域的阴谋后，毅然舍弃到手的财富，令人钦佩。

[译文]

那些没有识见的人，很难和他们说话；那些有偏见的人，就更难和他们说话了。

[原文]

两君子无争，相让故也。一君子一小人无争，有容故也①。争者，两小人也。有识者奈何自处于小人②？即得之未必荣，而况无益于得，以博小人之名，又小人而愚者。

[注释]

①有容故也：能够容忍的缘故。②自处于小人：自己甘为小人。

[译文]

两个君子之间没有争吵，是因为他们互相礼让。一个君子和一个小人之间没有争吵，是因为君子能容忍。只有两个小人之间才会有争吵。有见识的人为什么要自比是小人呢？即使得到了也未必光荣，何况争吵无益于得失，自己反而获得了小人的名声，那就不但是小人而且是愚蠢的人了。

[原文]

而今只一个苟①字支吾世界，万事安得不废弛②？

[注释]

①苟：不认真，应付了事。②废弛：荒废。

[译文]

现在很多人都以一种随意应付的态度来办事，这样的话事情怎么会不变得更坏呢？

［原文］

饭休①不嚼就咽，路休不看就走，人休不择就交，话休不想就说，事休不思就做。

［注释］

①休：休要、不要。

［译文］

吃饭不要不嚼就咽下，走路不要不看就走，交友不要不选择就交往，话不要不想就说，事不要不考虑就做。

［原文］

圣人掀天揭地事业只管做，只是不费力；除害去恶只管做，只是不动气；蹈险投艰①只管做，只是不动心②。

［注释］

①蹈险投艰：做那些艰难险阻的事情。②不动心：心里平静。

［译文］

圣人只管去做惊天动地的事业，只是不费力气；只管去做除害去恶的事，只是不动气；只管去做赴汤蹈火的事，只是不动心。

［原文］

处毁誉①，要有识有量②。今之学者，尽有向上底，见世所誉而趋之，见世所毁而避之，只是识不定③；闻誉我而喜，闻毁我而怒，只是量不广。真善恶在我，毁誉于我无分毫相干。

［注释］

①处毁誉：对待别人的诋毁和赞誉。②有识有量：有见识、有气量。③识不定：没有主见。

［译文］

对待诋毁和赞誉，要有见识和度量。现在的学者，有的是向上的，见到世人赞誉就趋附，见到世人诋毁就躲避，因为自己没有识见；听到他人

赞誉自己就高兴，听到他人诋毁自己就愤怒，这是因为度量太小。真心、仁善与邪恶全在自己，他人的诋毁赞誉与自己毫不相干。

［原文］

某平生只欲开口见心，不解作吞吐语。或曰：“恐非‘其难其慎①’之义。”予矍（jué）然②惊谢曰：“公言甚是。但其难其慎在未言之前，心中择个是字才脱口，更不复疑，何吞吐之有？吞吐者，半明半暗，似于‘开诚心’三字碍。”

［注释］

①其难其慎：《尚书·咸有一德》：“其难其慎，惟和惟一。”②矍然：十分惊讶的样子。

［译文］

我平生只喜欢说真心话，不喜欢说含糊支吾的话。有人说：“这样恐怕不符合‘其难其慎’的道理。”我很吃惊，道谢说：“您说得很对。但其难其慎是在说话之前，心里想好正确的，一旦话说出口就不再有疑虑了，为什么还要吞吐含糊呢？支吾吞吐，说话含糊，似乎是有碍‘开诚心’三个字的。”

［原文］

天下之事，常鼓舞不见罢劳①，一衰歇便难振举。是以君子提醒精神，不令昏眊（mào）②；役使筋骨，不令怠惰，惧振举③之难也。

［注释］

①罢劳：十分疲惫之意。②眊：眼神昏花。③振举：振作精神。

［译文］

天下的事，经常激发鼓励就不会疲劳，一旦气势衰落下来，就很难重新振作起来。因此君子提起精神，不让自己昏聩无神。锻炼身体，不让身体懈怠，就是因为怕振作起来很难。

［原文］

君子之处事也，要我就事，不令事就我；其长民①也，

要我就民[2]，不令民就我。

[注释]

①长民：管理百姓。②就民：顺应百姓。

[译文]

君子在处理事情时，要让自己去适应事情，而不是让事情来支配自己；在管理百姓的时候，要让自己适应百姓，而不是让百姓顺从自己。

[原文]

富贵，家之灾也；才能，身之殃也；声名，谤之媒[1]也；欢乐，悲之藉也。故惟处顺境为难。只是常有惧心，退一步做，则免于祸。

[注释]

①谤之媒：遭诽谤的缘由。

[译文]

富贵，是家族的灾难；才能，是自身的祸殃；名声，是遭诽谤的媒介；欢乐，是悲哀的凭借。因此处顺境很难。只要是常怀畏惧之心，做事都退一步，这样才能免于灾祸。

[原文]

善用人底，是个人都用得；不善用人底，是个人用不得[1]。

[注释]

①是个人用不得：任何人都不能被恰当任用。

[译文]

善于用人的人，无论什么人都可以尽其用；不善于用人的人，无论什么人他都觉得一无是处。

[原文]

你说底是我便从，我不是从你，我自从是[1]，何私之有[2]？你说底不是我便不从，不是不从你，我自不从不是，

何嫌之有？

[注释]

①从是：听从正确的道理。②何私之有：哪有什么私念？

[译文]

你说的正确我便听从，我不是听从你，我听从真理，又有什么私念呢？你说得不对，我就不会听从，我不是不听从你，而是不听从错误，这其中又有什么可指责的呢？

[原文]

大丈夫看得生死最轻，所以不肯死者，将以求死所[①]也。死得其所，则为善用死矣。成仁取义[②]，死之所也，虽死贤于生也。

[注释]

①求死所：追求值得死的地方。②成仁取义：为了正义而献出自己的生命。

[译文]

大丈夫把生死看得很淡，之所以不肯随便死，是要在值得死的地方死。死得有意义，是为良好的目的而死。为了维护正义献出生命，就是死得其所，这样即使是死也比活着有意义。

[原文]

卑幼有过[①]，慎其所以责让之者[②]：对众不责，愧悔不责，暮夜不责，正饮食不责，正欢庆不责，正悲忧不责，疾病不责。

[注释]

①卑幼有过：卑微和年幼的人有过失。②慎其所以责让之者：批评他们的时候要谨慎。

[译文]

卑幼的人有过失，批评他们的时候应该慎重：当众人的面不责备，惭愧后悔不责备，夜晚不责备，吃饭时不责备，正在欢庆时不责备，忧伤时

不责备，患病时不责备。

［原文］

人事者，事由人生也。清心省事[1]，岂不在人？

［注释］

①清心省事：让自己心灵清净，减少事情的干扰。

［译文］

所谓人事，即事情是由人而生的。清净心灵，减少事情，难道不也是在于人吗？

养　生

［原文］

夫水遏(è)[1]之，乃所以多[2]之；泄之，乃所以竭之。惟仁者能泄，惟智者知泄。

［注释］

①遏：阻挡、拦住。②多：积聚、积累。

［译文］

把水流挡住，水就能够积聚；把水流泄出去，水就枯竭了。只有仁者善于疏泄，只有智者懂得疏泄。

［原文］

以肥甘爱儿女而不思其伤身，以姑息爱儿女而不恤其败德，甚至病以死，犯大辟[1]而不知悔者，皆妇人之仁也。噫！举世之自爱而陷于自杀[2]者，又十人而九矣。

［注释］

①大辟：死刑。②自杀：这里指亲手杀死。

［译文］

给子女精美的食物吃，而不考虑是否对他们的身体有害，姑息纵容子女，而不顾及是否会让他们道德败坏，直到最后让他们病死或者犯罪都不知道后悔，这些都是妇人之仁。唉！世界上因为爱别人而陷别人于死地的人，也很多啊。

[原文]

五闭，养德养生之道也。或问之曰："视、听、言、动、思，将不启与？"曰："常闭而时启之，不驰于事①可矣。此之谓夷夏关。"

[注释]

①不驰于事：不妨碍做事。

[译文]

五闭是修养德行和养生的方法。有人问："视、听、言、动、思都不开启吗？"我回答说："经常抑制，有时也张开，只要不妨碍做事就可以了。这叫作夷夏关。"

[原文]

愚爱谈医，久则厌之。客言及者，告之曰："以寡欲为四物，以食淡为二陈，以清心省事为四君子①。无价之药，不名之医，取诸身而已。"

[注释]

①四物、二陈、四君子：皆为中药。

[译文]

我喜爱谈医，后来就厌倦了。有客人来谈及此事，我对他说："以寡欲作为中药中的四物，以食淡作为中药中的二陈，以清心寡欲作为中药中的四君子。这是无价的好药，没有名称的治疗方法，只要从自身取得就可以了。"

钓鱼

鱼儿贪图鱼饵的美味，却没有看到深藏的祸患。

[原文]

太朴①，天地之命脉也。太朴散而天地之寿夭可卜矣。故

万物蕃[2]，则造化之元精耗散。木多实者而根伤，草出茎者根虚，费用广者家贫，言行多者神竭，皆夭道也。老子受用处，尽在此中看破。**

[注释]

①太朴：此处意为元气。②蕃：繁茂。

[译文]

元气，是天地的命脉。元气散了，天地是长寿还是夭折就可以推测了。因此万物繁茂，造化的元气精神就会耗散。树木果实结多了就会伤根，草长出茎叶根就虚弱，花费多家就贫穷，言行多精神就会衰竭，这都是夭折之道。老子受用处，都是看破了这些道理。

[原文]

气有为而无知，神有知而无为。精者，无知无为，而有知有为之母也。精天一也，属水，水生气；气纯阳也，属火，火生神；神太虚也，属无，而丽[1]于有，精盛则气盛，精衰则气衰，故甑(zèng)[2]涸而不蒸。气存则神存，气亡则神亡，故烛尽而火灭。

[注释]

①丽：附丽。②甑：一种蒸锅。

[译文]

气有作为而无知觉，神有知觉而无作为。精无知觉无作为，但它是有知有为之本。精天一体，属水，水生气；气为纯阳，属火，火生神；神为太虚，属无，而附丽于有，精盛则气盛，精衰则气衰，因此蒸锅中的水干了就不会冒出蒸气。气存则神存，气亡则神亡，因此蜡烛烧尽了火就熄灭。

卷四　外篇·御集

天　地

［原文］

浑厚，天之道也。是故处万物而忘言，然不能无日月星辰以昭示①之，是寓精明于浑厚之中。

［注释］

①昭示：明白地显示出来。

［译文］

浑厚是天的规律。因此，处于万物中间而忘记所言，但是，不能没有日月星辰的明白显示。这是寓精明于浑厚之中。

［原文］

天积气所成，自吾身以上皆天也。日月星辰，去地八万四千里，囿（you）于积气中①，无纤隔微碍②，彻地光明者。天气清甚，无分毫渣滓耳，故曰太清。不然，虽薄雾轻烟，一里外有不见之物矣。

［注释］

①囿于积气中：包围在积气之中。②纤隔微碍：一丝一毫的障碍。

［译文］

天是气积蓄形成的，在我身体以上都是天。日月星辰距离地面八万四千里，都包围在积气之中，无丝毫的障碍，而是彻底的光明。天气非常清，无丝毫的渣滓，所以叫太清。否则，虽然只有薄雾轻烟，一里以外就看不见物体了。

［原文］

地道好生之至也，凡物之有根、种者必与之生。尽物之分量①，尽己之力量，不至寒凝枯败不止也。故曰坤称母。

[注释]

①尽物之分量：指作物竭尽全力生长。

[译文]

地道极好草木生长，凡是有根或种子的作物，就会在大地上生长。作物竭尽其全力生长，大地亦尽力予以支持，不到寒冷树枯叶败时，就不会停止。因此，人们把地称为母亲。

[原文]

天地间万物，都是阴阳两个共成的。其独得于阴者[1]，见阳必避，蜗牛壁藓之类是也。其独得于阳者，见阴必枯，夏枯草之类是也。

[注释]

①独得于阴者：单独由阴所构成。

[译文]

天地间万物，都是由阴阳两个方面组成的，单独由阴所构成的，见阳就必然退避，如蜗牛、苔藓之类。单独由阳所构成的，一遇到阴就必然枯竭，如夏枯草之类。

[原文]

既有个阴气，必有聚结，故为月。既有个阳气，必有精华，故为日。晦是月之体，本是纯阴无光之物。其光也，映日得之[1]，客也，非主也。

[注释]

①映日得之：指月亮的光是太阳光映射出来的。

[译文]

既有了阴气，必有聚结，所以就成了月

赏月

月乃阴性的物体，具有晦暗的本性。中国古代诗词中，月亮往往寄托着乡愁与思念。

亮。既有了阳气，必有精华，所以就有了太阳。晦暗是月亮的本性，本来是纯阴无光的东西。它的光是太阳光映射出来的，因而是客，不是主。

启明星

启明星就是金星，是天亮时东方地平线上有时会看到的特别亮的一颗星星，也就是夕阳西下余晖中的长庚星。

［原文］

天地原无昼夜，日出而成昼，日入而成夜。星常在天，日出而不显其光，日入乃显耳。古人云星从日生[①]。细看来，星不借日之光以为光。嘉靖壬寅日食，既满天有星，当是时[②]，日且无光，安能生星之光乎？

［注释］

①星从日生：星星的光亮是从太阳那里来的。②当是时：在那个时候。

［译文］

天地间本来没有昼夜的区别，太阳出来后就是白天，太阳落山后就是黑夜。星星常在天上，太阳出来后星星的光芒就显示不出来了，太阳下山后星星就亮起来了。古人说星星的光亮是从太阳来的，仔细观察，实际上星星的光亮并不是从太阳来的。嘉靖年间壬寅那天出现了日食，日食时满天都有星星。当时连太阳都没有光亮，怎么能让星星发出光来呢？

［原文］

水静柔而动刚，金动柔而静刚。木生柔而死刚，火生刚而死柔。土有刚有柔，不刚不柔，故金、木、水、火皆从钟焉，得中故也[①]。天地之全气也。

［注释］

①得中故也：是因为土得到中道的原因。

[译文]

水静的时候是柔的，而动的时候则是刚的。金动的时候是柔的，而静的时候是刚的。木活着的时候是柔的，而枯死以后是刚的。火生着的时候是刚的，而灭了的时候是柔的。土有刚有柔而又不刚不柔，所以金、木、水、火都归附于土，这是因为土得到中道的原因。天地之气它都具备了。

[原文]

心就是天，欺心便是欺天，事心便是事天，更不须向苍苍上面[1]讨。

[注释]

①苍苍上面：指上天。

[译文]

自己的心就是天，欺骗自己的心就是欺骗上天，事奉自己的心就是侍奉上天，不需要再向上天祈求什么。

世　运

[原文]

势之所在，天地圣人不能违也。势来时即摧之，未必遽（jù）[1]坏；势去时即挽之[2]，未必能回。然而圣人每与势忤（wǔ）[3]，而不肯甘心从之者，人事宜然也。

[注释]

①遽：迅速、很快。②挽之：挽回它。③忤：违反。

[译文]

时势所趋，就是天地圣人也不能违背。来势凶猛时，即使努力摧毁也未必能使局面扭转；大势已去时，即使尽力挽救也未必能挽回。但是圣人仍然常敢和时势相抵触，而不甘心顺从它，在人事上也是这样。

[原文]

世人贱老，而圣王尊之；世人弃愚，而君子取之；世人耻贫，而高士[1]清之；世人厌淡，而智者味之[2]；世人恶

冷，而幽人③宝之；世人薄素④，而有道者尚之。悲夫！世之人难与言矣。

帝尧

尧是传说中的上古帝王，又称唐尧。尧有圣德，如日之光照临天下。

［注释］

①高士：志行高洁的人。②智者味之：智者却喜欢体味它。③幽人：喜欢清幽的人。④世人薄素：世俗的人轻视朴素。

［译文］

世俗的人都轻视老人，而圣王却尊重他们；世俗的人都不喜欢愚蠢，而君子却要学着愚蠢；世俗的人都以贫穷为耻辱，而高士却以此为荣；世俗的人都讨厌平淡，而智者却喜欢体味平淡；世俗的人都讨厌冷清，而喜欢幽静的人却求之不得；世俗的人都看不起朴素，而那些得道的人却对此很崇尚。真是悲哀啊！和那些世俗的人太难说话了。

［原文］

世界一般是唐虞时世界，黎民一般是唐虞时黎民，而治不古若①，非气化②之罪也。

［注释］

①不古若：比不上古代。②气化：古人把“气”看成万物的本原，认为万物都由气产生。

［译文］

我们生活的世界还是唐尧、虞舜那时候的世界，人民同样是和唐尧、虞舜那时一样的人民，而治道却不如古代，看来不是天运变化的问题啊。

［原文］

终极与始接，困极与亨①接。

［注释］

①亨：亨通、通达。

[译文]

事情到了终点就会重新开始，困境到了极点就会转向通达。

[原文]

喜杀人是泰，愁杀人也是泰。泰之人昏惰侈肆。泰之事废坠宽罢，泰之风纷华骄蹇(jiǎn)[1]。泰之前如上水之篙。泰之世如高竿之顶。泰之后如下坂之车。故否可以致泰，泰必至于否。故圣人忧泰不忧否，否易振，泰难持。

[注释]

①骄蹇：傲慢、不顺从。

[译文]

人喜欢得要死的是安宁安泰，人愁得要死的也是安宁安泰。安宁安泰的人昏庸懒惰，奢侈放肆。安宁安泰的事废弛坠毁，松缓罢怠。安宁安泰的风气纷华骄傲。安宁安泰之前如逆水而上，用篙划船。安宁安泰的世道如高竿之顶，已达最高的顶端。安宁安泰之后如下坡的车，下滑而不可止。因此说否可以致泰，泰也必至于否。所以圣人忧泰不忧否，否易振起，泰难持久。

[原文]

世之衰也，卑幼贱微气高志肆而无上，子弟不知有父母，妇不知舅姑[1]，后进不知有先达，士民不知有官师，郎署不知有公卿，偏裨(pí)[2]军士不知有主帅。目空空而气勃勃，耻于分义而敢于陵驾。呜呼！世道至此，未有不乱不亡者也。

[注释]

①舅姑：公婆。②偏裨：偏将、副将。

[译文]

世道衰败的时候，卑贱、幼小、地位低微的人就气高志扬而眼中没有尊长。子弟不知有父母，媳妇不知有公婆，后进不知有先达，士民不知有官师，郎署不知有公卿，偏将不知有主帅。这些人目无一切，野心勃勃，耻于以义行事而敢于凌驾尊长之上。唉！世道到了如此地步，没有不乱不亡的。

［原文］

节文度数①，圣人之所以防肆也。伪礼文不如真爱敬，真简率②不如伪礼文。伪礼文犹足以成体，真简率每至于逾闲；伪礼文流而为象恭滔天，真简率流而为礼法扫地。七贤八达，简率之极也。举世牛马而晋因以亡。近世士风崇尚简率，荡然无检。嗟嗟！吾莫知所终矣。

［注释］

①节文度数：节制修饰，限制数量。②简率：简慢轻率。

［译文］

节制修饰，限制数量，这是圣人为了防止恣纵放肆。虚伪的礼仪，不如真心敬爱，真正的简慢轻率，不如有虚伪的礼仪。虚伪的礼仪还能够有个体统，真正的简慢轻率每每就要超越界限；伪礼仪虽然内心傲慢，表面看来还恭敬，真正的简慢轻率就要使礼法扫地。魏晋时期的竹林七贤和八位达人，简率达到了极点。举世如牛马一般而晋因此灭亡。近世士风崇尚简率，行为放荡，恬不知耻。唉！我不知道结果会怎样啊！

［原文］

天下之势，顿①可为也，渐②不可为也。顿之来也骤，骤多无根③；渐之来也深，深则难撼。顿着力在终，渐着力在始。

［注释］

①顿：一下子发生的事。②渐：逐渐积累形成的事。《史记·太史公自序》："故曰：'臣弑君，子弑父，非一旦一夕之故也，其渐久矣。'"③骤多无根：突然发生的事大多根源不深。

［译文］

天下的形势，短时间内形成的，还可以改变，逐渐发展形成的，就难以改变了。突然发生的事情来得快，来得快的根源不深；逐渐形成的事情根源深，根源深就难以撼动它。突然的事情只在最后才汇聚了力量，逐渐形成的事情从一开始就积累了力量。

[原文]

造物[1]有涯而人情[2]无涯，以有涯足[3]无涯，势必争，故人人知足，则天下有余。造物有定而人心无定[4]，以无定撼有定，势必败。故人人安分则天下无事。

[注释]

①造物：指事物、万物。②人情：人的欲望。③足：满足。④无定：没有定止。

[译文]

世界上的物产是有限的，但是人的欲望是无限的，以有限的物产来满足无限的人欲，肯定会引起争夺，因此如果人人都知足的话，天下的物产就会有剩余。自然有其规律，而人心则没有定止，以无限的欲望来撼动规律，一定会失败。如果每个人都很安分，那么天下就相安无事了。

[原文]

天地有真气，有似气。故有凤皇则有昭明，有粟谷则有稂莠（láng yǒu）[1]，兔葵似葵，燕麦似麦，野菽（shū）似菽[2]，槐蓝似槐之类。人亦然，皆似气之所钟也。

[注释]

①稂莠：稂和莠，都是形状像禾苗的杂草。②菽：豆的总称。

[译文]

天地之间有真气，有相似之气，所以有凤凰，就有和凤凰相似的昭明鸟，有粟谷，就有和其相似的稂莠这样的杂草，兔葵和葵很相似，燕麦和小麦很相似，野菽很像菽，槐蓝很像槐，都是相似的情况。人也是这样，都是由于凝结了相似之气的缘故。

圣　贤

[原文]

孔子是五行造身，两仪[1]成性。其余圣人得金气多者则刚明果断，得木气多者则朴素质直，得火气多者则发扬

奋迅，得水气多者则明彻圆融，得土气多者则镇静浑厚，得阳气多者则光明轩豁，得阴气多者则沉默精细。气质[2]既有所限，虽造其极，终是一偏底圣人。此七子者，共事多不相合，共言多不相入，所同者大根本大节目耳。

[注释]

①两仪：指阴阳二气。②气质：气指阴阳二气，质指五行。由气和质合成人的气质之性。

[译文]

孔子禀受了金、木、水、火、土这五行的气质，其本性是由阴阳两仪铸成的。其他圣人，得金气多的就刚明果断，得木气多的就朴素质直，得火气多的就奋发激昂，得水气多的就明彻圆融，得土气多的就镇静浑厚，得阳气多的就爽朗豁达，得阴气多的就沉默细心。天生气质既然有一定的局限，虽然修养极高，但终究还是偏重某一方面的圣人。以上七种人如果在一起共事，多有不合，在一起谈话，大多不会投机，而所同的是其本质和主要的方面。

[原文]

孔、颜[1]穷居，不害[2]其为仁覆天下[3]。何则？仁覆天下之具在我，而仁覆天下之心未尝一日忘也。

[注释]

①孔、颜：指孔子和他的弟子颜回。②不害：不妨碍。③仁覆天下：仁心施行于天下。

[译文]

孔子和颜回一生穷困，这并不妨碍他们以仁心施予天下。为什么呢？因为仁心泽被天下的本领在于自己，而自己一天也不敢忘记施行仁心。

[原文]

战国是个惨酷的气运，巧伪的世道。君非富强之术不讲，臣非功利之策不行。六合正气，独钟在孟子身上。故在当时，疾世太严[1]，忧民甚切。

[注释]

①疾世太严：对世俗的一套愤恨得太厉害。

[译文]

战国时代是残酷的气运、虚伪的世道。国君非富强之术不讲求，臣子非功利之策不实行。天地四方的正气独钟在孟子身上。认为自己独担天下之大任，所以在当时对世俗的一套愤恨得太厉害，对民众的忧虑也很深切。

帝舜

舜是传说中的上古帝王。他挑选贤人治理民事，并选禹为继承人。

[原文]

“清”“任”“和”“时”①，是孟子与四圣人议定的谥法。“祖术尧、舜，宪章文、武，上律天时，下袭水土”②，是子思作仲尼的赞语。

[注释]

①“清”、“任”、“和”、“时”：出自《孟子·万章下》：“孟子曰：伯夷，圣之清者也；伊尹，圣之任者也；柳下惠，圣之和者也；孔子，圣之时者也。”②“祖术尧、舜”四句：语出《中庸》第三十章。朱熹注曰：“祖术者，远宗其理。宪章者，近守其法。律天者，法其自然之运。袭水土者，因其一定之理。”

[译文]

“清”“任”“和”“时”是孟子对伯夷、伊尹、柳下惠、孔子四位圣人作出的评价。“继承尧、舜二帝的功德，效法文王、武王的法令，对上符合天时自然的变化，对下遵循水土自然的规律。”这是子思称赞孔子的话。

[原文]

圣人有功于天地，只是“人事”二字。其尽人事①也，不言天命，非不知回天无力，人事当然②，成败不暇计也。

孟子

孟子，仅次于孔子的一代儒家宗师，具有“亚圣”之称，主张人性本善。

[注释]

①其尽人事：他们尽自己的力量。尽人事，尽人力。②人事当然：从人情事理上应当这样做。

[译文]

圣人于天地有功的，只是在于“人事”两个字。他们尽自己的力量，不考虑天命，并非不知道有的事情回天无力，而是从人情事理上应当这样做，不计较成败罢了。

[原文]

圣人与众人一般，只是尽得众人的道理。其不同者，乃众人自异于圣人①也。

[注释]

①自异于圣人：自己把自己和圣人区别开来。

[译文]

圣人和普通人一样，只是他们比普通人更懂得道理。人们之所以认为他们不同，是普通人自己要和圣人区别开来。

品　藻

[原文]

独处看不破，忽处看不破，劳倦时看不破，急遽仓卒①时看不破，惊忧骤感时看不破，重大独当时看不破，吾必以为圣人。

[注释]

①仓卒：亦作“仓促”，匆忙急迫。

[译文]

一个人在独处的时候，别人看不出他有什么毛病；在悠闲自在的时候，别人也看不出他有什么毛病；在疲惫时、在慌张匆忙时、在惊慌急迫时、在独当大事时，也看不出他有什么毛病。我认为这样的人一定是圣人。

[原文]

圣人做出来都是德性，贤人做出来都是气质[1]，众人做出来都是习俗，小人做出来都是私欲。

[注释]

①气质：个人的禀赋。

[译文]

圣人做出来的都是德性的表现，贤人做出来的都是禀赋的表现，众人做出来的都是通常的表现，小人做出来的都是私欲的表现。

[原文]

汉儒杂道，宋儒隘道。宋儒自有宋儒局面，学者若入道，且休着宋儒横其胸中，只读六经、四书而体玩之，久久胸次自是不同。若看宋儒，先看濂溪、明道。

[译文]

汉儒所论之道庞杂，宋儒所论之道狭隘。宋儒自有宋儒的情况，但如果学者想要学道，先不要把宋儒的主张放在心中，只需读《六经》《四书》，仔细体会玩味，时间久了，心胸自然不同。如果学习宋儒，先学习周敦颐、程颢。

[原文]

为小人所荐[1]者，辱也；为君子所弃者，耻也。

[注释]

①为小人所荐：被小人举荐而登上仕途。

[译文]

被小人所举荐，是一种耻辱；被君子所抛弃，也是一种耻辱。

[原文]

有过不害为君子，无过可指底，真则圣人，伪则大奸，非乡愿[1]之媚世[2]，则小人之欺世也。

[注释]

①乡愿：外表看上去很谨慎，实际上却是与世俗同流合污的人。②媚世：迎合世俗。

[译文]

犯了过错仍然不失为君子，一个人没有过错可以指责，如果真是这样，那他就是圣人，如果是假装的，那他就是大奸，不是媚世的乡愿，就是欺世的小人。

[原文]

从欲[1]则如附膻(shān)，见道则若嚼蜡，此下愚之极者[2]也。

[注释]

①从欲：追求私欲。②下愚之极者：愚蠢到了极点的人。

[译文]

追求自己的私欲，就像苍蝇见了腥膻一样，看见道理，则如同嚼蜡一样索然无味。这样的人都是极度愚蠢的啊。

[原文]

见是贤者，就着意回护，虽有过差，都向好边替他想；见是不贤者，就着意搜索[1]，虽有偏长[2]，都向恶边替他想，自宋儒以来率坐此失[3]。大段都是个偏识见[4]，所谓好而不知其恶，恶而不知其美者。惟圣人便无此失，只是此心虚平。

[注释]

①着意搜索：刻意去找寻。②偏长：长处、优点。③率坐此失：都在这个方面有失误。④偏识见：偏见。

[译文]

看见是贤能的人，就特意回护他，即使他有过失，都替他向好的方面想；看见不贤能的人，就刻意搜寻他的短处，虽然他也有长处，但还是把他往坏处想，自宋代以来的儒者，都有这样的失误。他们大多都是因为有了偏见，喜欢别人就不知道他的坏处，厌恶别人就不知道他的好处。只有圣人没有这样的失误，因为圣人虚心而且公正。

[原文]

士有三不顾：行道济时[1]人顾不得爱身，富贵利达人顾不得爱德，全身远害[2]人顾不得爱天下。

[注释]

①行道济时：奉行道义于现实社会。②全身远害：保全自己，远离祸患。

[译文]

读书人有三种不顾的情况：在社会中奉行道义的人顾不得珍爱自己，追求富贵利禄的人顾不上爱惜自己的品德，保全自己远离危害的人顾不得天下大事。

[原文]

知其不可为[1]而遂安之者，达人智士之见也；知其不可为而犹极力以图之[2]者，忠臣孝子之心也。

[注释]

①知其不可为：知道事情的发展已经无法用人力挽回。②极力以图之：尽自己的力量做这件事。

[译文]

知道事情无法挽回就任其发展的，这是通达并且有智慧的人的见识；知道事情无可挽回还是尽力试图改变的，这是忠臣孝子的做法。

[译文]

平生无一人称誉，其人可知矣[1]。平生无一人诋毁，其人亦可知矣。大如天，圣如孔子，未尝尽可人意[2]。是人也，无分君子小人皆感激之，是在天与圣人上，贤耶？

不肖耶？我不可知矣。

[注释]

①其人可知矣：这个人的品行就可以知道了。②尽可人意：什么都让别人满意。

[译文]

平生没有一个人称赞的，他的人品便因此可以知道了。平生没有一个人诋毁的，他的人品也因此可以知道了。大如天，圣如孔子，也不能什么都让人满意。一个人，如果不管君子和小人都感激他，那他的品格是在天和圣人之上？是贤人？还是小人？那我就不知道了。

[原文]

无心者公①，无我者明②。当局之君子不如旁观之众人者，有心有我之故也。

[注释]

①无心者公：没有私心的人公正。②无我者明：没有偏见的人看问题看得分明。

[译文]

没有私心的人公正，没有自我偏见的人清明。在处理问题时当局的君子不如旁观者清楚，那是因为他有私心有偏见的缘故。

[原文]

老子犹龙①不是尊美之辞，盖变化莫测，渊深不露之谓也。

[注释]

①老子犹龙：意思是老子像龙一样变化莫测。

[译文]

称呼老子为龙，不是赞美的言辞，这是指老子之道变化莫测，深藏不露。

[原文]

乐要知内外①。圣贤之乐在心，故顺逆穷通②，随处

皆泰；众人之乐在物，故山溪花鸟，遇境才生。

［注释］

①内外：来自内心和来自外物。②顺逆穷通：顺境和逆境，穷困与通达。

［译文］

快乐有来自内心和来自外在事物的区别。圣贤的快乐在于内心，不管顺境逆境，还是穷困通达，都能平静对待；众人的快乐来源于外在的事物，只有见到高山溪水和鸟语花香时，才会表现出来。

［原文］

言语以不肖而多，若皆上智人，更不须一语。

［译文］

话多的大多是没有才能的人，如果是拥有很高智慧的人，根本无须说一句话。

［原文］

乡愿是似不是伪，孟子也只定他个似字[1]。今人却把似字作伪字看，不惟欠确，且末减了他罪。

［注释］

①孟子也只定他个似字：事见《孟子·尽心下》。

［译文］

与流俗合污的乡愿，他们所表现出的行为看似与忠厚老实类似，而不是伪装成忠厚老实的样子，孟子也只定他个“似”字。现在的人们却把“似”字看作“伪”字，不只欠确定，而且也没有减少乡愿的罪责。

［原文］

沉溺了，如神附，如鬼迷，全由不得自家，不怕你明见真知，眼见得深渊陡涧，心安意肯底直前撞去。到此翻然跳出，无分毫粘滞，非天下第一大勇不能。学者须要知此。

[译文]

沉溺于其中，就好像神灵附体，好像鬼迷心窍，自己完全不能控制自己，就算你有真知灼见，眼看前面就是深渊陡涧，也心甘情愿地向前冲去。如果到了这般地步，还能幡然跳出，没有分毫的停滞，除非是天下第一等的大勇才能做到。学者需要知道这个道理。

[原文]

面色不浮，眼光不乱，便知胸中静定非久养不能。《礼》曰："俨若思，安定辞[①]。"善形容有道气象矣。

[注释]

①俨若思，安定辞：出自《礼记·曲礼》。

[译文]

脸色不浮，眼光不乱，就知道其心中是平静安定的，到达了这一步，没有长时间的修养不能做到。《礼记·曲礼》说："俨若思，安定辞。"形容那些有着高尚道德的人的神态真是十分适合啊！

[原文]

于天理汲汲者，于人欲必淡；于私事耽耽者，于公务必疏；于虚文烨烨者，于本实必薄。

[译文]

孜孜不倦追求天理的人，一定对人欲看得很淡；完全沉醉于私事的人，一定疏于公务；推崇虚文的人，一定对实际不关心。

[原文]

圣贤把持得"义"字最干净，无分毫"利"字干扰。众人才有义举，便不免有个"利"字来扰乱。"利"字不得，便做"义"字不成。

[译文]

圣贤对"义"字把持得最为干净，没有丝毫的"利"字来干涉。普通人刚刚有义举，就免不了有个"利"字来干扰。得不到"利"字，便做不成"义"字。

[原文]

道自孔、孟以后，无人识三代以上面目。汉儒无见于精，宋儒无见于大。

[译文]

对于道，从孔子、孟子以后，就再没人认清夏、商、周三代以前的真正面目。汉儒没有看到它的精微之处，宋儒没有看到它的博大之处。

[原文]

有忧世之实心，泫然欲泪；有济世之实才，施处辄宜。斯人也，我愿为曳履执鞭。若聚谈纸上微言，不关国家治忽①，争走尘中众辙，不知黎庶死生，即品格有清浊，均于宇宙无补也。

[注释]

①治忽：谓治理与忽怠。引申为国家治理与荒乱。

[译文]

有忧世的真心，泫然欲哭；有济世的才能，实施辄宜。这种人，就算让我为他提鞋执鞭也甘心。如果只是聚在一起谈论书本上的精微之言，丝毫不关心国家究竟是治理好了还是战争荒乱，争着跟随众人走路，不知黎民百姓的生死，这种人不论品格清浊，都对世事无所帮助。

浩然正气

胸怀正气，才能战胜邪恶。内心与外在的修养同样重要。

[原文]

安重深沉是第一美质。定天下之大难者，此人也。辩天下之大事者，此人也。刚明果断次之。其他浮薄好任，翘能自喜，皆行不逮者也。即见诸

行事而施为无术，反以偾事，此等只可居谈论之科耳。

[译文]

深沉稳重是最美好的品质，能解决天下大难的，是这种人；辨别天下大事的，是这种人。刚强果敢是第二等美好的品质。其他轻浮浅薄勇于任事，沾沾自喜夸耀自己才能，都是行动跟不上的人。就算能付诸行动，但办事无方，反而也会败坏事情。这些人只会谈论而已。

[原文]

任有七难：繁任要提纲挈领，宜综核之才[①]；重任要审谋独断，宜镇静之才；急任要观变会通[②]，宜明敏之才；密任要藏机相可，宜周慎之才；独任要担当执持，宜刚毅之才；兼任[③]要任贤取善，宜博大之才；疑任要内明外朗，宜驾驭之才。天之生人，各有偏长。国家之用人，备用群长[④]。然而投之所向辄不济事者，所用非所长，所长非所用也。

[注释]

①综核之才：善于统观全局的人才。②观变会通：观察变化，善于变通。③兼任：有很多任务。④备用群长：运用各种人的长处。

[译文]

任用人才有七难：任务繁多时要提纲挈领，宜用有综合能力的人才；任务重要时要审谋独断，宜用镇静沉稳的人才；任务紧急时要掌握变化，会变通，宜用明智敏捷的人才；任务机密时要保守机密，宜用周密慎重的人才；任务要一人完成时，要独当一面，宜用刚毅英勇之才；任务很多时，要任贤取善，宜用心胸博大的人才；任务很疑难时，要光明磊落，宜用容易驾驭的人才。上天生人，都是各有专长的。国家用人，要运用各种人的长处。如果把人放在一个岗位不能完成任务，那是因为这个岗位不是他擅长的，或者他擅长的和这个岗位不相符。

[原文]

居官念头有三用：念念用之君民，则为吉士；念念用之套数，则为俗吏；念念用之身家，则为贼臣。

[译文]

居于官位的人，他们的念头有三个用处：如果每个念头都在国君和百姓身上，这是吉士；如果每个念头都在日常的俗套上，这是俗吏；如果每个念头都在自己和家庭上，这是贼臣。

[原文]

圣人悲时悯俗，贤人痛世疾俗，众人混世逐俗，小人败常乱俗。呜呼！小人坏之，众人从之，虽悯虽疾，竟无益矣。故明王在上，则移风易俗。

[译文]

圣人感叹世事，怜悯世俗，贤人痛恨世事，嫉恨世俗，众人混于世事，追逐世俗，小人败坏常理，扰乱世俗。唉！小人败坏世俗，众人追随世俗，虽然怜悯，虽然痛恨，终无好处。所以圣明的君主治理国家则移风易俗。

[原文]

今之国语乡评，皆绳人以细行，细行一亏，若不可容于清议，至于大节都脱略废坠，浑不说起。道之不明，亦至此乎？可叹也已！

[译文]

现在朝野之中对人的评价，都将目光锁定在那细微之处。细微之处如果有些不足，那么就会被社会的公正舆论所不容。至于大节，就算脱略败坏，也丝毫不提及。道的不明已到这般地步了吗？真让人可叹可哀啊！

[原文]

凡为外所胜①者，皆内不足②也；为邪所夺者，皆正不足也。二者如持衡然，这边低一分，那边即昂一分，未有毫发相下者也。

[注释]

①为外所胜：被外界环境影响。②内不足：内在的修养不充分。

［译文］

凡是被外界环境所影响的人，都是因为他的内心修养不够；凡是被邪恶所战胜的人，都是因为他正气不足。内外二者如同天平一样，这边低一分，那边就高一分，不会有丝毫的差错。

［原文］

善为名者，借口以掩真心；不善为名者，无心而受恶名。心迹之间，不可以不辩也。此观人者之所忽也。

［译文］

善于制造名声的，会用各种借口掩盖住自己的真实想法；不善于制造名声的，会在无意间而蒙受恶名。所以，一个人的内心和行为到底怎么样，不能不分辨清楚，这是观察人的时候容易被忽视的。

［原文］

人言之不实者十九，听言而易信者十九，听言而易传者十九。以易信之心，听不实之言，播喜传之口，何由[①]何跖？而流传海内，纪载史册，冤者冤，幸者幸。呜呼！难言之矣。

［注释］

①由：许由。

［译文］

人们说的话，不属实的有百分之九十，听话的人，轻易相信的有百分之九十。听了话而又喜欢到处传播的人有百分之九十。以轻易相信的心去听那些不属实的话，再从喜欢传话的人口中流传出来，那么被传者究竟是许由还是盗跖，就难以分辨了。而这些话流传到四海之内，被记载在史册里，被冤枉的人蒙受不白之冤，幸运者暗自侥幸。唉！真是难说啊！

［原文］

孔门心传，惟有颜子一人，曾子便属第二等。

［译文］

孔子的门人弟子中，能得到孔子真传的只有颜渊一人，曾子就属于第二等。

[原文]

名望甚隆，非大臣之福也。如素行无愆，人言不足仇也。

[译文]

拥有很高的名望，并不是大臣的福气。如果平日里没有过失，那就不必理会人们的议论。

[原文]

尽聪明底是尽昏愚，尽木讷底是尽智慧。

[译文]

聪明到极致也就是昏愚到极致了，木讷到头了也就是智慧绝顶了。

[原文]

透悟天地万物之情，然后可与言性。

[译文]

能够彻底地领悟了天地万物之情，然后才可以和他谈性情。

[原文]

僧道、宦官、乞丐，未有不许其为圣贤者。我儒衣儒冠且不类儒，彼顾得以嗤之，奈何以为异类也，而鄙夷之乎？

[译文]

僧人、道士、宦官、乞丐，没有不允许他们成为圣贤的，我们这些儒生，虽然穿戴看起来是儒者，但是却和儒家的主张背道而驰，他们当然可以耻笑我们，怎么能将他们看成异类而鄙夷他们呢？

[原文]

盈山宝玉，满海珠玑，任人恣意采取，并无禁厉榷(què)①夺，而束手畏足，甘守艰难，愚亦尔此乎？

[注释]

①榷：商讨、专卖。

[译文]

漫山遍野都是宝玉，整片大海都是珠玑，无论是谁都可以随意去拿，既不禁止也不专卖豪夺，可是人们却裹足不前，甘心守着艰难而不去获取，竟然愚蠢到这种程度了吗？

[原文]

告子许大力量，无论可否，只一个不动心①。岂无骨气人所能？可惜只是没学问，所谓其至尔力也②。

[注释]

①“告子”三句：出自《孟子·公孙丑上》。②其至尔力也：出自《孟子·万章下》。

[译文]

告子有那么大的力量，无论可否，只是一个不动心。这难道是那些没有骨气的人可以做到的吗？只可惜告子没有学问，他所做的一切，只是依靠力量而已。

[原文]

千古一条大路，尧、舜、禹、汤、文、武、孔、孟由之。此是官路古路，乞人盗跖都有分，都许由，人自不由耳。或曰：“须是跟着数圣人走。”曰：“各人走各人路。数圣人者，走底是谁底路？肯实在走，脚踪儿自是暗合。”

[译文]

自古以来就是一条大路，尧、舜、禹、汤、周文王、周武王、孔子、孟子，都走的是这条路。这是一条官路、古路，乞丐、盗贼都有份儿，都可以走，只是有人不肯走罢了。有人问：一定要跟着这几个圣人走吗？回答说：每个人都走自己的路，这几个圣人走的又是谁的路呢？如果肯踏踏实实地走，自然会与圣人的足迹暗合。

[原文]

功士后名，名士后功。三代而下，其功名之士绝少。圣人以道德为功名者也，贤人以功名为功名者也，众人以富贵为功名者也。

[译文]

注重功名的人把名望放在后边，注重名望的人把功名放在后边。夏、商、周三代以后，真正注重功名和声望的人很少。圣人视道德为功名，贤人视功名为功名，普通人视富贵为功名。

[原文]

建天下之大事功者，全要眼界大。眼界大则识见自别。

[译文]

建立天下的大事业、大功绩的人，全都是眼界开阔的人。眼界开阔了，见识自然和寻常人不同。

[原文]

谈治道，数千年来只有个唐、虞、禹、汤、文、武，作用自是不侔①。衰周而后，直到于今，高之者为小康，卑之者为庸陋。唐虞时光景，百姓梦也梦不着。创业垂统之君臣，必有二帝五臣之学术而后可。若将后世眼界立一代规模，如何是好？

[注释]

①侔：相等。

[译文]

谈论治国之道，数千年来只有唐尧、虞舜、禹、汤、周文王、周武王，他们的作为各不相同。自从周朝衰微以来，高明一点儿的君王可以使国家达到小康水平，低的只是一些庸陋之辈而已。尧、舜时的光景，百姓连做梦也难以想象。要想成为创建功业并将基业传给子孙的君臣，必须具有二帝五臣的治国之术才有可能。如果按照后世眼界建立一种制度，如何是好呢？

[原文]

一切人为恶，犹可言也，惟读书人不可为恶。读书人为恶，更无教化之人矣。一切人犯法犹可言也，做官人不可犯法。做官人犯法，更无禁治之人矣。

[译文]

任何人为恶，都还说得过去，只有读书人不可作恶。读书人作恶就没有教育感化别人的人了。任何人犯法，都还说得过去，只有为官之人不可犯法。为官之人犯了法就没有去禁止纠正他人的人了。

[原文]

自有书契①以来，穿凿附会，作聪明以乱真者，不可胜纪。无知者借信而好古之名，以误天下后世苍生。不有洞见天地万物之性情者出而正之，迷误何有极哉？虚心君子，宁阙疑可也。

[注释]

①书契：文字。

[译文]

自从有了文字以来，穿凿附会、自作聪明以假乱真的人数不胜数。无知的人借用信而好古的名义贻误天下苍生。如果没有能够彻底看清天地万物性情的人出来纠正，误导何时才能停止呢？所以虚心的君子宁肯让那些疑难不解的事物没有评论。

卷五　外篇 · 书集

治　道

［原文］

庙堂之上，以养正气为先；海宇之内，以养元气为本。能使贤人君子无郁心之言，则正气培矣；能使群黎百姓无腹诽之语[1]，则元气固矣。此万世帝王保天下之要道也。

［注释］

①腹诽之语：怨恨的话，怨言。

［译文］

在朝廷，要以培养正气为先；在海内，要以培养元气为根本。让贤能的人和君子没有闷在心里的话，那么正气就能得到培养；让老百姓没有怨恨的话，那么元气就稳固了。这是历代帝王保持天下太平的重要道理啊。

［原文］

六合之内，有一事一物相凌夺假借[1]，而不各居其正位，不成清世界；有匹夫匹妇冤抑愤懑(mèn)，而不得其分愿[2]，不成平世界。

［注释］

①假借：借某种名义招摇撞骗。②分愿：分内该得到的东西。

［译文］

在天地之间，有一事一物被凌夺和假借，而不能处在它本来的地位，那就成不了清净的世界；有一个老百姓被冤枉而愤懑，得不到他本应得到的东西，那就成不了公平的世界。

［原文］

天下万事万物皆要求个实用。实用者，与吾身心关损

益者也。凡一切不急之物，供耳目之玩好，皆非实用也，愚者甚至丧其实用以求无用。悲夫！是故明君治天下，必先尽革靡文，而严诛淫巧[1]。

［注释］

①淫巧：指那些制造过分奇巧东西的人。

［译文］

天下的万事万物都要讲求实用，所谓实用就是要对我们的身心有用。凡是那些不急需的，以及专供耳目声色娱乐的东西，都是不实用的。愚蠢的人甚至抛弃实用的东西而追求那些无用的东西，这真是可悲啊！因此贤明的君主治理天下，首先就要废除那些繁文缛节，严厉制裁那些制造过分奇巧东西的人。

［原文］

当事者若执一簿书，寻故事[1]，循弊规，只用积年书手[2]也得。

［注释］

①故事：指陈规旧俗。②积年书手：任职多年的书记官。

［译文］

处理政事的官吏，如果拿着文书，寻找以往的陈规旧俗，遵循积弊的旧规，这样的话只要用一个任职多年的书记官就行了。

［原文］

兴利无太急，要左视右盼；革弊无太骤，要长虑却顾[1]。

［注释］

①却顾：反顾、回头看。

［译文］

振兴有益的事不要太急切，要左右都观察一阵再说；革除弊端不要太突然，要有长远眼光，善于回过头来总结。

［原文］

苟可以柔道，理不必悻直[1]也；苟可以无为理，不必

多事也。

[注释]

①悻直：刚愎固执。

[译文]

如果能用委婉的办法解决问题，就不要刚愎固执；如果事情可以任凭其自然发展，就不要去干预。

[原文]

经济之士[1]，一居言官便一建白[2]，此是上等人，去缄默保位者远。只是治不古。若非前人议论不精，乃今人推行不力。试稽旧牍(dú)[3]，今日我所言，昔人曾道否？若只一篇文章了事，虽奏牍如山，只为纸笔作孽障[4]，架阁上添鼠食耳。夫士君子建白，岂欲文章奕世[5]哉？冀谏行而民受其福也。今诏令刊布遍中外，而民间疾苦自若，当求其故。故在实政不行而虚文搪塞耳。综核不力，罪将谁归？

汉文帝露台惜费

汉文帝想造一座露台，问工匠要花费多少钱财。工匠说需要百金，大约相当于十户人家的产业。为了不费民财，于是汉文帝决定不建露台。

[注释]

①经济之士：经世济民的人。②建白：建议和陈述。白，陈述意见。③试稽旧牍：考察过去的文书。稽，考察。旧牍，旧的文书。④孽障：以前做的坏事形成的不良结果。⑤奕世：累世，指文章一代一代流传下来。

[译文]

经世济民的人，他们一当上谏官就提出建议，这是上等的人，和那些闭口

不言只求保住官位的人不同。但是社会没有得到很好的治理，这不是前人的见解不够精到，就是现在的人推行不力。应该考察过去的文书，看看今天我所说的，以往的人说过没有。如果只是写一篇文章就能办好事情，即使奏章堆得像山一样高，那也只是浪费纸笔而已，给搁架上的老鼠增添了食物罢了。士君子进谏，难道只是想让自己的文章一代代传下去？肯定是希望自己的谏言能被采纳，人民能够得到益处。如今诏令到处都是，而人民的疾苦还是和原来一样，应当寻求这其中的原因。原因就在于切实的措施没有推行，只是用虚文来敷衍了事。对这种情况的综合考察很不得力，这是谁的责任呢？

［原文］

为政先以扶持世教[1]为主。在上者一举措间，而世教之隆污[2]、风俗之美恶系焉。若不管大体何如，而执一时之偏见，虽一事未为不得，而风化所伤甚大，是谓乱常之政。先王慎之。

［注释］

①扶持世教：让人民得到教化。②隆污：兴盛和衰败。

［译文］

为官处政要以让人民得到教化为主。在上位的人的任何一个举措，都关系着教化的兴衰和风俗的好坏。如果不管在大体上该如何做，而凭着一时的偏见办事，虽然有一件事办成了，但对风化的损伤是很大的，这就是人们所说的扰乱大体的处理政事的方法。先王对此是很慎重的。

［原文］

君子之于风俗也，守先王之礼而俭约是崇，不妄开事端以贻可长之渐。是故漆器不至金玉而刻镂之不止，黼（fǔ）黻（fú）[1]不至庶人锦绣被墙屋不止。民贫盗起不顾也，严刑峻法莫禁也。是故君子谨其事端，不开人情窦而恣小人无厌之欲。

［注释］

①黼黻：绣有华美花纹的礼服。

[译文]

君子对待风气习俗，应该谨守先王制定的礼，崇尚简约，不要妄开事端助长那些逐渐累积的弊端。如今却是，漆器不改成金玉器，不精雕细镂就不停止，衣服追求华美，甚至庶民都用锦绣来装饰墙壁。人民穷困，盗贼横行而没有人管，用严厉的刑罚也无法阻止风俗的败坏。因此君子一定要谨慎地对待事情的开端，不要开启人的私欲，滋长小人贪得无厌的欲望。

宋太祖戒主衣翠

永庆公主穿一领贴金铺翠的襦裙入宫。太祖觉得这样奢侈，于是告诫公主要爱惜受用，不要开恶业之端。

[原文]

著令甲[1]者，凡以示天下万世，最不可草率，草率则行时必有滞碍；最不可含糊，含糊则行者得以舞文[2]；最不可疏漏，疏漏则出于吾令之外者无以凭借，而行者得以专辄[3]。

[注释]

①令甲：指法令的第一篇，后用来泛指法令条文。②舞文：钻法律条文的空子徇私舞弊。③专辄：独断专行。

[译文]

制定颁布法令，是为了给天下人看并流传万世，是最不能草率了事的，制定法令的时候草率，那么实行的时候肯定会有障碍；法令是最不能含糊的，如果含糊了，实行时就会被人钻空子作弊。法令也是最不能疏漏的，如果疏漏了，那些法令没有规定的事情就没有处理的依据，实行的人就会按自己的意愿随意处理。

[原文]

王法上承天道，下顾人情，要个大中至正，不容有一毫偏重偏轻之制。行法者，要个大公无我，不容有一毫故

出故入[1]之心，则是天也。君臣以天行法，而后下民以天相安。

[注释]

①故出故入：和法律有所出入。指按个人想法而不按法律行事。

[译文]

国家的法令向上依承天道，向下顺应人情，要绝对公正，不能有丝毫的偏倚。执行法律的人，要大公无私，不能有丝毫的不合法令的想法，这样才算遵循了天的法则。君臣按照天道来执行法令，民众才能按照天道平安地生活。

[原文]

民情有五，皆生于便。见利则趋，见色则爱，见饮食则贪，见安逸则就，见愚弱则欺，皆便于己故也。惟便，则术不期工而自工；惟便，则奸不期多而自多。君子固知其难禁也，而德以柔之，教以谕之，礼以禁之，法以惩之，终日与便为敌，而竟不能衰止。禁其所便，与强其所不便，其难一也。故圣人治民如治水，不能使不就下[1]，能分之使不泛溢而已。堤之使不决，虽尧、舜不能。

嘉奖勤学

定阳王通习诗书，明事理，成帝向他提问后，觉得孺子可教，嘉奖他为太子。

[注释]

①就下：往下流。

[译文]

人的常情有五种，都是因为便利才产生的。见利益就趋近，见美色就喜爱，见饮食则贪求，见安逸则主动亲近，见愚弱则欺负，这都是因为对自己方便的缘故。

因为方便，对那些权术不希望它很巧妙，自然就会巧妙；因为方便，那些奸诈不求其多，它自然就会多。君子本来知道这难以禁止，就用道德来感化，以教育来引导，用礼法来禁止，用法令来惩罚，终日与便利做斗争最终也不能消除它。禁止人们取其所便与让人们不取其所便一样，这都是很困难的。因此圣人管理人民就像治水一样，不阻止水往下流，而是把水疏导出去，让它不泛滥。一味阻挡，不让河堤溃决，就是尧、舜也做不到。

[原文]

天下之患，莫大于“苟可以”而止。养颓靡不复振之习，成亟(jí)重不可反之势，皆“苟可以”三字为之也。是以圣人之治身也，勤励不息；其治民也，鼓舞不倦。不以无事废常规，不以无害忽小失。非多事，非好劳也，诚知夫天下之事，廑(jǐn)[1]未然之忧者，尚多或然之悔；怀太过之虑[2]者，犹贻[3]不及之忧；兢慎始之图[4]者，不免怠终之患[5]故耳。

[注释]

①廑：勤劳。②太过之虑：很周详地考虑。③贻：留下、遗留。④兢慎始之图：从一开始就小心谨慎。⑤怠终之患：失败的担忧。

[译文]

天下的祸患，没有比“苟可以”危害更大的了。养成颓靡不振作的习气，直到造成很大危害不能挽回的情况，都是因为“苟可以”三个字。因此圣人修养自身，勤勉而从不停息；治理百姓，鼓舞不知倦怠。不因为平时没有事情而忽略日常工作，不因为没有害处而忽略小的过失。这并不是圣人多事，也不是他们喜欢辛苦，因为他们深刻地认识到天下的事情，即使有防患于未然的担忧，可能还会因意外的变故而后悔；即使考虑得非常仔细，也还会有疏忽的地方；从一开始就谨慎的，也可能最终会失败。

[原文]

天下之祸，成于怠忽[1]者居其半，成于激迫者居其半。惟圣人能销祸于未形，弭(mǐ)[2]患于既著。夫是之谓知微知彰。知微者不动声色，要在能察几；知彰者不激怒涛，要在能

审势。呜呼！非圣人之智，其谁与于此？

［注释］

①怠忽：懈怠疏忽。②弭：阻止，使停止。

［译文］

天下的灾祸，由懈怠疏忽造成的有一半，由过激急迫造成的有一半。只有圣人才能在祸患还没形成的时候就消除它，在祸患明显时阻止它。这就叫作知微知彰，知微就是要不动声色，关键在征兆出现时就能察觉；知彰就是不激怒涛，关键在能审时度势。哎呀！如果没有圣人的智慧，谁能做到呢？

［原文］

精神爽奋，则百废俱兴；肢体怠弛[1]，则百兴俱废。圣人之治天下，鼓舞人心，振作士气，务使天下之人如含露之朝叶，不欲如久旱之午苗。

［注释］

①怠弛：怠惰松懈。

［译文］

精神爽朗振奋，就会百废俱兴；身体怠惰松懈，那么百兴俱废。圣人治理天下，善于鼓舞人心，振作人们的士气，让天下人都像早上含露的树叶，而不像中午久旱的禾苗。

［原文］

无治人，则良法美意反以殃民；有治人，则弊习陋规皆成善政。故有文、武之政，须待文、武之君臣。不然，青萍结绿[1]，非不良剑也；乌号繁弱[2]，非不良弓矢也，用之非人，反

利民济物

宋代李允则任潭州太守时，恰巧湖南发生了饥荒，李允则开官廪赈济灾民，他恤贫爱民，受到了百姓的爱戴。

以资敌。予观放赈(zhèn)③、均田、减粜(tiào)④、检灾、乡约、保甲、社仓、官牛八政而伤心焉。不肖有司，放流有余罪矣。

［注释］

①青萍结绿：青萍，古代宝剑名。结绿，一种美玉。指用美玉装饰的宝剑。②乌号繁弱：乌号、繁弱都是古代的良弓。③放赈：向灾民发放救济物资。④减粜：荒年时，米价上涨，国家将仓粮减价出售给百姓。

［译文］

没有会治理国家的人，好的办法和意愿反而会祸害人民；有了会治理国家的人，即使弊习陋规也会成为善政。要想有周文王和周武王那样清明的政治局面，还要有周文王和周武王时代的君臣。用美玉装饰的宝剑，乌号和繁弱都是良弓，如果没有合适的人使用，反而帮助了敌人。我看到放赈、均田、减粜、检灾、乡约、保甲、社仓、官牛这八项政事而感到伤心。那些乱政的官吏，就是流放也远不够惩罚他们的罪恶。

［原文］

势有时而穷。始皇以天下全盛之威力，受制于匹夫，何者？匹夫者，天子之所恃以成势者也。自倾其势反为势所倾。故明王不恃萧墙①之防御，而以天下为藩篱。德之所渐，薄海②皆腹心之兵；怨之所结，衽(rèn)席③皆肘腋之寇。故帝王虐民是自虐其身者也，爱民是自爱其身者也。覆辙满前，而驱车者接踵，可恸(tòng)④哉！

秦始皇焚书坑儒

秦始皇焚书坑儒，造成许多典籍的失传和众多儒生被坑杀，对中国文化的传承破坏极大。

［注释］

①萧墙：古代官室用来分隔内外的当门小墙。后指内在潜伏的祸害。②薄海：靠近海边，指全天下。③衽席：卧席，指身旁。④恸：极度悲痛。

［译文］

势头会有穷尽的时候，秦始皇有天下全盛的威力，最后却受制于起义的百姓，是什么原因呢？平民百姓，是天子形成威势的依靠。自己倾覆自己所依靠的对象，结果反而被所依靠的对象倾覆。因此英明的君主并不靠宫墙内的防御，而是把整个天下作为保卫自己的屏障。施行德政，远到海边都是腹心的士兵；和天下人结怨，那么卧榻旁边也会出现敌人。所以帝王对百姓暴虐，也就是对自己暴虐，爱护百姓，也就是爱护自己。前面已有失败的例子，而统治者依然不借鉴，这真是悲哀啊！

［原文］

公、私两字，是宇宙人鬼关。若自朝堂以至闾里[1]，只把持得公字定，便自天清地宁，政清讼息[2]。只一个私字，扰攘得不成世界。

［注释］

①闾里：乡间，通指民间。②政清讼息：政治清明，争讼平息。

［译文］

公、私两个字，是天地宇宙间区别人和鬼的关口。如果从朝廷到民间，大家都能坚持一个“公”字，那天下自然安宁太平，政治清明。就是一个“私”字把世界给扰乱了。

［原文］

任人不任法，此惟尧、舜在上，五臣在下可矣。非是而任人，未有不乱者。二帝三王非不知通变宜民、达权宜事之为善也，以为吾常御天下，则吾身即法也，何以法为？惟夫后世庸君具臣[1]之不能兴道致治，暴君邪臣之敢于恣恶肆奸也，故大纲细目备载具陈，以防检之，以诏示之。固知夫今日之画一，必有不便于后世之推行也，以为圣子神孙自能师其意，而善用于不穷，且尤足以济吾法之所未及。庸君具臣相与守之而不敢变，亦不失为半得。暴君邪臣即欲变乱，而弁髦(biàn máo)[2]之犹必有所顾忌，而法家拂(bì)

士[3]亦得执祖宗之成宪，以匡正其恶，而不苟从。暴君邪臣亦畏其义正事核也，而不敢遽肆，则法之不可废也明矣。

任贤图治

帝尧在位，任用羲和、羲仲、羲叔、和仲以及和叔几位贤臣，因为用人得当，天下治理得非常好。

[注释]

①具臣：不称职的大臣。②弁髦：弁，缁布冠。髦，儿童的垂发。古代男子冠礼，不用缁而冠，剪掉垂发，弁髦比喻弃置不用的东西。③法家拂士：《孟子·告子下》：“入则无法家拂士，出则无敌国外患者，国恒亡。”法家，法度之世臣。拂士，辅弼之贤士。

[译文]

用人治而不用法治，这只有在尧舜时代，有五位贤臣辅佐时才可以。不是这样的情况而用人治，肯定会出现混乱。二帝三王并非不知道权宜通变对管理民众有好处，而是认为他们长久地治理天下，自己的行动就代表了法律，还要法做什么呢？只怕后世那些昏庸的君主和不称职的大臣不能治理好国家，那些暴君邪臣肆意作恶，才详细记载下法令的大纲细目，用来约束这些君臣，用来告示天下。二帝三王知道制定统一的法令，肯定不方便后世推行，以为子孙后代能够理解他们的意思，能够灵活运用，还能补足原来的法令没有触及的方面。那些庸君和无能的大臣如果能遵守已有的法令，也算成功了一半。那些暴君邪臣想改变法令，将法令废弃不用还有所顾忌，法度之臣和辅弼之士也可用祖宗现成的法令来纠正暴君邪臣的恶行，而不是一味地遵从。暴君邪臣也害怕正义和确凿的事实，而不敢肆虐无忌。从这点看来，不能废止法律是很清楚的事情。

[原文]

不伤财，不害民，只是不为虐耳。苟设官而惟虐之虑也，不设官其谁虐之？正为家给人足，风移俗易，兴利除害，转危就安耳。设廉静寡欲，分毫无损于民，而万事

废弛，分毫无益于民也，逃不得“尸位素餐①”四字。

［注释］

①尸位素餐：空占着职位而不做事，白吃饭。尸位，空占着职位。素餐，白吃饭。

［译文］

不伤财，不害民，只是没有做残暴的事情。如果让官吏任职只是让他们不残害人民就行了，那么不设官吏的话，又是谁去残害百姓呢？设官吏就是为了让人民家里富足，风俗淳朴，兴利除害和转危为安。如果官吏只是清廉寡欲，不损害人民，但政事都荒废了，对人民没有丝毫益处，那还是逃不掉占着职位不做事的名声。

德高服寇

宋朝陈舜举任浔州知府三年，他注重教化，以清正廉洁感化百姓。山中盗贼竟然相互告诫不许侵犯浔州。

［原文］

天地所以信万物，圣人所以安天下，只是一个“常”字。常也者，帝王所以定民志者也。常一定，则乐者以乐为常，不知德；苦者以苦为常，不知怨。若谓当然，有趋避而无恩仇。非有大奸巨凶，不敢辄生餍(yàn)足①之望，忿恨之心，何则？狃(niǔ)于常故也。故常不至大坏极敝，只宜调适，不可轻变，一变则人人生觊(jì)觎(yú)②心，一觊觎则大家引领③垂涎，生怨起纷，数年不能定。是以圣人只是慎常，不敢轻变。必不得已，默变，不敢明变；公变，不敢私变；分变，不敢溷(hùn)④变。

［注释］

①餍足：满足。②觊觎：指怀有非分的企图。③引领：伸长脖子。④溷：混浊。

[译文]

天地能够取信于万物，圣人能够安定天下，关键在于一个“常”字。常道，是帝王用来安定民心的办法。处于恒常不变的环境中，快乐的人就会把快乐看成寻常的事，而不知道心存感激；痛苦的人以为痛苦是理所当然的，心里不会有怨恨。人们把苦乐看成是当然的，虽然会趋乐避苦，但相互之间不会有恩仇。如果不是特别奸诈凶狠的人，不敢产生不满足的欲望和愤恨的情绪，为什么呢？是因为习惯了常道的缘故。常道如果没有到极其弊坏的程度，只适合调节，不能够轻易改变，一旦改变就会让人们产生非分的企图，有了非分的希望，人人都会伸长脖子垂涎，怨恨也会不断产生，几年都不能安定下来。因此圣人只是谨慎地对待常道，不敢轻易改变。逼不得已需要改变时，只能暗暗改变，不敢明显地改变；只敢公开地改变，不敢私下改变；只敢逐步改变，不敢混乱地改变。

[原文]

骤制则小者未必贴服，以渐则天下豪杰皆就我羁靮①矣。明制则愚者亦生机械，默制则天下无智巧皆入我范围矣。此驭夷狄、待小人之微权，君子用之则为术知，小人用之则为智巧，舍是未有能济者也。或曰：“何不以至诚行之？”曰：“此何尝不至诚？但不浅露轻率耳。孔子曰：‘机事不密则害成。’此之谓与？”

皋陶

皋陶是舜帝执政时期的士师，主管司法。他辅佐夏禹理政、治水。

[注释]

①羁靮：本义为马笼头和马缰绳，泛指束缚。

[译文]

骤然制服，就是小的也未必会帖服，逐渐去制服，天下的豪杰都会听我的调遣。明着去制服，就是愚蠢的人也有抵抗心理，暗暗地制服，天下人无论智巧如何都会进入我的范围。这是驾驭夷狄、对待小人的微小权术，君子运用就是道术智慧，小人运用就是智巧之术，除此之外没有其他让事情成功的办法。有人说：“为什么不用至诚的方法呢？”回答说：“这哪里就不至诚呢？只是不浅露轻率罢了。孔子说：‘重大的事情不保密就影响成功。’说的就是这种情况吧？”

解裘赐将

宋太祖遣大将王全斌征蜀。当时正天寒大雪，太祖想将士肯定会寒冷，就把自己的裘帽解下，赐予王全斌。诸将都很感激。他们戮力图报，平定了蜀地。

[原文]

刑礼非二物也，皆令人迁善[1]而去恶也。故远于礼，则近于刑。

[注释]

①迁善：向善。

[译文]

刑礼并非不同的事物，都是为了让人向善而远离罪恶。因此和礼距离远了，那就接近刑了。

[原文]

上德默成，示意而已。其次示观，动其自然。其次示声色，其次示是非，使知当然。其次示毁誉，使不得不然。其次示祸福，其次示赏罚，其次示生杀，使不敢不然。盖至于示生杀，而御世[1]之术穷矣。叔季之世，自生杀之外无示也。悲夫！

[注释]

①御世：治理国家。

[译文]

最上的道德只要默默示意就行了；其次是让人看到，自然而然地打动他；其次表现在言语脸色上；其次是让别人明白是非，知道为什么这样做；其次是表示赞扬和反对，让他不得不这样做；其次是说明福祸的道理；其次用奖赏和刑罚的方法；其次施行生杀予夺，让人不敢不这样做。到了用生杀的程度，治世的办法也用尽了。到了末世，除了生杀之外没有别的办法。可悲啊！

[原文]

权之所在，利之所归也。圣人以权行道，小人以权济私。在上者慎以权与人。

[译文]

权力所在之处，也是利益所归之地。圣人用权力来推行道，小人则用权力来满足私欲。官居上位者，赋予别人权力时要慎重。

[原文]

太平之时，文武将吏习于懒散，拾前人之唾余，高谈阔论，尽似真才。乃稍稍艰，大事到手，仓皇迷闷，无一干济[①]之术，可叹可恨！士君子平日事事讲求，在在体验，临时只办得三五分，若全然不理会，只似纸舟尘饭耳。

[注释]

①干济：干练的办事能力。

[译文]

太平时，文官武将习惯于懒散，捡拾前人的余唾，高谈阔论，好像都很有才华。可是稍微遇到艰难一点儿的事，他们就仓皇迷闷，一点儿对策都没有，真是令人叹恨啊！士君子平时事事都宣讲治国之道，处处都说要体验自己的能力，可事到临头，只做到了三五成，或完全都做不到，这种人就像纸做的船和尘土做的饭一样没用。

[原文]

圣人之杀，所以止杀也[①]。故果于杀，而不为姑息。故杀者一二，而所全活者千万。后世之不杀，所以滋杀也。不忍于杀一二，以养天下之奸，故生其可杀[②]，而生者多陷于杀。呜呼！后世民多犯死[③]，则为人上者妇人之仁为之也。世欲治[④]，得乎？

［注释］

①所以止杀也：为了不再有杀人的事情发生。②生其可杀：使本该被杀掉的人存活。③犯死：被杀死。④世欲治：国家想要太平。

［译文］

圣人杀人，是为了不再有杀人的事发生。所以该杀就杀，不能纵容。这样杀了一两个人却保全其他千万人。后世主张不杀人，这样只会助长别人杀人。不忍心杀一两个坏人，全天下的坏人就不能得到惩戒，让该杀的人活下来，只会让应该活下来的人被杀。唉！后世很多百姓犯了死罪，都是因为统治者的妇人之仁纵容奸恶的缘故。像这样国家怎么能治理好呢？

［原文］

天下事不是一人做底，故舜五臣、周十乱①，其余所用皆小德小贤，方能兴化致治。天下事不是一时做底，故尧舜相继百五十年，然后黎民于变；文、武、周公相继百年，然后教化大行。今无一人谈治道，而孤掌欲鸣；一人倡之，众人从而诋訾(zǐ)②之；一时作之，后人从而倾圮之。呜呼！世道终不三代耶？振教铎(duó)③以化吾侪(chái)，得数人焉相引而在事权，庶几④或可望乎！

［注释］

①十乱：据《尚书·泰誓》载："予有乱臣十人。"《尔雅·释诂》释曰："'乱，治也。'治理之臣有十人也。"乱，治臣。十乱即十位治世的能臣。②诋訾：诋毁。③振教铎：振兴教化。铎，有舌的大铃，古代宣布政教法令时，即振铎以警示众人。④庶几：或许可以。

［译文］

天下的事不是一个人就能完成的，所以舜有五位辅佐大臣，周武王有十位治世的能臣，其余的都是小德小贤之人，这样才能振兴教化达到天下大治。天下的事不是一时就能做完的，所以尧、舜在位相继持续了一百五十多年，然后百姓才有所改变；周文王、周武王、周公又相继持续了百年，然后才使教化盛行。如今没有一个人谈论治国的道理，孤掌欲鸣，一人提倡，众人随即诋毁他；一时开始做了，后人立即又将其推翻。唉！世道自始至终都达不到三代的教化程度吗？如果从我们这些人开始振兴教化，再有几个贤德之人执掌政权，或许还有些希望吧！

[原文]

守令于民，先有知疼知热如儿如女一副真心肠，什么爱养曲成事业做不出？只是生来没此念头，便与说绽唇舌，浑如醉梦。

[译文]

郡守、县令等官吏对待老百姓，首先要有知疼知热，像对待自己儿女那样的好心肠，那样的话，什么样爱民养民、难成的事业做不出来？只是他们生来就没有这样的念头，就算和他们说破唇舌，他们也是昏昏沉沉，如在醉梦之中。

[原文]

兵、士二党，近世之隐忧也。士党易散，兵党难驯。看来亦有法处，我欲三月而令可杀，杀之可令心服而无怨，何者？罪不在下故也。

[译文]

兵与士这两种人，是近世的隐忧。士比较容易离心离德，兵难以驯服。看来也有办法改变这种现状。我能做到三个月让他们听从号令，如果不听从，即使处死他们，也会令他们心服口服而无怨言，如何做呢？因为罪责不在于下面的人，我就从治理上面的人入手。

[原文]

或问宰相之道，曰：无私有识。冢宰①之道，曰：知人善任使。

[注释]

①冢宰：指吏部尚书，掌管百官的任免、考课等事务。

[译文]

有人问如何当好宰相，回答是要没有私心，且远见卓识。又有人问如何当好吏部尚书，回答是要知人善任。

[原文]

当事者须有贤圣心肠、英雄才识。其谋国忧民也，出于恻怛至诚[1]；其图事揆策[2]也，必极详慎精密。踌躇[3]及于九有[4]，计算至于千年。其所施设安得不事善功成、宜民利国？今也怀贪功喜事之念，为孟浪[5]苟且之图，工粉饰弥缝之计，以遂其要荣取贵之奸。为万姓造殃不计也，为百年开衅[6]不计也，为四海耗蠹(dù)[7]不计也，计吾利否耳。呜呼！可胜叹哉！

[注释]

①恻怛至诚：指恻隐至真之心。②揆策：筹划策略。③踌躇：从容自得的样子。④九有：九州。语出《诗经·商颂·玄鸟》："方命厥后，奄有九有。"毛传："九有，九州也。"⑤孟浪：鲁莽、冒昧。⑥开衅：指引起事端。⑦耗蠹：耗费损害。

[译文]

当政者，必须具有圣贤的心肠，英雄的才识。他们在为国家出谋划策，替百姓分忧解难时，能至真至诚；商议事情，筹划策略时，能做到谨慎周密，从容之德能达到九州，考虑问题能达到千年之外。那么他们所提出的措施办法，怎能不事善功成，利国利民呢？而今当政者只怀着贪图功利、惹是生非的念头，做鲁莽苟且的事情，以及工于心计，见缝插针，做表面文章，以此来实现他们要荣华富贵的奸谋。他们从不考虑这会给百姓带来多大的祸患，也不考虑这会为百年之后制造多少事端，也不考虑这会耗尽天下多少财物，只考虑这对自己是否有利。唉！此情形，真令人感到哀伤！

[原文]

为人上者最怕器局小、见识俗，吏胥[1]舆皂[2]尽能笑人，不可不慎也。

[注释]

①吏胥：地方官府中掌管簿书案牍的小吏。②舆皂：古代十等人中两个低微等级的名称，用以泛称贱吏、仆役。

［译文］

官居上位的人，最怕气量小，见识粗俗。那样的话，连地方官府中贱吏、仆役都会讥笑他，所以选拔官吏时不能不谨慎。

［原文］

为政者立科条、发号令，宁宽些儿，只要真实行，永久行。若法极精密而督责不严、综核不至，总归虚弥，反增烦扰。此为政者之大戒也。

［译文］

执政者制定法律条规、发号施令时，宁可放宽一些，只要法令能认真、永久履行即可。如果法令太过严密，而监督不严、考核不到，那些法令终归还是一纸空文，这样做反而会增加烦扰。这是执政者的大戒。

［原文］

民情不可使不便，不可使甚便。不便则壅阏①而不通，甚者令之不行，必溃决而不可收拾；甚便则纵肆而不检，甚者法不能制，必放溢而不敢约束。故圣人同其好恶以体其必至之情，纳之礼法以防其不可长之渐，故能相安相习而不至于为乱。

［注释］

①壅阏：堵塞。

［译文］

对于民情，不能使之不便利，也不能太便利。不便利则上下堵塞，无法沟通，甚至法令都不能实行，必会导致崩溃而不可收拾；太便利则放肆而不检点，甚至法令都无法制约，必会导致泛滥而不敢约束。因此，圣人与百姓好恶相同，以此来体察百姓的不得已之情，并纳于礼法中，以防止不可滋长的东西逐步发展，这样便能上下安稳，相互适应，而不至于天下大乱。

［原文］

居官只一个快性，自家讨了多少便宜，左右省了多少

负累，百姓省了多少劳费。

[译文]

当官的如果性情爽快的话，自己能讨多少便宜，左右的人会减少多少负累，百姓能省多少辛苦和花费。

[原文]

自委质后，终日做底是朝廷官，执底是朝廷法，干底是朝廷事。荣辱在君，爱憎在人，进退在我。吾辈而今错处把官认作自家官，所以万事顾不得，只要保全这个在，扶持这个尊。此虽是第二等说话，然见得这个透，还算五分人。

[译文]

做官之后，终日做的是朝廷官，执行的是朝廷法令，干的是朝廷的事。自己是得到荣耀还是耻辱，权力掌握在君王手中；自己是受人爱戴还是被人憎恨，这在于别人；是否继续做官，这在于自己。可是现在，我们却把这个官当作自家的官，因此什么事都不顾，只要能保住这个官位，保住这种尊严就行。这里说的虽是第二等的话，然而能看透这点的，还算是五分人。

[原文]

铦(xiān)①矛而秫(shú)②梃(tǐng)③，金矢而秸弓④，虽有《周官》之法度而无奉行之人，典谟训诰⑤何益哉？

[注释]

①铦：锋利。②秫：泛指高粱。③梃：棍棒。④金矢而秸弓：金属的箭头却用秸秆为弓，比喻不相称。⑤典谟训诰：《尚书》中《尧典》《大禹谟》《伊训》《汤诰》等篇的合称，泛指重要的典章制度及文告。

[译文]

锋利的矛却用高粱秆做柄，金属的箭头却用秸秆做弓。就算有《周礼》那样严谨法度，但没有执行的人，这些典章制度又有什么用处呢？

[原文]

二帝三王功业原不难做，只是人不曾理会。譬之遥望万丈高峰，何等巍峨，他地步原自逶迤[1]，上面亦不陡峻，不信只小试一试便见得。

[注释]

①逶迤：蜿蜒曲折。

[译文]

二帝三王所建立的功业也不难做到，只是人们不好好去理解其中的道理罢了。好比遥望万丈高峰，看其何等巍峨险峻，其实只是登山的路比较蜿蜒曲折，山上面也没那么陡峻，不信的话，只需试一下就可看到了。

[原文]

洗漆以油，洗污以灰，洗油以腻，去小人以人小，此古今妙手也！昔人明此意者几[1]？故以君子去小人，正治之法也。正治是堂堂之阵，妙手是玄玄之机。玄玄之机，非圣人不能用也。

[注释]

①几：少。

[译文]

用油来洗掉漆，用草木灰来洗涤污垢，用粘腻的东西洗涤油垢，用小人除掉小人，这是古今高明之法啊！以前明白这个道理的人有几个？所以，只用君子除掉小人，这是正面治理的方法。正面治理需要堂堂对阵，而高明之法却很玄妙机巧。高明之法除非圣人，别人是做不到的。

[原文]

吏治不但错枉[1]，去慵懦无用之人，清仕路之最急者。长厚者误国蠹(dù)民[2]以相培植，奈何？

[注释]

①错枉：罢黜奸邪之人。错，通“措”，废弃、放弃。枉，弯曲，比喻

邪恶之人。②蠹民：危害人民。

[译文]

整顿官吏，不但要罢黜奸邪之人，还要除掉慵懒懦弱的无用之辈，这是清理仕途道路的当务之急。年长、宽厚的人却对这些人加以培植，而让他们祸国殃民，怎么办呢？

[原文]

余佐司寇日[①]，有罪人情极可恨，而法无以加者，司官曲拟重条，余不可。司官曰："非私恶也，以惩恶耳。"余曰："谓非私恶，诚然。谓非作恶，可乎？君以公恶轻重法，安知他日无以私恶轻重法者乎？刑部只有个'法'字，刑官只有个'执'字，君其慎之。"

[注释]

①余佐司寇日：吕坤于万历二十二年（1594）任刑部侍郎。

[译文]

我任刑部侍郎时，有一名罪犯，案情特别令人愤恨，但在定罪判刑时，却找不到法律根据加重处罚。负责此案的官员要曲意判他重刑，我不同意。那个官员说："我这样做不是我个人憎恨他，而是为了惩罚恶人呀。"我说："你说不是出于个人憎恨，可事实确实如此。但说曲意重判是对的，行吗？你因众人的憎恶而轻率加重刑罚，怎知日后不会因为个人的憎恶而随意轻判重罪之人呢？刑部只有一个'法'字，而刑官只能执行这个法，请您慎重考虑一下。"

[原文]

有圣人于此，与十人论争，圣人之论是矣，十人亦各是己论以相持，莫不能下。旁观者至，有是圣人者，有是十人者，莫之能定。必有一圣人至，方是圣人之论，而十人者、旁观者又未必以后至者为圣人，又未必是圣人之是圣人也。然则是非将安取决哉？《旻天》[①]诗人怨王惑于邪谋，不能断以从善。噫！彼王也未必不邪谋为正谋、为

先民之经、为大犹之程。当时在朝之臣又安知不谓大夫为邪谋、为迩言[2]也？是故执两端而用中，必圣人在天子之位，独断坚持；必圣人居父师之尊，诚格意乎。不然人各有口，人各有心，在下者多指乱视，在上者蓄疑败谋，孰得而禁之？孰得而定之？

［注释］

①《旻天》：指《诗经·小雅·小旻》篇。作者以讽刺的口吻揭露了君主被邪恶奸谋所迷惑，不能判断是非。《毛诗序》说：“《小旻》，大夫刺幽王也。”朱熹《诗集传》没明说讽刺何王，只说“大夫以王惑于邪谋，不能断以从善而作此诗”。②迩言：浅显之言。

［译文］

有一个圣人在此与十个人进行争论，圣人认为自己的理论是正确的，而那十个人也各自认为自己是正确的，相互争论不休，难分上下。来了几个旁观者，有的认为圣人正确，有的认为那十个人正确，难以评定谁是正确的。必须再来个圣人，才能肯定那个圣人是正确的，然而那十个人和旁观者，又未必认为后来的这个人就是圣人，又未必认为这个圣人说的对。正确与否到底如何判断呢？《诗经》中《小旻》就是诗人埋怨君王被邪恶奸谋所迷惑，不能判断是非的诗篇。唉！诗中所说的君王未必不用邪谋作正谋，而将其作为民众遵守的法则、作为治国的大法。又怎知当时朝廷的官吏不认为大夫的主张是邪谋、浅显之言呢？因此，处事要权衡两端而用中道，只有圣人居于天子之位才能做到独断坚持；只有圣人处在父师的尊位上才能做到用诚意去感动。否则人各有口，人各有心，在下位的人胡乱指责、妄加评论，居上位的人心存疑虑、气急败坏、一事无成，谁能禁止得了呢？谁来判定是非呢？

［原文］

易衰歇[1]而难奋发者，我也；易懒散而难振作者，众也；易坏乱而难整饬者，事也；易蛊敝[2]而难久常者，物也。此所以治日常少而乱日常多也。故为政要鼓舞不倦，纲常张，纪常理。

[注释]

①衰歇：衰落、止息。②蛊敝：事情积久形成的弊病，这里指物品久而易坏。

[译文]

容易衰歇而难以奋发图强的是自己；容易懒散而难以振作的是民众；容易变坏、混乱而难以整饬的是各种事情；容易腐坏而难以保存的是物品。这就是社会安定的日子少，而动乱的日子多的原因。所以，治理国家要鼓舞精神，孜孜不倦，经常要宣扬纲目法纪。

[原文]

滥准、株连、差拘、监禁、保押、淹久、解审、照提[1]、此八者，狱情之大忌也，仁人之所隐也。居官者慎之。

[注释]

①照提：随意提审。

[译文]

随意批准立案，随意株连他人，随意抓人，随意监禁别人，随意批准保押，随意延长囚禁时间，随意解押到别地去审理，随意提审，这八条是审理案件的大忌，是仁人应尽量避免的。当官者一定要慎重。

[原文]

养民之政，孟子云："老者衣帛食肉，黎民不饥不寒[1]。"韩子云："鳏(guān)寡孤独废疾者皆有养也[2]。"教民之道，孟子云："使契为司徒，教以人伦，父子有亲，君臣有义，夫妇有别，长幼有序，朋友有信。放勋曰：'劳之来之，匡之直之，辅之翼之，使自得之，又从而振德之。'[3]"《洪范》[4]曰："无偏无陂，遵王之义；无有作好，遵王之道；无有作恶，遵王之路；无偏无党，王道荡荡；无党无偏，王道平平；无反无侧，王道正直。会其有极，归其有极。"予每三复斯言，汗辄浃背；三叹斯语，泪便交颐[5]。嗟夫！

今之民非古之民乎？今之道非古之道乎？抑世变若江河，世道终不可反乎？抑古人绝德后人终不可及乎？吾耳目口鼻视古人有何缺欠？爵禄事势视古人有何靳啬[6]？俾六合景象若斯，辱此七尺之躯，靦(miǎn)面[7]万民之上矣。

［注释］

①“老者”二句：语出《孟子·梁惠王上》。②“鳏寡”句：语出韩愈《原道》。③“使契”等句：语出《孟子·滕文公上》。④《洪范》：《尚书》篇名。⑤交颐：犹满腮。⑥靳啬：吝啬。⑦靦面：面带愧色。

［译文］

对于养民之政，孟子主张：“使年老者能够穿帛吃肉，普通百姓不饥饿、不寒冷。”韩子主张：“使鳏寡孤独残疾生病的人，都能得到抚养。”对于教民之道，孟子说：“任契这样的贤人当司徒，教给人们行为的准则和人伦道理，使父子相亲，君臣有义，夫妇有别，长幼有序，朋友有信。尧说：‘慰劳他们，纠正他们，帮助他们，保护他们，使他们各得其所，从而进一步提高他们的道德。’”《洪范》一书中说：“不偏不邪，遵从王义；不要有私好，遵守王道；不要作恶，要遵守正道；不要偏心，不要结党，王的道路才会平坦；不要结党营私，不要偏心，王的道路才能平易；不要反叛，不要偏斜不正，王的道路才会又正又直。要结交忠臣，要归顺于明君。”每当我重复诵习这些话，总会汗流浃背；每感叹此语，总会泪流满面。唉！如今的民众与以前的民众不一样了吗？现在的道理难道也与以前不同了吗？还是世道的变迁犹如江河一样，令人向往的世道终究不可以再现呢？还是古人的绝妙德行，后人终究赶不上呢？我们的耳朵、眼睛、嘴巴、鼻子同古人相比，有什么欠缺吗？官职俸禄与古人相比，吝啬吗？天下竟然成了这个样子，有辱于堂堂七尺之躯，居万民之上应该为此深感内疚。

［原文］

智慧长于精神，精神生于喜悦，喜悦生于欢爱。故责人者，与其怒之也，不若教之；与其教之也，不若化之。从容宽大，谅其所不能而容其所不及，恕其所不知而体其所不欲。随事讲说，随时开谕[1]。彼乐接引之诚而喜于所好，感督责之宽而愧其不材，人非木石，无不长进。故曰：“敬敷五教，在宽[2]”，又曰：“无忿疾于顽[3]，”又曰：“匪

怒伊教④，”又曰“善诱人⑤。”今也不令而责之豫，不言而责之意，不明而责之喻，未及令人，先怀怒意，梃诟恣加，既罪矣而不详其故，是两相仇、两相苦也，智者之所笑而有量者⑥之所羞也。为人上者切宜戒之。

[注释]

①开谕：劝导。②“敬敷”句：语出《尚书·舜典》。敬敷，布施教化。五教，五常之教，即父义、母慈、兄友、弟恭、子孝五种伦理道德的教育。③“无忿”句：语出《尚书·君陈》。④“匪怒”句：语出《诗经·鲁颂·泮水》。伊，语气助词，无义。⑤“善诱”句：语出《论语·子罕》：“夫子循循然善诱人，博我以文，约我以礼，欲罢不能。”循循然，有次序的样子。诱，劝导、引导。⑥有量者：有度量的人。

[译文]

智慧长于精神，精神产生于喜悦，喜悦产生于欢爱。因此，责备别人的人，与其对别人发火，不如教导他；与其教导他，不如去感化他。对他要宽容，体谅他不能做到的，宽容他所达不到的，宽恕他所不知道的，而且体谅他所不想要的。随事讲说，随时劝导，对方对你的诚心相待感到高兴，就会喜欢你所喜爱的事。对方感觉到你对他要求比较宽厚，就会对自己不能成材而感到惭愧。人非草木石头，没有不希望自己长进的。所以《尚书》说：“努力宣传五常之教，在于宽厚。”又说：“不要憎恶那些愚顽不化的人。”又说：“教育别人时不要发怒。”又说：“善于引导别人。”现在的情形却是，还没有下命令就要求别人先要准备好，还没说话就要求别人先要会意，没有晓喻就要求人先要明白。命令还没有发出，就先怀有怒意，任意杖打辱骂，责罚完后又不说明其中的原因，这种做法使彼此都相互仇恨，双方都痛苦。智者会认为这样做的人很可笑，有度量者认为这样做的人应感到羞愧。居上位者，一定不要这样做。

[原文]

德立行成了，论不得人之贵贱、家之富贫、分之尊卑。自然上下格心①，大小象指，历山耕夫②，有甚威灵气焰？故曰：“默而成之，不言而信，存乎德行。”

[注释]

①格心：归正之心。②历山耕夫：指舜。《史记·五帝本纪》：“舜耕历

山，历山之人皆让畔。”

[译文]

道德品质修养好了，就无须谈论人出身的贵贱、家庭的贫富、身份的尊卑。自然上下都能做到正心，大人孩子都能像你的手指头一样听从使唤。舜原本只是历山一个种田的农夫，有什么威势气焰？所以《易经》说：“默默地干就能成功。不说话人们也信任他，主要在于他有高尚的道德品行”

[原文]

宽人之恶者，化人之恶者也；激人之过者，甚[①]人之过者也。

[注释]

①甚：厉害、严重。

[译文]

宽恕他人的罪恶，可以促使他改正恶行。对他人的错误采取激烈的态度，只会让他人更加犯错。

[原文]

五刑不如一耻[①]，百战不如一礼，万劝不如一悔。

[注释]

①一耻：一个“耻”字。即让人有羞辱心。

[译文]

设立五种刑罚，还不如一个“耻”字更能让人远离罪恶。进行一百次战争，还不如一个“礼”字更能带来和平。一万次的规劝，还不如别人自己一次的悔恨更有效。

[原文]

举大事，动众情，必协众心而后济。不能尽协者，须以诚意格之，恳言入之。如不格不入，须委曲以求济事。不然彼其气力智术足以撼众而败吾之谋，而吾又以直道行之，非所以成天下之务也。古之人神谋鬼谋，以卜以筮，岂真有惑于不可知哉？定众志[①]也，此济事之微权也。

［注释］

①定众志：使民心安定。

［译文］

做大事，鼓动民众的情绪，必须做到万众一心才能成功。如果没能使众心协调一致，就必须用诚意去打动他们，用恳切的语言劝说他们。如果还不行，就必须用婉转曲折的办法使事情成功。不然的话，他们的力气和智谋足以撼动民众来坏我的大事，而我却还是直行其道，不知变化，这样是办不成大事的。古时候的人神谋鬼算，算卦占卜，难道真有什么迷惑不可知的事情需要鬼神帮忙吗？只不过是为了安定民心罢了，这是为了使事情成功而用的小小权术。

［原文］

世间万物皆有所欲，其欲亦是天理人情。天下万世公共之心，每怜万物有多少不得其欲处。有余者盈溢于所欲之外而死，不足者奔走于所欲之内而死。二者均，俱生之道也。常思天地生许多人物，自足以养之，然而不得其欲者，正缘不均之故耳。此无天地不是处，宇宙内自有任其责者。是以圣王治天下不说均，就说平，其均平之术只是絜矩[1]，絜矩之方，只是个同好恶。

［注释］

①絜矩：象征道德上的规范。絜，度量。矩，画方形的用具，引申为法度。

［译文］

世间万物都有欲望，这种欲望也都是天理人情。天下人都有这样的心理，往往会怜悯万物有很多自己不能得到的欲望。欲望过分满足的，会因欲望已多过他所需要的而导致死亡，欲望得不到满足的，会为了要满足欲望到处奔走而劳累致死。如果两者能均衡一下的话，便可很好地生存。我常想，天地生有许多的人和物，自然有充足的物资供养他们，然而有许多不能满足的，正是因为不均的缘故。这里天地并没有不对的地方，宇宙间自然有承担责任的人。所以，圣明的君王治理天下，不是说均，就是说平，均平的方法就是要有法度，实行法度的方法就是把同老百姓一样的好恶推己及人。

[原文]

做官都是苦事，为官原是苦人，官职高一步，责任便大一步，忧勤便增一步。圣人胼(pián)手胝(zhī)足[①]，劳心焦思，惟天下之安而后乐，是乐者，乐其所苦者也。众人快欲适情，身尊家润，惟富贵之得而后乐，是乐者，乐其所乐者也。

[注释]

①胼手胝足：手脚生厚茧，胼和胝都指老茧。

[译文]

做官都是苦差事，当官的人原来是个辛苦的人，官职升高一级，责任就大一些，忧愁勤劳就多一些。圣人辛苦劳作，劳心费神，只有天下安定了他才会快乐。圣人是以苦为乐的人。众人快乐于纵欲和享受，身居尊位和家庭富有，只有得到富贵他才会快乐，众人是快乐于他们所享受的快乐。

[原文]

法有定，而持循之不易，则下之耳目心志习而上逸。无定，则上之指授口颊烦而下乱。

[译文]

法令有定制，在施行时不得随意改变，这样遵守的人就形成了习惯，而居上位的人也少了很多麻烦。如果法令无定制，那么，居上位的人就得频繁下达号令，不仅自己口舌烦乱，遵守的人也会感到混乱。

[原文]

世人作无益事常十九。论有益惟有暖衣、饱食、安居、利用四者而已。臣子事君亲，妇事夫，弟事兄，老慈幼，上惠下，不出乎此。《豳(bīn)风》一章[①]，万世生人之大法，看他举动，种种皆有益事。

[注释]

①《豳风》一章：指《诗经·豳风·七月》，讲述了西周时代豳地农民耕作的全过程。

[译文]

世人所做的事情，十有八九都是无益的事。说到有益的事，只有暖衣、饱食、安居、利用四方面而已。臣子侍奉君王和父母亲，妻子侍奉丈夫，弟弟侍奉兄长，老人爱护小孩，居上位者对居下位者恩惠，都是有益的事。《诗经·豳风》中说出了万世生养人的大法典，诗中所说的种种事情，都是有益的事。

[原文]

天下之事，要其终而后知。君子之用心、君子之建立，要其成而后见事功之济否。可奈庸人俗识，谗夫利口，君子才一施设辄生议论，或附会以诬其心，或造言以甚其过。是以志趣不坚、人言是恤者辄灰心丧气，竟不卒功。识见不真、人言是听者辄罢君子之所为，不使终事。呜呼！大可愤心矣。古之大建立者，或利于千万世而不利于一时，或利于千万人而不利于一人，或利于千万事而不利于一事。其有所费也似贪，其有所劳也似虐，其不避嫌也易以招摘取议。及其成功而心事如青天白日矣，奈之何铄金销骨①之口夺未竟之施，诬不白之心哉！呜呼！英雄豪杰冷眼天下之事，袖手天下之敝，付之长吁冷笑，任其腐溃决裂。而不之理，玩日愒（kài）月②，尸位素餐③而苟且目前以全躯保妻子者岂得已哉？盖惧此也。

[注释]

①铄金销骨：众口一词，虽金石也可熔化；多人毁谤，纵骨肉也遭毁灭。②玩日愒月：贪图安逸，荒废岁月。愒，荒废。③尸位素餐：居位食禄却不做事。语出班固《汉书·朱云传》："今朝廷大臣，上不能匡主，下亡以益民，皆尸位素餐。"

[译文]

天下的事情，要等到最后才会知道结果如何。君子的用心、君子名声的建立，要等到事情完成之后才能看出成功与否。无奈庸人的俗见，谗夫的利口，君子刚开始做事，他们就议论纷纷，或用附会的方法来诬蔑君子的用心，或用造谣的手段来夸大君子的过错。因此，意志不坚定、害怕这些议论的人随即就会灰心丧气，事情终究不会成功。识见不定的人，随意听信别人言语的人，听到这些议论后就会停止君子的作为，使事情无法善始善终。唉！实在令人生气。古时候建立的大功业，有的有利于千秋万世，却对当时不利；有的有利于千万人，却对一人不利；有的有利于千万件事，但对一件事不利。其花费了很多，好似有人从中贪污了；对待劳作的人很严格，好似是暴虐；做事不避嫌疑，也极易招惹他人的非难。等到成功时，心事就会像青天白日一样显现出来。怎奈那些庸人谗夫用铄金销骨的言语破坏了那未完成的大业，诬陷君子难以剖白的心啊！唉！这导致英雄豪杰只能冷眼看待天下的事，袖手旁观天下这样坏下去，付之以长叹冷笑，任凭天下腐溃决裂，而不予理睬，只知贪图安逸，荒废岁月，尸位素餐，而且只顾眼前利益，以此保全自己和妻儿，难道他们真心想这样做吗？大概是害怕那些庸人谗夫的谗言利口吧！大概就是担忧于此啊。

[原文]

变法者变时势不变道，变枝叶不变本。吾怪夫后之议法者偶有意见，妄逞聪明，不知前人立法千思万虑而后决。后人之所以新奇自喜，皆前人之所以熟思而弃者也。岂前人之见不及此哉！

[译文]

变法的人改变了时势，不改变道，改变枝叶，不改变树根。我奇怪于后世议论变法的人，偶尔有一些意见，就妄称自己聪明，却不知道前人立法是经过深思熟虑后才定下来的。后人认为新奇且自以为得意的想法，都是前人经过千思万虑后而抛弃的。怎么能说前人的见解还不如现在呢？

[原文]

鳏（guān）寡孤独、疲癃（lóng）残疾、颠连无告之失所者，惟冬为甚。故凡咏红炉锦帐[①]之欢、忘雪夜呻吟之苦者，皆不仁者也。

[注释]

①锦帐：锦制的帷帐，借指官职。

[译文]

鳏寡孤独、老弱病残、颠沛流离的人，到了冬天就更加难熬。所以，那些只知道吟咏富贵，享受升官发财的欢乐，忘记还有人在雪夜中痛苦呻吟的人，都是不仁的人。

[原文]

天下之财，生者一人，食者九人；兴者四人，害者六人。其冻馁而死者，生之人十九，食之人十一。其饱暖而乐者，害之人十九，兴之人十一。呜呼！可为伤心矣。三代之政行，宁有此哉！

[译文]

天下的财产，生产的只有一个人，吃用的却有九个人。振兴的有四个人，破坏的却有六个人。受冻挨饿而死的人，十分之九是生产者，十分之一是享用者。吃饱穿暖而享乐的人，十分之九是破坏者，十分之一是振兴者。唉！实在令人伤心啊！如果夏、商、周三代时的政令大行，会有这样的情况发生吗?

[原文]

居生杀予夺之柄，而中奸细之术以陷正人君子，是受雇之刺客也。伤我天道，殃我子孙，而为他人快意，愚亦甚矣。愚尝戏谓一友人曰：“能辱能荣，能杀能生，不当为人作荆卿。”友人谢曰：“此语可为当路①药石②。”

[注释]

①当路：这里指掌管政权者。②药石：药剂和砭石，泛指药物。

[译文]

握有生杀予夺的权柄，而中了奸细的阴谋陷害了君子的人，是受人雇佣的刺客。为了他人的快乐而伤天害理，祸及子孙，是很愚蠢的。我曾经跟一个朋友开玩笑说：“能辱能荣，能杀能生，不该像荆轲那样为他人充当刺客。”友人回答说：“这句话可以作为医治当政者的药方。”

[原文]

秦家得罪于万世，在变了井田[1]上。春秋以后井田已是十分病民了，但当复十一之旧，正九一之界，不当一变而为阡陌。后世厚取重敛，与秦自不相干。至于贫富不均，开天下奢靡之俗，生天下窃劫之盗，废比闾族党[2]之法，使后世十人九贫，死于饥寒者多有，则坏井田之祸也。三代井田之法，能使家给人足、俗俭伦明、盗息讼简，天下各得其所。只一复了井田，万事俱理。

[注释]

①井田：古代一种土地制度。以九百亩土地为一里，划为九块，八家共养中间的一百亩公田，每家都有一百亩私田。这种土地的划分使用方式，其形如“井”字，因此称井田。②比闾族党：周代户籍编制单位。据《周礼·地官·大司徒》载：“令五家为比，使之相保，五比为闾，使之相受。四闾为族，使之相葬；五族为党，使之相救。”

[译文]

秦朝之所以被万世责备，原因在于它改变了井田制。春秋以后，井田制已经对民众非常不利了，但应该恢复十分收一分的旧税收制度，保证九分是私田，一分是公田，而不该一下子就变为开阡陌废井田。后世的厚取苛敛与秦朝毫不相干。至于贫富不均，开创天下奢侈糜烂的风俗，滋生天下偷窃、抢劫的盗贼，废除比闾族党的做法，导致后世十人有九贫，死于饥饿者不断，则是破坏了井田制所造成的祸患。夏商周三代的井田制，能够使家家自给，人人充裕，俗俭伦明，盗贼被平息，诉讼减少，天下人各得其所。只要恢复了井田制，各种事情都会得到治理。

[原文]

赦何为者？以为冤邪，当罪不明之有司。以为不冤耶，当报无辜之死恨。圣王有大庆，虽枯骨罔[1]不蒙恩。今伤者伤矣，死者死矣，含愤郁郁莫不欲仇我者速罹于法以快吾心，而乃赦之，是何仁于有罪而不仁于无辜也。将残贼幸赦而屡逞，善良闻赦而伤心，非圣王之政也。故圣

王眚（shěng）[2]灾宥（yòu）[3]过不待庆时，其刑故也不论庆时，夫是之谓大公至正之道。而不以一时之喜滥恩，则法执而小人惧，小人惧则善良得其所。

[注释]

①罔：没有、无。②眚：通“省”，消减。③宥：饶恕、原谅。

[译文]

为何要赦免呢？因为冤枉的话，应当责罚昏庸的审案者。如果不冤的话，应当为无辜者报仇。君主有了喜庆的事，即使是地下的枯骨亡魂也都要受到恩惠。如今受伤的受伤，死的死，全都心怀悲愤，都想使伤害自己的人马上受到制裁，以使自己的心得到快慰，可是现在却赦免了那些罪人，这是对有罪的人何等仁义，对无辜者是何等不仁啊！如果让那些害人的盗贼侥幸赦免的愿望屡屡得逞，多次使善良人伤心，这不是圣王的政治。因此，圣王想要减轻因过失造成的灾祸，就不要等到有大庆的时候，在实施刑罚的时候也不要考虑是否是大庆的时候，这才称得上是大公无私、至正之道。不因一时的高兴就滥施恩惠，那么法令就会得到执行，小人就会惧怕，小人一旦有惧怕之心，善良人就能各得其所了。

[原文]

庙堂之上聚议者，其虚文也。当路者持不虚之成心，循不可废之故事，特借群在以示公耳。是以尊者嚅嗫[1]，卑者唯诺，移日而退。巧于逢迎者观其颐指意向而极口称道，他日骤得殊荣；激于公直者知其无益有害而奋色极言，他日中以奇祸。

[注释]

①嚅嗫：说话吞吞吐吐的样子。

[译文]

朝廷聚集官员来议论朝政，只是虚假的形式而已。当权者抱着并不虚假的诚心，遵循不可废除的旧例，大发议论，只不过是借用众人来表示公正而已。所以，位尊者欲言又止，位卑者唯唯诺诺，最后退席了事。善于奉承迎合的人看国君的眼色行事，国君喜欢的就赞不绝口，日后很快就可得到殊荣。为人正直的人知道阿谀奉承者说的话都是有害无益的，就痛陈利害，结果日后一定会遭到奇祸。

［原文］

近世士风大可哀已。英雄豪杰本欲为宇宙树立大纲常、大事业，今也，驱之俗套，绳以虚文，不俯首吞声以从，惟有引身而退耳。是以道德之士远引[1]高蹈[2]，功名之士以屈养伸。彼在上者倨傲成习，看下面人皆王顺[3]长息耳。

［注释］

①远引：远游。②高蹈：隐居。③王顺：往顺，顺服听从的样子。王，通“往”。

［译文］

近世读书人的风气真令人感到可悲。英雄豪杰本来想为天下树立榜样，干一番事业，但现在却被驱赶着干些俗事，应付那些虚套，如果他们不俯首听从，就只能隐身而退了。因此，道德高尚的人远离官场，过隐居的生活。贪图功名的人委曲求全，以求晋升。那些官居上位的人因此倨傲成性，把下面的人看成是可以任意摆布、不敢反抗的顺民。

［原文］

今四海九州之人，郡异风，乡殊俗，道德不一故也。故天下皆守先王之礼，事上接下，交际往来，揆[1]事宰物，率遵一个成法，尚安有诋笑者乎？故惟守礼可以笑人。

［注释］

①揆：管理、掌管。

［译文］

如今天下的人，郡与郡之间风俗不同，乡与乡之间习俗也有区别，这是道德不统一造成的。如果天下人都遵守先王的礼法，上下相接，交际往来，处理事情，都遵守一个既定之法，还会有人讥笑吗？所以，只有那些遵守礼法的人才可以笑话他人。

［原文］

凡名器[1]服饰，自天子而下庶人而上，各有一定等差，

不可僭(jiàn)逼。上太杀是谓逼下，下太隆是谓僭上，先王不裁抑②以逼下也，而下不敢僭。

[注释]

①名器：名号与车服仪制。封建社会用以区别尊卑贵贱的等级。②裁抑：削减、抑损。

[译文]

凡是名器、服饰，从天子到普通老百姓，都要有一定的等级差别，不可混淆。处于上位的人太降低等级，称为逼下；处于下位的人太超越等级，称为僭上。先王不随意削减、抑损官员的等级，而下面的人也不敢随便越上。

[原文]

礼与刑，二者常相资①也。礼先刑后，礼行则刑措②，刑行则礼衰。

[注释]

①相资：互相补充。②措：放弃、不施行。

[译文]

礼义和刑罚，这二者能够互相补充。先施行礼义，再施行刑罚。如果礼义行得通那么刑罚就可以不用了，先施行刑罚礼义就会衰落。

[原文]

官贵精不贵多，权贵一不贵分。大都①之内，法令不行，则官多权分之故也，故万事俱弛。

[注释]

①大都：大概。

[译文]

官员贵在精不贵在多，权力贵在统一不贵在分散。大概地说，法令无法施行，是因为官员太多、权力分散，导致万事废弛。

［原文］

名器于人无分毫之益，而国之存亡、民之死生于是乎系。是故衮冕①非暖于纶巾②，黄瓦③非坚于白屋④，别等威者非有利于身，受跪拜者非有益于己，然而圣王重之者，乱臣贼子非此无以防其渐而示之殊也。是故虽有大奸恶，而以区区之名分折之，莫不失辞丧气。吁！名器之义大矣哉！

［注释］

①衮冕：衮衣和冠冕，古代皇帝及士大夫的礼服和礼帽。②纶巾：古代用青丝带做的头巾。③黄瓦：屋顶用黄色琉璃瓦建成的房子，指代帝王的宫殿。④白屋：古代普通百姓的住屋，因无色彩装饰，故名。

［译文］

名器对个人来说毫无益处，但它却关系着国家的存亡、人民的生死。因此，帝王和士大夫的衣服、帽子并不比青丝带做的头巾暖，君王的宫殿也不一定比百姓的房子坚固，表示等级权威的东西并非对自己有利，接受他人的跪拜对自己也没什么好处，然而圣王却非常重视这些，因为没有这些就无法显示出君王的特殊地位，有此可防微杜渐，避免乱臣贼子的出现。因此，即使有大奸大恶的人，只要用一个小小的名分管束着，没有不气短言少的。吁！名器的意义，实在大啊！

［原文］

今之用人，只怕无去处，不知其病根在来处。今之理财，只怕无来处，不知其病根在去处。

［译文］

如今任用人员，只怕没有可以任用的地方，却不知病根在选取的地方。现在的理财，只怕财物没有来处，却不知道病根在于财物用在什么地方。

［原文］

用人之道，贵当其才。理财之道，贵去其蠹(dù)。人君以识深虑远者谋社稷，以老成持重者养国脉，以振励明作者起颓敝，以通时达变者调治化，以秉公持正者寄钧衡①，

以烛奸嫉邪者为按察，以厚下爱民者居守牧，以智深勇沉者典兵戎，以平恕明允者治刑狱，以廉静综核者掌会计，以惜耻养德者司教化，则用人当其才矣。宫妾无慢弃之帛，殿廷无金珠之玩，近侍绝贿赂之通，宠幸无不赀(zī)之赏②，臣工严贪墨之诛，迎送惩威福之滥，工商重淫巧之罚，众庶谨僭(jiàn)奢③之戒，游惰杜幸食之门，缁黄④示诳诱之罪，倡优⑤就耕织之业，则理财得其道矣。

［注释］

①钧衡：这里喻选拔和评定人才。钧，指衡量物体轻重。衡，指测量物体重量的器具。②不赀之赏：奖赏多的无法计算，即奖赏无度。赀，计算。③僭奢：过分奢侈。④缁黄：僧侣和道士。因僧侣穿缁服，道士戴黄冠，故称。⑤倡优：娼妓及优伶的合称。倡，指乐人。优，指伎人。

［译文］

用人的方法，贵在恰当运用他的才能。理财的办法，贵在杜绝浪费。君王任用深谋远虑的人来为国家出谋划策，用老成持重的人来培养国家的命脉，用振励实干的人来治理颓废和弊漏，用精通时务、善于变通的人来调节治化，用秉公正直的人来选拔评定人才，用疾恶如仇的人来巡按监察，用仁厚爱民的人来当地方官，用智深勇沉的人来掌握兵权，用公平宽恕、明白事理的人来掌管刑狱，用廉洁会算的人掌管财务，用品质优秀的人来掌管教化，这样就算做到人尽其才了。宫中妻妾没有丢弃的布帛，宫殿里没有金银珠宝等玩物，近身侍从拒绝受贿帮人打通门路，受宠爱的人没有得到过度的赏赐，百官贪财受贿会受到严惩，迎送官吏时，官吏滥逞威风会受到严惩，工匠商人制造贩卖淫巧之物会受到重罚，普通百姓若过分奢侈会受到严惩，游手好闲的人不劳而食要坚决杜绝，僧侣和道士若蛊惑人心会受到严惩，娼妓和优伶从事耕田织布之业，这样就能找到理财的办法了。

［原文］

古之官人也择而后用，故其考课也常恕。何也？不以小过弃所择也。今之官人也用而后择，却又以姑息行之，是无择也，是容保奸回也。岂不浑厚？哀哉万姓矣！

[译文]

古时候的官吏是先经过选拔而后才任用的，所以对官吏的考核比较宽松。为什么呢？不能因小过错就否定所选拔的人才。现在的官吏，是先被任用而后才加以选拔，但又用姑息迁就的态度来对待他们的过错，这就等于取消了选拔，宽容和保护了奸恶的人。这样做对官吏岂不太宽厚了吗？而百姓却太可悲了。

[原文]

世无全才久矣，用人者各因其长可也。夫目不能听，耳不能视，鼻不能食，口不能臭，势也。今之用人不审其才之所堪，资格所及，杂然授之。方司会计，辄理刑名；既典文铨（quán），又握兵柄。养之不得其道，用之不当其才，受之者但悦美秩而不自量。以此而求济事，岂不难哉？夫公绰①但宜为老而裨谌②不可谋邑，今之人才岂能倍蓰（xǐ）③古昔？愚以为学校养士，科目进人，便当如温公条议④，分为数科，使各学其才之所近，而质性英发能备众长者特设全才一科，及其授官，各任所长。夫资有所近，习有所通，施之政事，必有可观。盖古者以仕学为一事，今日分体用为两截。穷居草泽，止事词章，一入庙廊，方学政事。虽有明敏之才，英达之识，岂能观政数月便得每事尽善？不免卤莽施设，鹘突支吾。苟不大败，辄得迁升。以此用人，虽尧舜不治。夫古之明体也养适用之才，致君泽民之术固已熟于畎亩⑤之中，苟能用我者，执此以往耳。今之学校，可为流涕矣。

[注释]

①公绰：孟公绰，鲁国大夫，一个才能有限的人物，擅长做家臣。据《论语·宪问》载："孟公绰为赵魏老则优，不可以为滕薛大夫。"孔子说孟公绰做赵氏魏氏的家臣会很优秀。但却不可以做官。②裨谌：郑国大夫，

据《左传》襄公三十一年记载："裨谌能谋，谋于野则获，谋于邑则否。"意谓裨谌善于谋划，在郊野谋划就能获得成功，在城邑内谋划就会失败。③倍蓰：数倍。蓰，五倍。④温公条议：温公，司马光，北宋政治家、史学家，死后追封温国公。他在元祐元年（1086）主政后，提出"十科举士"建议："一曰行义纯固可为师表科，有官无官人皆可举；二曰节操方正可备献纳科，举有官人；三曰智勇过人可备将帅科，举文武有官人；四曰公正聪明可备监司科，举知州以上资序；五曰经术精通可备讲读科，有官无官人皆可举；六曰学问该博可备顾问科，同上；七曰文章典丽可备著述科，同上；八曰善听狱讼尽公得实科，举有官人；九曰善治财赋公私俱便科，举有官人；十曰练习法令能断请谳科，同上。"（《宋史·选举志六》）⑤畎亩：田间，引申为农民。

[译文]

世上好久都没出现全才了，任用人只要根据每人的特长就可以了。眼睛不能用来听，耳朵不能用来看，鼻子不能用来吃，嘴巴不能用来闻味，这是势所必然的。如今任用人，不考察他有何才能，资格有多老，就胡乱授以他官职。刚刚让他掌管会计事务，很快又让他掌管刑狱；既让他执掌文官铨选，又让他掌握兵权。不用适当的方法培养人才，又不根据其才能任用，而被授以官职的人只是喜欢高官厚禄而不衡量一下自己是否胜任。用这样的方式想把事情办好，岂不是太难了吗？孟公绰担任卿相之家的家臣非常适合，裨谌城邑内谋划就会失败，现在的人才，难道比古时的要强几倍吗？我认为学校培养人才，科举选拔人才，就应该像司马光建议的那样，分为若干科，使每人学习与自己的才能相接近的科目，而天资聪明又兼具多种特长的，可专门为他们设立全才科。等到授以他们官职时，各自依照他们的特长，每人资质均有长处，学习的东西又各有精通的一面，这些才能用在政事上，必然会有可观的成绩。古时候把做官和学习当成一回事，现在却把这两件事分开。没当上官时，只学习诗词文章，等到当了官，才开始学习政事。这样做，即使有聪明敏捷的才智，有英明的见识，也不可能从政几个月就把每件政事办好。因而免不了会有鲁莽行事，草率应付的时候。如果没犯什么大错误，还会得到升迁。用这种方式任用人，即使是尧、舜也无法把天下治理好。古时候以讲明治世之道来培养适用的人才，身为一介平民时就已经熟悉了报效君主，施恩泽于百姓的方法，只要自己能被任用，拿着这些方法前去赴任就可以了。现在的学校，真令人感到可悲！

[原文]

官之所居曰任，此意最可玩。不惟取责任负荷之义，

任者，任也。听其便宜信任而责成也。若牵制束缚，非任矣。

[译文]

让一个人做官叫作任用，其中的含义最值得研究。不仅含有承担责任的意思，还有听任、信任的意思。即听任你采取适当的方法去做，信任并责成你去完成。如果只是牵制束缚所任者，那就不叫任用了。

[原文]

厮隶①之言直彻之九重，台省②以之为臧否，部院③以之为进退，世道大可恨也。或讶之。愚曰：天子之用舍，托之吏部，吏部之贤不肖托之抚按，抚按之耳目托之两司，两司之心腹托之守令，守令之见闻托之皂快，皂快之采访托之他邑别郡之皂快。彼其以恩仇为是非，以谬妄为情实，以前令为后官，以旧愆为新过，以小失为大辜，密报密收，信如金石；愈伪愈详，获如至宝。谓夷、由污，谓跻④、跖⑤廉，往往有之。而抚按据以上闻，吏部据以黜陟。一吏之荣辱不足惜，而夺所爱以失民望，培所恨以滋民殃，好恶拂⑥人甚矣。

[注释]

①厮隶：指下层的仆役，如皂吏、捕快等。②台省：指政府的中央机构。③部院：六部和都察院。④跻：庄蹻，战国时楚国农民起义领袖。⑤跖：盗跖，春秋战国时的大盗。⑥拂：违背、背离。

[译文]

仆役的话能直达到朝廷，台省的主管大臣以这些话作为考核管理的依据，部院的主管大臣以此作为官吏进退的标准，这样的世道太令人遗恨了。有人惊讶于我的说法，我说，天子将任用、罢免官吏的大权交给了吏部，吏部把评定官吏是否贤能的权力交给了巡抚，巡抚又把考察官吏政绩的权力交给了布政司和按察司，两司又把想了解的事情委托给了郡守和县令，郡守和县令又命令皂吏和捕快打听消息，当地的皂吏和捕快又委托其他郡邑的皂吏和捕快代为打听。那些皂吏和捕快以自己的恩仇作为标准来评论是非，把错误的当作事实，把前任官吏的责任加到后任的身上，把过去的错误当作现在的错误，把小的错误说成是大错误，暗地里通风报信，暗地里收受贿赂，弄虚作假使人深信不疑，越是虚假的事情，他们编造得就越确切，听到的人如获珍宝。说伯夷、许由是品德低下的人，说庄蹻、盗跖是廉洁的人，这是常有的事。而巡抚就根据这个往上报，吏部则根据这个来决定官吏的升迁和罢免。一名官吏的荣辱并不足以令人惋惜，可是罢免了百姓爱戴的官吏而使百姓失望，培植百姓憎恨的官吏而使百姓遭殃，这就大大背离了百姓的好恶。

[原文]

居官有五要：休错问一件事，休屈打一个人，休妄费一分财，休轻劳一夫力，休苟取一文钱。

[译文]

做官有五个要点：不错问一件事，不屈打一个人，不浪费一分钱，不轻易使唤劳役，不随便贪占一分钱。

[原文]

吴越之战利用智，羌胡之战利用勇。智在相机，勇在养气。相机者务使鬼神不可知；养气者务使身家不肯顾，此百胜之道也。

[译文]

吴越两国之间的战争，利用的是智谋，羌胡两国之间的战争，利用的是勇敢。利用智谋，在于选择时机，利用勇敢，在于培养士气。选择时机，务必使鬼神都不可能知道；培养士气就务必使士兵连身家性命都不肯顾及，这就是百战百胜的方法。

[原文]

兵，以死使人者也，用众怒，用义怒，用恩怒。众怒，仇在万姓也，汤武之师是已。义怒，以直攻曲也，三军缟素是已。恩怒感激思奋也，李牧①犒三军，吴起②同甘苦是已。此三者，用人之心，可以死人之身，非是皆强驱

之也。猛虎在前，利兵在后，以死殴死，不战安之？然而取胜者幸也，败与溃者十九。

李牧

[注释]

①李牧：战国时期赵国的良将，曾每天宰杀数头牛犒赏将士。②吴起：战国时期卫国人，善于用兵。据《史记·孙子吴起列传》载，他在担任魏军统帅时，与士兵同吃同住，卧不设席，行不骑马。

[译文]

士兵是以生命为代价而受人役使的人，可以用众怒、义怒、恩怒来激发他们。众怒就是为百姓报仇，商汤、周武王的军队就是利用了众怒。义怒就是用正义攻打不义，三军身着白色丧服而战，利用的就是义怒。恩怒就是因感激而奋勇向前，李牧犒劳三军将士，吴起与士兵同甘共苦，利用的就是恩怒。这三种方法都能够打动士兵的心，从而可使士兵奋不顾身，否则都是迫使士兵上战场的做法。猛虎在前，精兵在后，用死战来驱走死亡，不战怎能安定？然而，取胜的人是侥幸的，而失败、溃逃的情况十有其九。

[原文]

寓兵于农[①]，三代圣王行之甚好。家家知耕，人人知战，无论即戎，亦可弭盗，且经数十百年不用兵。说用兵，才用农十分之一耳。何者？有不道之国则天子命曰：“某国不道，某方伯连帅讨之。”天下无与也，天下所以享兵农未分之利。春秋以后，诸侯日寻干戈，农胥变而为兵，舍穑不事则吾国贫，因粮于敌则他国贫。与其农胥[②]变而兵也，不如兵农分。

[注释]

①寓兵于农：指农民参与一定的军事训练，平时务农，战时参战。或指军队屯垦。②胥：都。

［译文］

寓兵于农的措施，夏、商、周时的圣君实行得非常好。家家都懂得耕种，人人都能打仗，不仅可以抵抗外族侵扰，也可以用来消除盗贼，并且能保证数百年都不用兵。就算用兵，也不过用农民的十分之一而已。为什么呢？若有诸侯国不愿服从天子的命令，天子就会下令说："某国不听从命令，某诸侯率兵去讨伐它。"天下人无须参与此事，这就是兵农合一的好处。春秋以后，诸侯间的混战不断，农民都变成了士兵，不再从事耕种，国家因此变得贫穷，从敌国那里抢夺粮食，别的国家也会变穷。与其使农民全都变成士兵，还不如把士兵和农民划分开来。

［原文］

凡战之道，贪生者死，忘死者生；狃（niǔ）①胜者败，耻败者胜。

［注释］

①狃：贪图。

［译文］

战场上的规律是，贪生怕死的人反而更容易死，不怕死的人反而容易活下来。贪求胜利的反而容易失败，以失败为耻辱的人更容易胜利。

［原文］

疏法胜于密心，宽令胜于严主。

［译文］

宽疏的法律胜过严密的监视，宽松的政令胜过严厉的君主。

［原文］

天下之事倡于作俑，而滥于助波鼓焰之徒，至于大坏极敝，非截然毅然者不能救。于是而犹曰循旧安常，无更张以拂人意，不知其可也。

［译文］

天下的事情，初由始作俑者所倡导，后因推波鼓焰的人而泛滥，等事情坏到极点的时候，只有果断刚毅的人才能挽救得了。在这个时候，还有人说要遵循旧法，遵守常规，不要乱做更改，以免违背众意，不知这样是否可行。

［原文］

在上者能使人忘其尊而亲之，可谓盛德也已。

［译文］

官居上位的人，能够使人忘记他处于尊贵的地位而亲近他，就可以称得上是有盛德的人了。

［原文］

因偶然之事，立不变之法，惩一夫之失，苦天下之人，法莫病于此矣。近日建白，往往而然。

［译文］

因某件偶然的事情就订立永久不变的法令，为了惩罚一个人的过错而使天下人全都受苦，这是法令的最大弊端。近日来有些人提出修改法令的建议，往往都是这样。

［原文］

礼繁则难行，卒成废阁之书；法繁则易犯，益甚决裂之罪。

［译文］

礼仪太过繁琐就难以实行，最后会变成一堆废纸而被束之高阁；法令太过繁琐就更容易违犯，只会导致更多的人犯罪。

［原文］

为尧舜之民者逸于尧舜之臣。唐、虞世界全靠四岳[1]、九官[2]、十二牧[3]，当时君民各享无为之业而已。臣劳之系于国家也，大哉！是故百官逸则君劳，而天下不得其所。

［注释］

①四岳：相传是羲和的四子，掌管四方诸侯。②九官：尧舜时期的九种官职，即伯禹作司空，弃为后稷，契作司徒，皋陶作士，垂为共工，益

作朕虞，夔为典乐，龙为纳言，伯夷为秩宗。③十二牧：十二州的长官。

[译文]

当尧、舜统治下的百姓，比当尧、舜的大臣安逸自在。尧舜时代，完全依靠的是四岳、九官和十二州牧这些官吏，当时的君王和百姓都是安享无为而治、安居乐业的生活家。大臣是否辛劳，对于国家的兴亡关系极大。所以，百官如果安逸，君王就会劳累，天下人也就无法各得其所。

[原文]

治世用端人正士，衰世用庸夫俗子，乱世用憸(xiān)夫①佞人。憸夫佞人盛，而英雄豪杰之士不伸。夫惟不伸也，而奋于一伸，遂至于亡天下。故明主在上必先平天下之情，将英雄豪杰服其心志，就我羁靮(dí)②，不蓄其奋而使之逞。

[注释]

①憸夫：小人。②羁靮：指马络头和缰绳。

[译文]

太平盛世用诚实正直的人，世道衰落用庸夫俗子，乱世时用奸邪小人。奸邪小人盛行，英雄豪杰就无法伸展抱负。因无法伸展抱负，他们就会郁闷，就会奋然伸展抱负，天下就会败亡。因此，圣明的君主当政，必定会使天下人的情绪平和，使英雄豪杰有用武之地，为我所用，不会让他们积蓄愤怒，以免他们奋然伸展抱负导致天下败亡。

[原文]

天下之民皆朝廷之民，皆天地之民，皆吾民。

[译文]

天下的百姓，都是朝廷的百姓，都是天地的百姓，都是我们的百姓。

[原文]

愈上则愈聋瞽(gǔ)①，其壅蔽②者众也；愈下则愈聪明，其见闻者真也。故论见闻，则君之知不如相，相之知不如监司，监司之知不如守令，守令之知不如民。论壅蔽，则守令蔽监司，监司蔽相，相蔽君。惜哉！愈下之真情不能

使愈上者闻之也。

[注释]

①瞽：瞎。②壅蔽：多指用非正当手段有意蒙蔽别人的视听，使人不明真相。

[译文]

地位越高的人，越容易听不着、看不见，因为蒙蔽他的人太多了。地位越低下的人，就越聪明，因为他所见所闻的全是真实的。因此，从见闻角度来说，君主不如大臣知道得多，大臣不如监司知道得多，监司不如郡守、县令知道得多，郡守、县令不如百姓知道得多。从蒙蔽的角度来说，郡守、县令蒙蔽监司，监司蒙蔽大臣，大臣蒙蔽君主。令人痛惜啊！越是下面的真实情况，越是不能使上面的人听到。

[原文]

周公是一部活《周礼》，世只有周公不必有《周礼》。使周公而生于今，宁一一用《周礼》哉！愚谓有周公虽无《周礼》可也；无周公虽无《周礼》可也。

[译文]

周公就是一部活的《周礼》，世上只要有了周公，就无须再有《周礼》了。如果周公生于现世，也无须一一沿用《周礼》啊！我认为有了周公，即使没有《周礼》也可以；没有周公，即使没有《周礼》也可以。

[原文]

民鲜耻可以观上之德，民鲜畏可以观上之威，更不须求之民。

[译文]

百姓不知羞耻，可以看出官居上位者的品德；百姓不知道害怕，可以看出官居上位者的威严，无须再去询问百姓了。

[原文]

民情甚不可郁也。防以郁水，一决则漂屋推山；炮以郁火，一发则碎石破木。桀、纣郁民情而汤、武通之，此

存亡之大机也。有天下者之所夙夜[1]孜孜者也。

[注释]

①夙夜：日夜。

[译文]

不可以让民情抑郁、堵塞不畅。用蓄水的方式来防止洪水，一旦决口，就会毁坏众多房屋；用大炮来防止战火，一旦发炮，便会粉碎石头，炸坏树木。夏桀、商纣使百姓情绪抑郁，而商汤、周武王却使百姓情绪通达，这是天下存亡的关键。拥有天下的人应该日日夜夜孜孜不倦地考虑这件事。

[原文]

天之生民非为君也，天之立君以为民也。奈何以我病百姓？夫为君之道无他，因天地自然之利而为民开导樽节之；因人生固有之性而为民倡率裁制之。足其同欲，去其同恶。凡以安定之使无失所，而后天立君之意终矣。岂其使一人肆于民上而剥天下以自奉哉？呜呼！尧舜其知此也夫。

[译文]

上天造就百姓，并不是为了君王。上天设立君王，却是为了百姓。怎能因为我是君王就使百姓受苦呢？君王应该遵守的原则没有别的，只在于顺应天地自然的规律，为百姓做有益的事，或疏导积弊或积蓄不足；只在于遵从人的本性，为百姓倡导善行裁制恶欲。满足百姓共有的愿望，去除百姓所厌恶的事物。使百姓能安居乐业，不流离失所，这样上天设立君王的意图就能够实现了。岂能让君王一个人居百姓之上恣意妄为，剥夺百姓以满足他自己享乐呢？唉！只有尧、舜才是明白这个道理的君王吧！

[原文]

三代之法，井田、学校，万世不可废。世官[1]、封建，废之已晚矣。此难与不思者道。

[注释]

①世官：指某官职由一族世代承袭。

[译文]

夏、商、周三代的法令，井田制和建立学校，这是万世都不可以废除的。官职世袭和分封诸侯，废弃得太晚了。这些很难与不思考的人说。

[原文]

圣王同民心而出治道，此成务者之要言也。夫民心之难同久矣。欲多而见鄙，圣王识度[①]岂能同之？噫！治道以治民也，治民而不同之，其何能从？即从，其何能久？禹之戒舜曰："罔咈（fú）[②]百姓以从己之欲。"夫舜之欲岂适己自便哉？以为民也，而曰"罔咈"。盘庚之迁殷也，再四[③]晓譬[④]；武王之伐纣也，三令五申，必如此而后事克有济。故曰："专欲难成，众怒难犯[⑤]。"我之欲未必非，彼之怒未必是。圣王求以济事，则知专之不胜众也，而不动声色以因之，明其是非以悟之，陈其利害以动之，待其心安而意顺也，然后行之。是谓以天下人成天下事，事不劳而底绩。虽然，亦有先发后闻者，亦有不谋而断者，亦有拟议已成，料度已审，疾雷迅电而民不得不然者。此特[⑥]十一耳、百一耳，不可为典则也。

[注释]

①识度：见识与器度。②咈：违逆。③再四：多次。④晓譬：晓喻、开导。⑤"专欲"句：语出《左传·襄公十年》："众怒难犯，专欲难成，合二难以安国，危之道也。"意谓单凭个人意愿，事情难以办成，群众的愤怒不可触犯。⑥特：只、仅。

[译文]

圣明的君王与百姓同心，才能够制定出治理天下的原则法规，这是完成治国大业的关键。可是君王难与百姓同心，由来已久。百姓的欲望多且见识粗浅；君王见多识广、气度非凡，怎能与百姓想法相同呢？唉！治国之道就是为了治理百姓，治理百姓又不与他们的想法相同，他们怎么会顺从呢？禹告诫舜说："不要违背百姓的意愿而迫使他们听从自己的想法。"

舜的想法岂是为了自己舒适方便？全是为了百姓啊，而禹仍旧告诫他不要违背百姓的意愿。盘庚迁都时，多次劝说动员百姓；武王伐纣时，三令五申，必须这样做才能治理好天下。因此《左传》上说："单凭个人意愿，事情难以办成，群众的愤怒不可触犯。"我的想法未必是错的，众人的责难也未必是对的。君王想要把天下治理好，就应该知道独断专行是战胜不了百姓的，应该和颜悦色地顺着百姓，讲明是非道理后让他们自己省悟，用陈说利害关系来打动他们，等到他们心悦诚服了，然后再推行自己的想法。这就是叫利用天下百姓来完成天下大事，不用劳神费心就可长治久安。虽然这样说，但也有先采取行动之后才说服百姓的，也有不事先谋划就断然行事的，也有自己早已制定好计划，充分估计了形势，以迅雷不及掩耳的速度办完了事情，百姓不得不接受的情况，这些仅仅是十分之一、百分之一罢了，是不能成为效法的典范的。

[原文]

人君有欲，前后左右之幸也。君欲一，彼欲百，致天下乱亡。则一欲者受祸，而百欲者转事[①]他人矣。此古今之明鉴，而有天下者之所当悟也。

[注释]

①事：服侍。

[译文]

君王有了什么欲望，周围的人都认为这是件好事。君王想到一个东西，他们却想要一百个东西，这就会导致天下混乱、败亡。结果是想要一个东西的君王遭灾受难，而想要一百个东西的人又转而侍奉他人去了。这是古今的最明显的鉴戒，拥有天下的人应该了悟这一点。

[原文]

"平"之一字极有意味，所以至治之世只说个天下平。或言："水无高下，一经流注无不得平。"曰："此是一味平了。世间千种人，万般物，百样事，各有分量，容有差等，只各安其位而无一毫拂戾[①]不安之意，这便是太平。如君说则是等尊卑贵贱小大而齐之矣，不平莫大乎是。"

[注释]

①拂戾：违背。

[译文]

“平”这个字意味深长，所以治理得好的朝代只说天下平。有人说：“流水无论是从高处还是低处流出来的，一流出来注入某个地方没有不平的。”我说：“这只是一种盲目的平。天下有千种人、万种物、百样事，体积、容积各不同，各自在自己应有的位置上活动而没有一毫违背不安的意思，这就是太平。而你所说的平是把尊、卑、贵、贱、大、小都拉齐了，没有比这更不平的了。”

[原文]

国家之取士以言也，固将曰：“言如是行必如是也。”及他日效用，举背之矣。今闾阎①小民立片纸，凭一人，终其身执所书而责之不敢二，何也？我之所言，昭然在纸笔间也，人已据之矣。吁！执卷上数千言，凭满闱②之士大夫，且播之天下，视小民片纸何如？奈之何吾资之以进身，人君资之以进人，而自处于小民之下也哉？噫！无怪也。彼固以空言求之，而终身不复责券③也。

[注释]

①闾阎：代指乡里。中国古代以二十五家为闾，阎指里巷的门。②闱：考场。③责券：求取凭据。

[译文]

国家选拔人才是根据他的文章，原以为他在文章这样说，也一定会这样做。等任用他之后，做的全都和他说的相反。现在乡里的百姓，立下一纸文书，一生都会按照纸上所写的去做，不敢违背，为什么呢？自己说的话，已经明白地写在纸上了，别人已经有了凭据。唉！试卷上有数千字，凭借满考场的士大夫之口已传遍天下，这与百姓立下的那一纸文书相比孰轻孰重？他凭借千言文章当了官，君王借此选拔人才，为何他还不如一个普通百姓？唉！也不奇怪。他本来就是以空话求得了官职，当然一辈子都不会去求取自己曾写下的凭据了。

[原文]

漆器之谏[1]，非为舜忧也，忧天下后世极欲之君自此而开其萌也。天下之势，无必有，有必文，文必靡丽[2]，靡丽必亡。漆器之谏，慎其有也。

[注释]

①漆器之谏：据《韩非子·十过》载："尧禅天下，虞舜受之，作为食器，斩山木而财之，削锯修其迹，流漆墨其上，输之于宫以为食器。诸侯以为益侈，国之不服者十三。"诸侯劝谏舜不要用漆器作为食器。②靡丽：奢华、奢靡。

[译文]

舜用漆器作为食器，诸侯认为奢侈，于是进行劝谏，这并不是替舜担心，而是担忧天下后世的君王从此开始穷奢极欲。天下的形势是之前没有的东西，但会出现，有了就必然要文饰，文饰必然会导致奢华，过分奢华必然会使国家灭亡。劝谏舜不要用漆器，就是为了让人们在开始拥有时就要慎重。

[原文]

矩之不可以不直方也，是万物之所以曲直斜正也。是故矩无言而万物则之，无毫发违，直方故也。哀哉！为政之徒言也。

[译文]

规矩不可以不直不方，它是万物赖以保持曲直邪正的东西。因此，规矩虽不说话，而万物以它为准绳不会有丝毫的背离，这都是因为它直方的原因。唉！当权者处理政事时没有什么规矩，只是说些空话！

[原文]

暑之将退也，先燠(yù)[1]。天之将旦也，先晦。投丸于壁，疾则内射，物极则反，不极则不反也。故愚者惟乐其极，智者先惧其反。然则否[2]不害于极，泰[3]极其可惧乎！

[注释]

①燠：热。②否：《周易》中的卦名，表示不顺利。③泰：《周易》中的卦名，表示顺利。

[译文]

夏天快要过去时会先酷热一些日子；天快亮时会先暗一会儿；向墙上投掷弹丸时，速度太快的话会弹回来，物极必反，如果事物没发展到极端，就不会向相反方向发展。所以说愚蠢的人只知道高兴，而聪明的人则先考虑的是乐极生悲。然而否卦到了极点没什么可怕的，泰卦到了极点就太可怕了！

[原文]

余每食，虽无肉味，而蔬食菜羹尝足。因叹曰："嗟夫！使天下皆如此而后盗可诛也。枵（xiāo）腹[1]菜色，盗亦死，不盗亦死。夫守廉而俟死，此士君子之所难也。奈何以不能士君子之行而遂诛之乎？此富民为王道之首务也。"

[注释]

①枵腹：空腹、饥饿。

[译文]

我每次吃饭的时候，虽然没有肉，但简单的粗茶淡饭还是能吃饱的。因此感叹说："唉！假使天下的百姓都像我这样，盗贼就可以消除了。忍饥挨饿，面带菜色，当盗贼会死，不当也会死。为了守住廉洁而甘愿等死，就连君子也难以做到这点，怎么能用君子都难做到的事来要求百姓呢？所以说，实行王道首先要使百姓生活富足。"

[原文]

穷寇[1]不可追也，遁辞[2]不可攻也，贫民不可威也。

[注释]

①穷寇：走投无路的贼寇。②遁辞：指理屈词穷或是不愿说出实情时，用来搪塞的话。

[译文]

不能追击走投无路的贼寇，不能指责别人搪塞的言辞，不能威胁贫困的百姓。

[原文]

无事时埋藏着许多小人，多事时识破了许多君子。

[译文]

天下没事的时候暗地里藏着很多小人，天下多事的时候见识了很多君子。

[原文]

法者，御世宰物之神器，人君本天理人情而定之，人君不得与；人臣为天下万世守之，人臣不得与。譬之执圭捧节①，奉持惟谨而已。非我物也，我何敢私？今也不然，人藉之以济私，请托公行；我藉②之以市恩，听从如响。而辩言乱政之徒又借曰长厚、曰慈仁、曰报德、曰崇尊。夫长厚慈仁当施于法之所不犯，报德崇尊当求诸己之所得为，奈何以朝廷公法徇人情、伸己私哉？此大公之贼也。

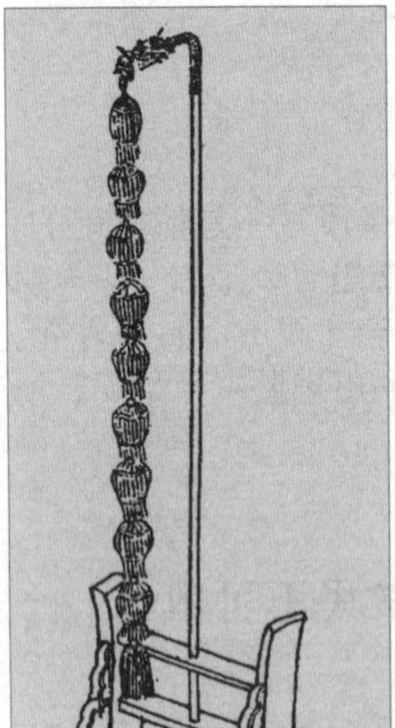

节

[注释]

①圭、节：圭，国君、诸侯在重大仪式上所用的玉制礼器。节，出使的信物。②藉：同“借”。

[译文]

法令是治理国家、主宰万物的神器，是国君根据天理人情制定的，国君不能干预；大臣为了天下万世而执行它，大臣也不能干预。好比是手执圭板和捧着出使的信节一样，只能谨慎奉持罢了。不是我的东西，我怎敢据为己有？现在可不这样，有人靠法令来济私，请托之风盛行；凭借法令来向别人显示自己的恩德，使别人听从自己。用花言巧语扰乱政务的人，又借口说这是为了宽厚、为了仁慈、为了报德、为了崇尊。宽厚和仁慈，应当给予那些没犯法的人，报德和崇尊，应该是自己本身的行为，怎能用国家的法令来徇私情、报私恩呢？这是危害公众的做法。

［原文］

治世之大臣不避嫌，治世之小臣无横议。

［译文］

天下盛世时，大臣不避嫌疑，小臣不乱议论。

［原文］

姑息之祸甚于威严，此不可与长厚者道。

［译文］

姑息纵容造成的祸害远远比严加管束造成的祸害严重，这点不能与年长、仁厚之人说。

［原文］

卑卑世态，袅袅人情，在下者工不以道之悦，在上者悦不以道之工。奔走揖拜之日多，而公务填委①；简书酬酢②之文盛，而民事罔闻。时光只有此时光，精神只有此精神，所专在此，则所疏在彼。朝廷设官本劳己以安民，今也扰民以相奉矣。

［注释］

①填委：堆积。②酬酢：主客相互敬酒，主敬客称为酬，客还敬称为酢。泛指交际应酬。

［译文］

世风日下，人情渐薄，居下位的人以非正当的手段取悦居上位的人，而居上位的人确实很喜欢那些不正当的谄媚。他们相互宴请拜访的日子多了，公务全都耽搁了；相互间应酬邀请的书信繁多，对民众的事置若罔闻。时光仅有这么多，一个人的精力也只有这么多，专注于这件事，就会疏忽其他的事情。朝廷设置官员，原本是让他们费心来使百姓安居乐业，如今则是扰乱民众来奉养他们。

［原文］

天下存亡系人君喜好。鹤乘轩①，何损于民？且足以

亡国，而况大于此者乎？

［注释］

①鹤乘轩：据《左传·闵公二年》载，卫懿公喜欢养鹤，出行时让鹤乘坐士大夫的车。后来北狄骑兵攻打卫国，卫国人说道：“让大王派鹤去打仗吧！它们都享受士大夫的俸禄，而我们都快饿死了，哪有力气打仗？”最终卫国灭亡。

［译文］

君王的喜好关系着国家的存亡。卫懿公喜欢鹤，让鹤乘坐士大夫的车，对百姓有什么损害呢？但这就足以使国家灭亡了，更何况比这更严重的事呢？

［原文］

动大众，齐万民，要主之以慈爱，而行之以威严。故曰：“威克厥爱[1]”，又曰：“一怒而安天下之民[2]”。若姑息宽缓，煦煦沾沾，便是妇人之仁[3]，一些事济不得。

［注释］

①威克厥爱：语出《尚书》：“威克厥爱，允济；爱克厥威，允罔功。”意谓威严胜过溺爱，肯定能成功；溺爱胜过威严，肯定不会成功。②一怒而安天下之民：语出《孟子·梁惠王下》：“《诗》云：‘王赫斯怒，爰整其旅，以遏徂莒，以笃周祜，以对于天下。’此文王之勇也。文王一怒而安天下之民。”③妇人之仁：指处事姑息优柔，不识大体。

［译文］

役使大众，使万民齐心，在对待他们的态度上要以慈爱为本，实行时却要威严，因此说“威严胜过溺爱，肯定能成功”，又说“一怒而使天下百姓安定”。如果一味地姑息宽容，胆小怕事，就是妇人之仁，有些事是办不成的。

［原文］

为政以徇私、弭谤、违道、干誉为第一耻，为人上者自有应行道理，合则行，不合则去。若委曲迁就，计利虑害，不如奉身而退。孟子谓枉尺直寻[1]，不可推起来。虽

枉一寸，直千尺，恐亦未可也。或曰：处君亲之际，恐有当枉处。曰：当枉则不得谓之枉矣，是谓权以行经，毕竟是直道而行。

［注释］

①枉尺直寻：语出《孟子·滕文公下》："枉尺而直寻，宜若可为也。"寻，古量名，八尺。意谓弯曲的只有一尺，而伸直的却有一寻。比喻在小处受点儿委屈，以求取较大的好处。

［译文］

处理政务，把徇私枉法，听信诽谤，违背原则，追求个人美誉作为第一等耻辱的事。居上位者自己有应该怎么做的尺度，合乎尺度就做，不合乎就不做。如果委曲迁就恶者，计算私利的得失，还不如全身而退。孟子说不能把屈一尺伸八尺作为原则推行开来，虽然只弯一尺而千尺都是直的，恐怕也不可行。有人说：在处理君王和父母的事时，难免有应当屈就的地方。回答说：应该屈就时，就不能算是枉法，这就是所谓的权宜之计，毕竟还是按理执行的。

［原文］

"与其杀不辜，宁失不经[①]"，此舜时狱也。以舜之圣，皋陶之明，听比屋可封[②]之民，当淳朴未散之世，宜无不得其情者，何疑而有不经之失哉？则知五听之法[③]不足以尽民，而疑狱难决自古有之，故圣人宁不明也而不忍不仁。今之决狱辄耻不明而以臆度[④]之见、偏主之失杀人，大可恨也。夫天道好生，鬼神有知，奈何为此？故宁错生了人，休错杀了人。错生则生者尚有悔过之时，错杀则我亦有杀人之罪。司刑者慎之。

［注释］

①"与其"二句：语出《尚书·大禹谟》，意谓在办理疑难案件时，宁可不依常法，也不能枉杀无辜。不经，不合乎常法。②比屋可封：《汉书·王莽传上》："明圣之世，国多贤人，故唐虞之时，可比屋而封。"形容

教育感化的成就之大，每家都有很高的德行，人人可以旌表。可受封爵的德行。③五听之法：官吏审案时观察当事人心理活动的五种方法，始于西周，即辞听、色听、气听、耳听、目听。④臆度：主观推测。

[译文]

“宁可不依常法，也不能枉杀无辜”，这是舜时治狱的原则。以舜的圣明，皋陶的明察，面对的是家家有德行、人人可旌表的百姓，处在民风尚很淳朴的时代，应当没有蒙受冤屈的人，为何还怀疑有时需做不依常法的事呢？由此可知，从言语、容色、口气、耳、眼五个方面来断案是不够的，自古以来疑狱就难以决断，所以圣贤的人宁愿存疑也不忍冤枉好人。现在断案的人怕人说他不能明察，就凭自己主观猜测枉杀人，实在太可恨了。上天有好生之德，鬼神也是有知的，为什么这样做？因此，宁可判错了让该死的人活着，也不要枉杀无辜者。该死的人活了下来，他也许会有悔悟的时候，而错杀了无辜者，那么自己也因此犯罪了。掌管刑狱的人要谨慎。

[原文]

大纛(dào)高牙[1]，鸣金奏管，飞旌卷益，清道唱驺(zōu)[2]，舆中之人志骄意得矣。苍生之疾苦几何？职业之修废几何？使无愧于心焉，即匹马单车，如听钧天之乐。不然是益厚吾过也。妇人孺子岂不惊炫，恐有道者笑之。故君子之车服仪从足以辨等威而已，所汲汲者固自有在也。

纛

[注释]

①大纛高牙：此处指居高位者的仪仗队。纛，古代军队里的大旗。高牙，大将的牙旗。②唱驺：古时显贵出行，随从的骑卒在前面传呼开道，令百姓回避。

[译文]

居高位者出行时，仪仗队的大旗高悬，鼓乐震天，旌旗飘舞，高声喊叫，命令行人回避，坐在车里的人志得意满。但百姓的疾苦他又了解多少呢？自己的分内之事又做了多少呢？如果对这些能问心无愧的话，即使是单车匹马出行，也如听震天的鼓乐。否则，只能使自己的罪行增多罢了。妇女、小孩可能会惊讶羡慕，但这些耀武扬威的做法只会引来君子的讥笑。因此，当官的车马服饰只要能把自己的身份表示出来即可。当官者应该有汲汲求取的东西，但不是这些。

［原文］

徇情而不废法，执法而不病情，居官之妙悟也。圣人未尝不履正奉公，至其接人处事大段圆融浑厚，是以法纪不失而人亦不怨。何者？无躁急之心而不狃（niǔ）①一切之术也。

［注释］

①狃：拘泥、因袭。

［译文］

徇私情但不违背法令，执行法令而不违背人情，这是当官的应懂得的道理。圣人未尝不尊法奉公，但在待人处事上，又大都圆滑灵活，因此不违背法纪而人们也没有怨言。这是为什么呢？因为圣人处事不急不躁，又不拘泥于一种方法。

［原文］

“宽简”二字，为政之大体。不宽则威令严，不简则科条密。以至严之法绳至密之事，是谓烦苛暴虐之政也。困己扰民，明王戒之。

［译文］

宽和简这两个字是处理政事的纲要。不宽就会使法令太过严苛，不简则科律条文就会太繁多。用过于严苛的法令来管理极其繁细的事情，这就是所谓的暴虐苛政。这样做会使自己困顿，百姓烦恼，贤明的君王要以此为戒。

［原文］

世上没个好做底官，虽抱关之吏①，也须夜行早起，方为称职。才说做官好，便不是做官的人。

[注释]

①抱关之吏：看守城门的小吏。

[译文]

世上没有容易做的官，即便是个看守城门的小吏，也需起早摸黑才算称职。只要说做官好，就是做不了好官的人。

[原文]

罪不当笞，一朴[1]便不是；罪不当怒，一叱便不是。为人上者慎之。

[注释]

①朴：通“扑”，击、打。

[译文]

所犯的罪过不应当受到鞭打的惩罚，打他一下就是不对；所犯的罪过不应当受到怒斥，呵斥他一声就是不对。因此，做官之人，要谨慎、小心。

[原文]

君子之事君也，道则直身而行，礼则鞠躬而尽，诚则开心而献，祸福荣辱则顺命而受。

[译文]

君子侍奉国君时应遵循的原则是，在法纪上要秉公行事，遵守礼节，尽职尽责，坦诚地说出自己的意见。至于祸福荣辱，则要顺应天命。

[原文]

弊端最不可开，弊风[1]最不可成。禁弊端于未开之先易，挽弊风于既成之后难。识弊端而绝之，非知者不能；疾弊风而挽之，非勇者不能。圣王在上，诛开弊端者以徇天下，则弊风自革矣。

[注释]

①弊风：泛指不良的习尚。

［译文］

弊端最好不要开头，弊风也最好不要形成。在弊端没有开头之前，是很容易被禁止的，在弊风已形成的情况下再改变它是很难的。能够看清是弊端而要禁止它，只有智者才能够做到；厌恶弊风而要改变它，只有勇者才能做到。圣贤的君王当政，把开弊端的人杀死以警示天下百姓，那么弊风自然就改变了。

［原文］

避其来锐[①]，击其惰归，此之谓大智。大智者不敢常在我。击其来锐，避其惰归，此之谓神武。神武者心服常在人。大智者可以常战，神武者无侯再战。

［注释］

①避其来锐，击其惰归：语出《孙子兵法》：“朝气锐，昼气惰，暮气归。故善用兵者，避其锐气，击其惰归。”意谓军队初战时，士气较盛，之后逐渐怠惰。善于用兵的人，总会避开敌人的锐气，等敌人松懈疲惫了再去攻击它。

［译文］

避开敌人的锐气，等敌人松懈疲惫时发动攻击，这叫作大智。这种大智的人常怀有不敢进攻的情绪。攻击敌人的锋芒，等到敌人疲惫时就躲开，这叫作神武。神武常会使敌人心悦诚服。采用大智的战术需要不断地战斗，而采用神武的战术就无须再战了。

［原文］

御众之道，赏罚其小者。赏罚小，则大者劝惩。甚者、赏罚甚者费省而人不惊。明者，人所共知。公者，不以己私。如是，虽百万人可为一将用，不然必劳、必费、必不行，徒多赏罚耳。

［译文］

统治百姓的方法是赏罚那些小的功劳和小的过错，这样人们就会勇立大的功劳，力戒大的过错。要奖赏功劳特别突出的，惩罚过错特别恶劣的，这样奖赏再多，惩罚再重，人们都不惊讶了。赏罚要明令宣布，使百姓都

知道。赏罚要出自公心，不以个人的意愿为标准。照此法，即使有百万民众，一个大将就能管理好。否则，必然会费力劳神而且事情还不能成功，只是徒增一些赏罚措施而已。

[原文]

为政要使百姓大家相安，其大利害当兴革者不过什一①。外此只宜行所无事，不可有意立名建功以求烜（xuǎn）赫②之誉。故君子之建白，以无智名勇功为第一。至于雷厉风行，未尝不用，譬之天道然，以冲和镇静为常，疾风迅雷间用之而已。

[注释]

①什一：十分之一。②烜赫：显赫。

[译文]

处理政事要做到百姓都能安居乐业，其中只有十分之一的事情涉及百姓大的利害关系而需变革。除此之外，只需按照常规办事，不要刻意去建立功业来赢取赫赫声誉。因此，君子在有所建树时，以不显露自己的才智名誉，不显示自己的勇气功劳为第一。君子有时做事也会果断打破常规，雷厉风行，这好比自然规律，通常平静缓和，偶尔也会有狂风雷电罢了。

[原文]

罚人不尽数其罪，则有余惧；赏人不尽数其功，则有余望。

[译文]

惩罚人时不要把他的罪行全都说出来，使他心中还会怀有一些恐惧。奖赏人时不要把他的功绩全都说出来，使他心中怀有再次得到奖赏的希望。

[原文]

匹夫有不可夺之志，虽天子亦无可奈何。天子但能令人死，有视死如饴者，而天子之权穷矣。然而竟令之死，是天子自取过也。不若容而遂之以成盛德。是以圣人体群

情，不敢夺人之志，以伤天下之心，以成己之恶。

［译文］

一个平民百姓如果怀有无法改变的志向，即使是天子也没有办法。天子虽然有杀众生的权力，但是在视死如归的人那里他的权力毫无用处。这样的人还要被处死的话，就是天子的错了。不如宽恕他，从而成就了自己的盛德。因此圣人能体察民情，不敢剥夺民众的志向，以免伤害天下人的心，从而毁坏自己的名声。

［原文］

临民要庄谨，即近习门吏起居常侍之间，不可示之以可慢。

［译文］

面对着管辖的百姓，态度要庄重谨慎，即使是对亲信、门生故吏或常在身边侍奉的人，也不可表现出让他们可以怠慢的地方。

［原文］

圣王之道以简为先，其繁者，其简之所不能者也。故惟简可以清心，惟简可以率人，惟简可以省人己之过，惟简可以培寿命之原，惟简可以养天下之财，惟简可以不耗天地之气。

［译文］

圣人处世的方法，首先就是简便。做烦琐的事情，只是因为实在不能简便而已。只有简可使人清心，只有简可统率别人，只有简可以减少自己和他人的过失，只有简才可使寿命延长，只有简才可以增加天下的财富，只有简才不消耗天地间的元气。

［原文］

圣人不以天下易一人之命，后世乃以天下之命易一身之尊，悲夫！吾不知得天下将以何为也。

［译文］

圣人不用社稷命运来换取个人的生命，可是后世的君王却用社稷命运来谋取个人的名望，可悲啊！我不知道他拥有天下到底是为了什么！

［原文］

圣君贤相在位，不必将在朝小人一网尽去之，只去元恶大奸，每种芟(shān)其甚者一二，示吾意向之所在。彼群小众邪与中人之可善可恶者莫不回心向道，以逃吾之所去。旧恶掩覆不暇，新善积累不及，而何敢怙(hù)终①以自溺邪？故举皋陶，不仁者远；去四凶②，不仁者亦远。

［注释］

①怙终：持奸恶而终不悔改。②四凶：指古代四大凶兽，相传这些凶兽是三苗、驩兜、共工与鲧的化身。

［译文］

圣君贤相当政时，不必把朝中的小人一网打尽，只需除掉元恶大奸，除掉每种类型小人中最坏的一两个人即可，以表示圣君的意向所在。从而使小人们以及中间人中可向善向恶的人全部回心向善，来避免被除掉的命运的。这时这些人还来不及掩盖自己的罪行，善行还未积累多少，哪还敢继续作恶而使自己走向灭亡呢？因此重用了皋陶，奸恶的人就离开了；除掉了四凶，奸恶的人也会离开。

［原文］

有一种人，以姑息匪人①市宽厚名；有一种人，以毛举细故市精明名，皆偏也。圣人之宽厚不使人有所恃，圣人之精明不使人无所容，敦大中自有分晓。

［注释］

①匪人：行为不端正的人。

［译文］

有一种人为了取得宽容厚德的名声从而姑息了行为不正的人；有一种人为了取得精细的声誉而注意那些细枝末节的事情，这两种人的做法都很偏颇。圣人的宽厚，不让人依仗着去做不该做的事。圣人的精细，不使人感到无所适从，在大度中自然透露着精细的智慧。

韩非

［原文］

申、韩[1]亦王道之一体，圣人何尝废刑名不综核？四凶之诛，舜之申、韩也；少正卯之诛[2]，侏儒之斩[3]，三都之堕[4]，孔子之申、韩也。即雷霆霜雪，天亦何尝不申、韩哉？故慈父有梃诟[5]，爱肉有针石。

［注释］

①申、韩：申指申不害，韩指韩非，二者皆主张以法治国，法家代表人物。②少正卯之诛：据《史记·孔子世家》载，孔子曾担任鲁国的大司寇，负责司法，他上任之初诛杀了乱政大夫少正卯。③侏儒之斩：据《史记·孔子世家》载，齐景公与鲁定公在夹谷会盟，齐景公让侏儒表演取乐。孔子上前说“匹夫而营惑诸侯者罪当诛”，他认为让侏儒戏于前是对国君的侮辱，于是下令把侏儒杀了。侏儒，身体矮小的杂技艺人。④三都之堕：三都指费、郈、成三地，分别是鲁国卿大夫季孙氏、叔孙氏、孟孙氏的都城。孔子认为季孙氏、叔孙氏、孟孙氏三家大夫的城邑太大了，超过了礼制，于是鲁定公拆除了他们的城池。⑤梃诟：打骂。梃，木棒。诟，辱骂。

［译文］

申不害、韩非的学说也是符合王道的，圣人为什么不考核一下就废除刑名呢？诛杀四凶，就是舜的申、韩之术；杀死少正卯，斩侏儒，毁三都，就是孔子的申、韩之术；雷霆霜雪，就是天的申、韩之术。慈父也有发怒打骂孩子的时候，爱惜身体也有用针石治病的时候。

［原文］

三千三百[1]，圣人非靡文是尚而劳苦是甘也，人心无所存属则恶念潜伏；人身有所便安则恶行滋长。礼之繁文

使人心有所用而不得他适也；使人观文得情而习于善也；使人劳其筋骨手足而不偷慢以养其淫也；使彼此相亲相敬而不伤好以起争也。是范身联世制欲已乱之大防也。故旷达者乐于简便，一决而溃之则大乱起。后世之所谓礼者则异是矣，先王情文废无一在而乃习容止、多揖拜、姱颜色、柔声气、工颂谀、艳交游、密附耳蹑足之语、极笾(biān)豆[2]筐篚(kuāng fěi)[3]之费、工书刺候问之文，君子所以深疾之。欲一洗而入于崇真尚简之归，是救俗之大要也。虽然，不讲求先王之礼而一入于放达、乐有、简便，久而不流于西晋者几希。

[注释]

①三千三百：语出《礼记·中庸》："礼仪三百，威仪三千，待其人而后行。"孔颖达注疏："礼仪三百，《周礼》有三百六十官，言三百者，举其成数也。威仪三千者，即《仪礼》行事之威仪，《仪礼》虽十七篇，其中事有三千。"②笾豆：笾和豆是古代食器，竹制为笾，木制为豆。引申指祭祀。③筐篚：盛物竹器，方的叫筐，圆的叫篚。后指礼物。这里为送礼之意。

[译文]

礼仪三百，威仪三千，圣人并不是崇尚这些烦琐的条文，也不是想使人们费心劳苦，而是因为人的心无所归属时，邪恶的想法就会潜伏；当身处舒适安逸之时，恶行就会滋长。礼仪中烦琐的条文会使人心归于礼而不会想其他的事情；可使人从条文中了解礼，学习努力向善；还可使人手足筋骨疲劳，从而不会懈怠养成不良的品行；可使人们彼此亲敬而不伤和气，从而不会引发争执，这是约束个人、团结他人、节制欲望从而防止混乱发生的好方

祭祀

法。豁达的人喜好简便的形式，一旦礼崩溃，大乱即起。后世人们所说的礼与上述的不同，如今人们把先王时的礼的条文全都放在一边，只是学习那些形容举止，增多作揖下拜的形式，修饰外表的美丽，讲话柔声细气，崇尚阿谀逢迎，喜欢交往游乐，暗中私语交往多，花费大量的财物用于祭祀和送礼，只精通书信一类应酬问候的文字，君子对此深恶痛绝。革除这些不良风俗而返回于崇尚真实简朴的时代，这是挽救风俗的主要办法。虽然如此，如果不讲求先王的礼制而流入放纵豁达，乐于简便，时间久了就会出现西晋时名士狂妄不羁、放达于礼法之外的情况。

[原文]

在上者无过，在下者多过。非在上者之无过，有过而人莫敢言；在下者非多过，诬之而人莫敢辩。夫惟使人无心言，然后为上者真无过；使人心服，而后为下者真多过也。

[译文]

居上位的人好像没有什么过错，居下位的人好像有很多过错。实际上不是居上位的人无过错，而是有过错也没人敢说；并不是居下位的人就有很多过错，而是遭到诬蔑也不敢辩白；只有使人心中没有隐藏的话，然后才说明居上位的人真的没有过错；只有使人心悦诚服，当指出他的错误，他不再辩白，那么才说明居下位的人真有过错。

[原文]

为政者贵因时。事在当因，不为后人开无故之端；事在当革，不为后人长不救之祸。

[译文]

治理国政的人要懂得因袭和掌握时机。有的事应当因袭不变的，就不能变，不要给后人开无故之端；有的事应当改变的，就要改变，不能给后人留有无可挽救的祸患。

[原文]

夫治水者，通之乃所以穷之，塞之乃所以决之也。民情亦然。故先王引民情于正，不裁于法。法与情不俱行，一存则一亡。三代之得天下，得民情也；其守天下也，调

民情也。顺之而使不拂，节之而使不过，是谓之调。

［译文］

治理洪水，用疏通的方法可使洪水通畅，因此可以免除水灾，用堵塞的方法只能导致提防决口。民情也如此。因此，先王把民情引向纯正，不用法来裁制。法与情不能一起并行，一个存在另一个必亡。三代的君王能取得天下的原因，在于顺应了民情；其能守住天下的原因在于适时调节了民情。顺应而不违背，节制而不使其过分发展，这就是调节。

［原文］

治道之衰，起于文法①之盛；弊蠹(dù)之滋，始于簿书之繁。彼所谓文法簿书者，不但经生黔首②懵不见闻，即有司专职，亦未尝检阅校勘。何者？千宗百架，鼠蠹雨浥(yì)，或一事反覆异同，或一时互有可否。后欲遵守，何所适从？只为积年老猾媒利市权之资耳，其实于事体无裨，弊蠹无损也。呜呼！百家之言不火而道终不明，后世之文法不省而世终不治。

［注释］

①文法：指各种法令条文。②黔首：指百姓。

［译文］

治道的衰败，起因是法令条文太过繁多；社会的弊端和腐败势力的滋生，始于官府文书的庞杂。这些所谓的法令文书，不但熟读经书的儒生和百姓不曾听说过，就连那些专司此职的官员也没有检阅校勘过。为什么呢？各种文书千宗万卷，老鼠啃噬加上雨淋水浸都残缺不全，有的一件事多次重复或者前后叙述不一，有的对同一件事的记载相互矛盾。即使后人想遵守，也无所适从。因此这些繁多的法令文书只能成为奸恶之徒谋取私利的工具而已，实际上，它们对政事没有什么益处，对社会弊病腐朽势力也起不到禁绝的目的。唉！诸子百家的著作如果不被焚毁的话，真正通达的道理永远也显不出来，后世的法令文书如果不减少的话，天下永远也不会大治。

［原文］

六合都是情世界，惟朝堂官府为法世界，若也只徇

情，世间更无处觅公道。

［译文］

这个世界是情的世界，只有朝廷、官府是法的世界，如果朝廷、官府也徇情枉法的话，人世间就没有公道的地方了。

［原文］

进贤举才而自以为恩，此斯世之大惑也。退不肖之怨，谁其当之？失贤之罪，谁其当之？奉君之命，尽己之职，而公法废于私恩，举世迷焉，亦可悲矣。

［译文］

为国家荐举贤才而自以为对被举荐者有恩，这是当今世人最为迷惑不解之处。如果荐贤举能是对人有恩，那么罢免了不贤的人，谁来承担被罢免者的怨恨呢？国家失去贤能的人，又有谁来承担责任呢？大臣接受了君王的任命，就应该尽职尽责，但却让公法废于私恩，对这件事举世都陷于迷惑不解之中，真是太可悲了。

［原文］

进言有四难：审人、审己、审事、审时。一有未审，事必不济。

［译文］

向人进言有四大难处：审视他人、审视自己、审视事实、审视时机。其中有一个方面没有审视到，事情必然不会成功。

［原文］

法不欲骤变，骤变虽美，骇人耳目，议论之媒也。法不欲硬变，硬变虽美，拂人心志，矫抗之藉也。故变法欲详审，欲有渐，欲不动声色，欲同民心而与之反覆其议论。欲心迹如青天白日，欲独任躬行不令左右借其名以行胸臆。欲明且确，不可含糊，使人得持两可以为重轻。欲著实举行，期有成效，无虚文搪塞，反贻实害。必如是而后法可

变也。不然，宁仍旧贯而损益修举之，无喜事。喜事人上者之僇（lù）①也。

［注释］

①僇：羞辱。

［译文］

法令不可以突然改变，突然改变虽然很好，但会使人惊骇，会成为人们议论的话题。法令不可强行改变，强行改变虽然有好处，但却违背了人们的意愿，会成为违抗的借口。因此变法应该经过仔细周密的准备，要逐渐改变，要不动声色地改变，应符合百姓的心意并和他们反复商讨。心要如青天白日一样没有邪念，要亲力亲为，不要让属下假借自己的名义随心所欲地做。法令要明确，不能含糊其辞，模棱两可，且不能随意改变。要想真正实施，卓有成效，不能虚文搪塞，否则会贻留祸害。必须做到上述这些，然后才可以变法。否则，宁可仍旧沿袭旧制度而稍加修改一下，不要多事，喜欢多事是居上位者的羞辱。

［原文］

新法非十有益于前，百无虑于后，不可立也。旧法非于事万无益，于理大有害，不可更也。要在文者实之，偏者救之，敝者补之，流者反之，怠废者申明而振作之。此治体调停之中策，百世可循者也。

［译文］

新的法令除非比以前的好十倍，且对以后也毫无弊端，否则就不要建立。旧的法令除非对事情毫无益处，且对于治理也十分有害，否则就不要改变。主要是充实旧的法令中虚文的地方，矫正偏颇的地方，补正有弊端的地方，反对流于形式的东西，申明、振作怠废的地方。这是治理国家调令的好策略，代代都可以遵循。

［原文］

用三代以前见识而不迂，就三代以后家数而不俗，可以当国矣。

[译文]

采用三代以前的主张而不迂腐，采用三代以后的手段而不庸俗，就可以掌管治理国家的重任了。

[原文]

善处世者，要得人自然之情。得人自然之情，则何所不得？失人自然之情，则何所不失？不惟帝王为然，虽二人同行，亦离此道不得。

[译文]

善于处世的人，要通晓人的自然之情。通晓了人的自然之情，还有什么办不到呢？不通晓人的自然之情，则什么事情能办好呢？不仅帝王如此，即使是两人相处，也离不开这个道理。

[原文]

夫坐法堂，厉声色，侍列武卒，错陈严刑，可生可杀，惟吾所欲为而莫之禁，非不泰然得志也。俄而①有狂士直言正色，诋过攻失，不畏尊严，则王公贵人为之夺气。于斯时也，威非不足使之死也，理屈而威以劫之，则能使之死而不能使之服矣。大盗昏夜持利刃而加人之颈，人焉得而不畏哉？伸无理之威以服人，盗之类也，在上者之所耻也。彼以理伸，我以威伸，则彼之所伸者盖多矣。故为上者之用威所以行理也，非以行势也。

[注释]

①俄而：不久、一会儿。

[译文]

坐在公堂上，声色俱厉，武卒环列，旁边放着各种严酷的刑具，可让人死，也可让人生。只要我想干的，没有人敢阻止，不能不说是泰然得志的事。忽然有位狂士直言正色，说自己没错，不怕冒犯你的尊严，连王公贵人的气焰都被他压倒了。在这个时候，用威权不是不能处死他，而是理屈而用威势强压，能使他死但却不能使他心服啊！盗贼在黑夜拿着利刀架在别人的脖子上，谁能不害怕？用无理的权威使人屈服，这是盗贼的行为，这是居上位者应该感到可耻的。对方伸张正义，而我却用威势来压制，对方当然就占了上风。因此居上位者用威势是为了推行真理的，不是来显示权势的。

［原文］

“礼”之一字，全是个虚文，而国之治乱、家之存亡、人之死生、事之成败罔不由之。故君子重礼，非谓其能厚生利用[①]人，而厚生利用者之所必赖也。

［注释］

①厚生利用：富裕民生，物尽其用。

［译文］

“礼”这个字，只是一个空名。然而，国家的治乱，家庭的存亡，个人的生死，事情的成败，无不与它有关。因此，君子重视礼节，并不是说它能使人生活富裕、物尽其用，但它却是达到这种境界所必须依赖的东西。

［原文］

兵革之用，德化之衰也。自古圣人亦甚盛德，即不过化存神，亦能久道成孚，使彼此相安于无事。岂有四夷不可讲信修睦作邻国耶？何至高城深池以为卫，坚甲利兵以崇诛，侈万乘之师，靡数百万之财以困民，涂百万生灵之肝脑以角力，圣人之智术而止于是耶？将至愚极拙者谋之，其计岂出此下哉？若曰无可奈何不得不尔，无为贵圣人矣。将干羽苗格[①]、因垒崇降[②]，尽虚语矣乎？夫无德化可恃，无恩信可结而曰去兵，则外夷交侵，内寇啸聚，何以应敌？不知所以使之不侵不聚者，亦有道否也？古称“四夷来王[③]”，八蛮[④]通道，越裳重译[⑤]，日月霜露之所照坠者莫不尊亲，断非虚语。苟于此而岁岁求之，日日讲之，

必有良法，何至因天下之半而为此无可奈何之策哉！

［注释］

①干羽苗格：干羽，即干盾和羽扇，都是舞具。苗格，指三苗来归顺。格，至。语出《尚书·大禹谟》：“舞干羽于两阶，七旬有苗格。”②因垒崇降：周文王时，用修德的办法，只建造了军垒，崇侯虎就降服了。语出《左传·僖公十九年》：“子鱼言于宋公曰：‘文王闻崇德乱而伐之，军三旬而不降，退修教而复伐之，因垒而降。’”③“四夷来王”：语出《尚书·大禹谟》：“无怠无慌，四夷来王。”四夷即东夷、西戎、南蛮、北狄。④八蛮：指西南部的少数民族。⑤越裳重译：越裳，古南海国名。重译，翻译。《后汉书·南蛮西南夷列传》：“交趾之南有越裳国，周公居摄六年，制礼作乐，天下和平，越裳以三象重译而献白雉。”

［译文］

用战争的方法解决问题，说明德行教化已经衰败了。自古以来，圣人都是盛德的，即使不能人人都被感化，也会因长久地推行德志，人们都心悦诚服，使彼此都能相安无事。哪有不能和四周的邻国讲信修睦做个友好邻邦的呢？还用那高城深池来保卫，以坚甲利兵来厮杀吗？万辆兵车的军队，耗费百万资财来使百姓贫困，使百姓肝脑涂地来相互争斗，圣人的才智计谋就只是这样吗？即使是用愚蠢至极的人来谋划，他想出的计策会比这个更坏吗？如果说无可奈何，不得而为之，那么就不应该贵为圣人了。舜禹时代，在庙堂上手拿干盾和羽扇跳舞，三苗就来归服了。周文王时，用修德的办法，只建造了军垒，崇侯虎就归服了。这些都是空话吗？如果不依靠德行教化，不靠恩信和人交往，而是空谈用兵，那么他日四方外敌争相侵扰，内寇聚集一起造反，用什么人去攻打敌人呢？不知有什么办法可使四方外敌不侵扰，内寇不造反？古代记载四夷都来朝见天子，八方的蛮夷都与之通使，越裳国也派来了翻译，日月所照之地，霜露所降之地，没有不相互尊敬亲近的，这绝不是空话，这都是因修德所至。根据这个道理，年年求索，日日探讨，一定会找到好的办法。何至于使天下一半的人身陷战争之中呢？

［原文］

事无定分，则人人各诿其劳而万事废。物无定分则人人各满其欲而万物争。分也者，物各付物，息人奸懒贪得之心，而使事得其理，人得其情者也。分定，虽万人不须交一言。此修齐治平之要务，二帝三王之所不能外也。

［译文］

如果事情没有固定分给谁的话，人人都会相互推诿，最终会导致万事废怠。如果财物没有一定的标准归属，人人都会为了填满自己的欲望而相互争斗。分就是该是谁的东西就交给谁，使奸诈、懒惰、贪婪的欲望得以平息，而事情就可以得到治理，人情就可以得到满足。把分的标准定下来，即使是处理万人之事也不用多说一句话。这是修身、齐家、治国平天下的关键，二帝三王也不能例外。

［原文］

骄惯之极，父不能制子，君不能制臣，夫不能制妻，身不能自制。视死如饴，何威之能加？视恩为玩，何惠之能益？不祸不止。故君子情盛不敢废纪纲，兢兢然[1]使所爱者知恩而不敢肆，所以生之也，所以全之也。

［注释］

①兢兢然：小心谨慎的样子。

［译文］

娇惯到了极点，父亲就管不住儿子，君王控制不了臣下，丈夫管不住妻子，就连自身也控制不了了。如果骄纵到连死都不怕，还能向他身上施加什么威严呢？把别人给予的恩德视为儿戏，还能有什么样的恩德能对他起作用？骄纵的行为不遇到大祸是不会停止的。所以说君子对至亲的人也不敢违背纲纪，而是勤勤恳恳地使自己所爱的人知恩而且不敢放肆。这才能使所爱的人很好地生存成长。

［原文］

物理人情，自然而已。圣人得其自然者以观天下，而天下之人不能逃圣人之洞察。握其自然者以运天下，而天下之人不觉为圣人所斡旋。即其轨物所绳近于矫拂[1]，然拂其人欲自然之私，而顺其天理自然之公。故虽有倔强锢蔽[2]之人，莫不憬(jǐng)悟[3]而驯服，则圣人触其自然之机而鼓其自然之情也。

[注释]

①矫拂：拂逆、违背。②锢蔽：这里形容人倔强蔽塞。③憬悟：觉悟、醒悟。

[译文]

物理、人情都是自然而然的。圣人掌握了这个自然规律用来观察天下，天下人都不能逃脱圣人的洞察。圣人掌握了这个自然规律并用来治理天下，天下人不知不觉就会按照圣人的要求行事。即使那些规范事物的规则近乎矫情，但只是违背了人欲方面的自然之私情，却顺应了天理方面的自然之公理。所以即使是性格倔强、顽固蔽塞的人，也没有不醒悟而且顺服的，这是因为圣人触动了他们的自然本性，激发了他们的自然之情。

[原文]

监司视小民蔼然，待左右肃然，待寮寀(liáo cǎi)①温然，待属官侃然②，庶几乎得体矣。

[注释]

①寮寀：官舍，引申为官的代称。②侃然：和乐旷达的样子。

[译文]

监司对待平民百姓和蔼可亲，对待左右的人严肃庄重，对待同僚温润和气，对待下属和乐旷达，这样差不多可以说得体了。

[原文]

自委质后，此身原不属我。朝廷名分，为朝廷守之。一毫贬损不得，非抗也；一毫高亢不得，非卑也。朝廷法纪为朝廷执之，一毫徇人不得，非固也；一毫任己不得，非葸(xǐ)①也。

[注释]

①葸：害怕、畏惧。

[译文]

做官后，身子就不属于自己所有了。要替朝廷坚守名声，丝毫不能贬损，这不是高傲；丝毫不能高亢，这不是卑微。要替朝廷执行法纪，不能有丝毫的个人私情，这不是固执；丝毫也不能任意胡为，这不是怯懦。

[原文]

未到手时，嫌于出位[1]而不敢学；既到手时，迫于应酬而不及学。一世业官苟且，只于虚套搪塞，竟不嚼真味，竟不见成功。虽位至三公，点检真足愧汗。学者思之。

[注释]

①出位：超越本分。

[译文]

尚未做官时，怕有超越本分的嫌疑而不敢学习为官之道；做官之后，又忙于各种应酬而没有时间学。一世做官，只会得过且过，虚套应付，竟然体会不到其中的真味，所以最终也不会成功。这样的人即使官高至三公，检点一下自己，也不禁汗颜。做学问的人应当思考一下这个问题。

[原文]

今天下一切人、一切事，都是苟且做，寻不着真正题目。便认了题目，尝不着真正滋味。欲望三代之治甚难。

[译文]

现在天下所有的人和事，都是得过且过，找不到真正的题目去做。即使找到了题目，也不了解其真正的内涵。如此下去，想要达到三代时的政治局面，真是太难了。

[原文]

凡居官，为前人者，无干誉矫情[1]，立一切不可常之法以难后人；为后人者，无矜能[2]露迹为一朝即改革之政以苦前人。此不惟不近人情，政体自不宜尔。若恶政弊规，不防改图，只是浑厚便好。

[注释]

①干誉矫情：故违常情，以求美誉。②矜能：夸耀显示自己的才能。

[译文]

凡是当官的，作为前人，不应当为了追求名誉，制定一些不可行的法令使后人难以施行；作为后来者，不要为了显示自己的才能，制定那些实行一个早上就得改革的制度来使前人难堪。这不仅不近人情，国家的政治体制也不适宜这样做。如果政治败坏，制度法则陈旧，不妨进行改良，但要做到浑厚、圆满才好。

[原文]

将古人心信今人，真是信不过；若以古人至诚之道感今人，今人未必在豚鱼①下也。

[注释]

①豚鱼：小猪和鱼。语见《周易·中孚卦》：“豚鱼吉，信及豚鱼也。”

[译文]

如果用古人的心来相信今人，真是信不过；如果用古人至诚的道理来感化今人，今人未必不如小猪和鱼。

[原文]

泰极必有受其否者，否极必有受其泰者。故水一壅必决，水一决必涸。世道纵极，必有操切①者出。出则不分贤愚，一番人受其敝。严极必有长厚者出，出则不分贤愚，一番人受其福。此非独人事，气数固然也。故智者乘时因势，不以否为忧，而以泰为惧。审势相时，不决裂于一惩之后，而骤更以一切之法。昔有猎者，入山见驺(zōu)虞②以为虎也，杀之，寻③复悔。明日见虎以为驺虞也，舍之，又复悔。主时势者之过于所惩也，亦若是夫。

[注释]

①操切：办事过于急躁严厉。②驺虞：兽名，传说驺虞不吃非自死的动物。③寻：不久。

[译文]

驺虞

安宁通泰达到极点，必会发生混乱，混乱达到极点，必会又安宁通泰，物极必反。所以水一旦被围堵，必然会溃决，水一溃决必然会干涸。世道放纵到了极点，必然会有办事过于急躁严厉的人出现。这种人出现的话，那么无论是贤士还是蠢材，都会受其害。严厉到了极点，必然会有宽厚的人出来，这种人出现的话，不论贤士、蠢材，都会受其福。这不只是人事使然，也是气数之固然。所以聪明的人会因时度势，不为混乱担心，而为安泰而感到忧虑。观察时势，不要因一次失败就立即改变所有的法令。过去曾有一个猎人，进山打猎看到一只驺虞，他以为是只老虎，所以就把它杀了，很快就后悔了。第二天，他看到了一只老虎，误以为是驺虞，所以就没有捕杀它，但又后悔了。掌握天下命运的人惩罚不当，也会像这位猎人一样。

[原文]

法多则遁情①愈多，譬之逃者，入千人之群则不可觅，入三人之群则不可藏矣。

[注释]

①遁情：隐情。

[译文]

法令条文越多则隐情也就越多，比如一个逃跑的人，逃到上千的人群中去，就无法寻找了，如果跑到三个人中去，那就隐藏不住了。

[原文]

兵，阴物也；用兵，阴道也，故贵谋。不好谋不成。我之动定敌人不闻，敌之动定尽在我心，此万全之计也。

[译文]

士兵是阴物，用兵之道就是指阴谋之道，所以用兵贵在运用智谋。不用智谋就不能成功。我军这方的动静不要让敌人知道，敌人的动静都在我军的掌控之中，这才是万全的计谋。

［原文］

取天下，守天下，只在一种人上加意念，一个字上做工夫。一种人是那个？曰民。一个字是甚么？曰安。

［译文］

取得天下，守住天下，只需在一种人身上产生念头，在一个字上下功夫。这一种人是谁呢？回答是：百姓。一个字是什么呢？回答是：安。

［原文］

礼重而法轻，礼严而法恕，此二者常相权也。故礼不得不严，不严则肆而入于法；法不得不恕，不恕则激而法穷。

［译文］

礼仪重，法就会轻，礼仪严，法就会宽，二者常常相互影响。所以礼不能不严，不严就会使百姓放纵，落入法网；法不能不宽松，不宽松就会使百姓走极端，那么法再严也毫无用处。

［原文］

夫礼也，严于妇人之守贞，而疏于男子之纵欲，亦圣人之偏也。今舆隶仆僮皆有婢妾娼女，小童莫不淫狎，以为丈夫之小节而莫之问。凌嫡失所，逼妾殒身者纷纷。恐非圣王之世所宜也，此不可不严为之禁也。

［译文］

礼对于妇女保守贞节要求很严格，而对于男人纵欲则惩罚很宽松，这也是圣人的偏见。如今连轿夫、奴仆都有侍女、小妾，连小男孩都要去邪淫，认为这对男人来说是小节，不用责问。欺凌妻子使其无家可归，逼迫小妾使其丧命，这种事接连发生。这恐怕不是圣明君主治理的时代所应有的，不能不严加禁止。

［原文］

西门疆尹河西，以赏劝民。道有遗羊，值五百，一人

守而待。失者谢之，不受。疆曰：“是义民也。”赏之千，其人喜。他日谓所知曰：“汝遗金，我拾之以还。”所知者从之。以告疆曰：“小人遗金一两，某拾而还之。”疆曰：“义民也。”赏之二金。其人愈益喜。曰：“我贪，每得利则失名，今也名利两得，何惮[1]而不为？”

［注释］

①惮：怕、畏惧。

［译文］

西门疆担任河西长官时，采取奖赏的手段劝导百姓。道路上有人丢了一只羊，价值五百钱。有一个人守在旁边等待失主来认领。失主要给他报酬，他不接受。西门疆说：“这个人是义民。”于是奖给他一千钱，这个人非常高兴。一天这个人对他的朋友说：“你假装把金子丢在路上，我拾到还给你。”他的朋友听从了他的话，并告诉西门疆说：“小人我丢了一两金子，某人拾起还给了我。”西门疆说：“这是义民。”于是奖给拾金者二两金子。拾金者更为高兴，说：“我常常因贪图利益而损害名声，现在却能名利双收，还有什么可担心的而不去做呢？”

［原文］

笃恭[1]之所发，事事皆纯王，如何天下不平？或曰：“才说所发，不动声色乎？”曰：“日月星辰皆天之文章[2]，风雷雨露皆天之政令，上天依旧笃恭在那里。笃恭，君子之无声无臭[3]也。无声无臭，天之笃恭也。”

［注释］

①笃恭：纯厚恭敬。语出《礼记·中庸》：“君子笃恭而天下平。”②文章：指礼乐法度。③无声无臭：没有声音，没有气味。比喻默默无闻。语出《诗经·大雅·文王》：“上天之载，无声无臭。”

［译文］

从纯厚恭敬的心中发出来的，事事都是纯粹的王道，那么为什么世上还存在着不公平呢？有的人问：“才说所发，能说不动声色吗？”回答说：

"日月星辰都是上天的礼乐法度，风雷雨露都是上天的政令，上天依旧纯厚恭敬地在那里。笃恭是君子无声无息地表现。无声无息就是上天的笃恭。"

［原文］

君子小人调停，则势不两立。毕竟是君子易退，小人难除。若攻之太惨，处之太激，是谓土障狂澜，灰埋[1]烈火。不若君子秉成而择才以使之，任使不效，而次第裁抑之。我悬富贵之权而示之的，曰："如此则富贵，不如此则贫贱。"彼小人者，不过得富贵耳，其才可以偾(fèn)[2]天下之事，亦可以成天下之功。可激之酿天下之祸；亦可养之兴天下之利。大都中人十居八九，其大奸凶极顽悍者亦自有数。弃人于恶而迫之自弃，俾中人为小人，小小人为大小人，甘心抵死而不反顾者，则吾党之罪也。噫！此难与君子道。三代以还，覆辙一一可鉴。此品题人物者所以先器识[3]也。

［注释］

①埋：原作"理"，根据《吕新吾全集》改。②偾：败坏、破坏。③器识：器量与见识。

［译文］

君子与小人即使经过调节也是势不两立的。但毕竟君子容易退让，而小人则难以除掉。如果对小人攻击太狠，就如同用土去阻挡狂涛巨澜，用灰去埋藏烈火。不如让君子掌管此事，选拔有才能的小人当官，如果做不出成绩就降级使用。我高悬着能获取富贵的权力，对他们说："这样做就能富贵，不这样做就会贫贱。"那些小人不过就是想得到富贵而已，他们的才能可以败坏天下的事，也可以成就天下的事。激怒他们的话，他们会酿成天下大祸；培养他们，他们会做有益于天下的事。大体上说，中等的人占十之八九，极其顽固凶悍的人只是少数。如果因人有点儿恶行就丢弃不管，迫使他自暴自弃，就会使中人变成小人，小小人变成大小人，甘心步入歧途而死不悔改，这就是我们的过错了。唉！这些话很难跟君子讲清楚。三代以后，这种情况屡屡发生，可以一一作为借鉴。这是品评他人的人首先要具备的器量与见识。

［原文］

当多事之秋，用无才之君子，不如用有才之小人。

［译文］

在天下多灾多难之际，与其用没有真才实学的君子，还不如用有才学的小人。

［原文］

肩天下之任者全要个气，御天下之气者全要个理。

［译文］

肩负天下重任的人，全靠一个气概；掌握天下大势的人，全靠一个理字。

［原文］

无事时惟有邱民①好蹂践，自吏卒以上，人人得而鱼肉②之。有事时惟有邱民难收拾，虽天子亦无躲避处，何况衣冠③？此难与诵诗读书者道也。

［注释］

①邱民：邱同“丘”，众民。②鱼肉：比喻欺凌、残害。③衣冠：指世族、士绅。

［译文］

天下太平时，只有百姓好蹂躏，吏卒以上的官，个个都可以欺凌他们。天下大乱时，也只有百姓难收拾，即使是天子也无处可逃，难以摆脱惩罚，更何况那些士绅呢？这些道理很难跟只知诵读经书的读书人讲清楚。

［原文］

余居官有六自：薄均徭先令自审，均地先令自丈，未完令其自限，纸赎①令其自催，干证②催词讼③令其自拘，干证拘小事令其自处。乡约亦往往行得去，官逸而事亦理，久之可省刑罚。当今天下之民极苦官之繁苛④，一与宽仁，

其应如响。

［注释］

①纸赎：指诉讼费，后来成为官吏科敛的一个名目。②干证：诉讼双方的有关证人。③词讼：诉讼、打官司。④繁苛：指政令赋役繁多苛刻。

［译文］

我做官时，提倡六自：薄赋均役时先让百姓自己审查应服赋役的数量，平土均田时先让百姓自己丈量土地，未能按时完成的事让百姓自己限定期限，诉讼费先让百姓自己催缴，打官司时先让百姓自己找证人，处理小矛盾时先让百姓找证人自己处理。这样，乡约往往能得到切实的实行，而官府相对事务减少，有些事情就能处理好了，时间长了，可减省刑罚。现在的百姓，一直受官府繁多苛刻的政令赋役所苦，一旦实行宽仁的政策，他们会群起响应的。

［原文］

自井田废而窃劫始多矣。饱暖无资，饥寒难耐，等死耳。与其瘠僵于沟壑无人称廉，不若苟活于旦夕未必即犯。彼义士廉夫尚难责以饿死，而况种种贫民半于天下乎？彼膏粱文绣[①]坐于法堂，而严刑峻法以正窃劫之罪者，不患无人，所谓“哀矜而勿喜[②]”者谁与？余以为，衣食足而为盗者，杀无赦；其迫于饥寒者，皆宜有以处之。不然罪有所由而独诛盗，亦可愧矣。

［注释］

①膏粱文绣：形容吃喝穿戴奢侈华贵。膏粱，美味的饭菜。②哀矜而勿喜：典狱官阳肤向曾子请教为官之法，曾子说：“上失其道，民散久矣。如得其情，则哀矜而勿喜。”（《论语·子张》）意谓百姓早就离心离德了，如果能了解百姓的情感，就应当怜悯他们，而不要自鸣得意。哀矜，怜悯。

［译文］

自从井田制被废除后，盗窃抢劫的人开始增多了。没了土地，百姓的温饱就没了保障，饥寒难以忍耐，只能坐而等死。横尸沟壑，也不会有人夸赞你是廉洁之士，还不如靠偷窃抢劫的方法苟且活着，而且未必马上会被抓到。对于那些义士廉夫尚且难以要求他们挨饿等死，更何况天下那么多各种各样的贫民呢？那些吃着美味的饭菜、穿着锦绣的衣服、高坐在法堂之上、用严刑酷法来审判盗贼的人则不计其数，能同情百姓，看到百姓犯了罪能够怜悯的又有谁呢？我认为，丰衣足食的人再去偷窃，应该判死刑；迫于饥寒而偷窃的，应根据具体情况有不同的判罚方法。不然的话，不论何种原因一概诛杀，令人感到羞愧！

[原文]

余作《原财》一篇，有六生十二耗。六生者何？曰垦荒闲之田，曰通水泉之利，曰教农桑之务，曰招流移之民，曰当时事之宜，曰详积贮之法。十二耗者何？曰严造饮之禁，曰惩淫巧之工，曰重游手之罚，曰绝倡优剧戏，曰限在官之役，曰抑僭（jiàn）奢①之俗，曰禁寺庙之建，曰戒坊第游观之所刻无益之书，曰禁邪教之倡，曰重迎送供张②之罪，曰定学校之额、科举之制，曰诛贪墨之吏。语多愤世，其文不传。

[注释]

①僭奢：过分奢侈，不合礼法。②供张：指供宴饮之用的帷帐、用具、饮食等物。这里引申为送礼。

[译文]

我曾经写过一篇名为《原财》的文章，里面说到了六生、十二耗。六生是指什么呢？开垦荒闲之田、疏通水利、务农植桑、安置流民、当时事之宜、详积贮之法等六种生财之道。十二耗是指什么呢？严禁酒业、惩除淫巧、重罚游手好闲、杜绝倡优剧戏、限制官役、抑制过分奢侈、禁建寺庙、防戒坊第游观之所印无用的书、禁止邪教、严惩贪污受贿、确定学校数量以及完善科举制度、诛杀贪官污吏等治理十二种耗费的办法。由于文章的内容多为愤世嫉俗之语，所以没有流传开来。

[原文]

太和之气虽贯彻于四时，然炎徼①以南常热，朔方以北常寒姑无论，只以中土言之，纯然暄燠（yù）而无一毫寒凉之

气者，惟是五月半后、八月半前九十日耳。中间亦有夜用夹绵时。至七月而暑已处，八月而白露零，九月寒露霜降，亥子丑寅②其寒无俟言矣。二三月后犹未脱绵，谷雨以后始得断霜。四月已夏，犹谓清和，大都严肃之气岁常十八。而草木二月萌芽，十月犹有生意，乃生育长养不专在于暄燠(yù)，而严肃之中正所以操纵冲和之机者也。圣人之为政也法天，当宽则用春夏，当严则用秋冬。而常持之体则于严威之中施长养之惠何者？严不匮，惠易穷。威中之惠鼓舞人群，惠中之惠骄驰众志。子产相郑，铸刑书，诛强宗，伍田畴③，褚衣冠④。及语子太叔⑤，犹有莫如猛之言，可不谓严乎？乃孔子之评子产，则曰惠人也，他日又曰子产众人之母。孔子之为政可考矣。彼沾沾煦煦，尚姑息以养民之恶，卒至废驰玩愒(kài)⑥，令不行，禁不止，小人纵恣，善良吞泣，则孔子之罪人也。故曰居上以宽为本，未尝以宽为政。严也者，所以成其宽也。故怀宽心不宜任宽政，是以懦主杀臣，慈母杀子。

玩岁愒日

[注释]

①炎徼：南方炎热边远之地。徼，边界。②亥子丑寅：指农历的十月、十一月、十二月和正月。③伍田畴：纳田税。田畴，土地。④褚衣冠：褚同“贮”。按财物交税。⑤子太叔：春秋时郑国正卿，支持子产改革。⑥玩愒：玩岁愒日的略语。意谓贪图安逸，旷废时日。愒，荒废。

［译文］

虽然一年四季都有阴阳会合的太和之气，但边远的南方常常很炎热，偏远的北方常常很寒冷，这些暂且不说，单说中原的气候，很温暖没有一点寒意的也只是五月十五以后到八月十五之前，仅仅这九十天而已。这期间有时候晚上还需盖棉被。七月酷暑，八月白露，九月霜降，十月至正月这四个月，寒冷就不必说了。二、三月之后，还不能脱掉棉衣，谷雨之后才没有霜冻。四月已经入夏，天气可以说是清和。大体说来，一年当中十分之八是严寒肃杀的天气。草木于二月就开始发芽，十月时还在生长。可见生长不只在温暖的气候下，在严寒肃杀之中正掌握着冲和温暖的生机。圣人处理政事也该顺应自然，该宽则宽，就像气候中的春夏，该严则严，就像气候中的秋冬。常用的方法是在严威之中融入一些恩惠，为什么要这样呢？这是因为严不会匮乏，恩惠容易穷尽。融入威严中的恩威能够给人以鼓舞，而单用恩惠容易使百姓懈怠。子产担任郑国宰相时，把法令浇铸在鼎上，诛杀豪强，按土地数量纳赋，按财物多少交税。子太叔还说这些措施不够严厉，子产这样治国，还能说不严吗？然而孔子在评论子产时说：这是一个对百姓有恩惠的人。后来他又说，子产是百姓的父母。由此可知孔子的为政之道了。那些对百姓温和的人，用姑息迁就的方法使百姓养成了恶习，最终导致法令废弛，民众贪图安逸，虚度日子。令不行，禁不止，小人恣意横行，善良的人忍气吞声，这些人成了孔子所说的罪人。因此说居上位的人应以宽厚为本，但不能用宽松来处理政事。而严是为了达到宽的目的，所以说应该怀有宽厚之心而不应以宽松的办法来处理政事。常说的“懦主杀臣，慈母杀子”就是这个意思。

［原文］

余息而在沟壑，斗珠不如升糠；裸裎(chéng)①而卧冰雪，败絮重于绣縠(hú)。举世用人，皆珠縠之贵也。有甚高品？有甚清流？不适缓急之用，即真非所急矣。

［注释］

①裸裎：露体。

［译文］

一个人躺在沟壑里，饿得奄奄一息的时候，给他一斗珠宝，不如给他一升食物；赤身裸体躺在冰雪上，给他破棉袄胜过绫罗绸缎。现在任用人才，全都以如珍珠和轻纱这样的人为贵，还有什么高尚品德？有什么清流？危急的时刻不能发挥作用，就不是真正急需的人才。

[原文]

盈天地间只靠二种人为命，曰农夫、织妇。却又没人重他，是自戕(qiāng)其命也。

[译文]

整个天地之间，只靠两种人来养活，即农夫和织妇。但世人却不重视他们，这是自己在戕害自己的生命啊！

[原文]

一代人才自足以成一代之治，既作养无术而用之者又非其人，无怪乎万事不理也。

[译文]

一个时代产生的人才，足以使这个时代得到治理。但是如果培养他们的方法不对，且用人不当，什么事都治理不好也就不奇怪了。

[原文]

三代以后，治天下只求个不敢，不知其不敢者，皆苟文以应上也。真敢在心，暗则足以蛊国家，明之足以亡社稷，乃知不敢不足恃也。

[译文]

夏、商、周三代之后，当政者治理天下只要求天下人做到不敢即可，却不知他们的不敢都是巧言狡辩应付上级的。其实真敢藏在心里，如果他们暗中行动足以蛊惑国家，明着造反，足以使国家灭亡。由此可知，“不敢”是不足以相信的。

[原文]

古者国不易君，家不易大夫，故其治因民宜俗，立纲陈纪。百姓与己相安，然后从容渐渍，日新月盛，而治功成。故曰“必世后仁”[①]，曰“久道成化”[②]。譬之天地不悠久便成物不得。自封建变而为郡县，官无久暖之席，民

无尽识之官。施设未竟而谗毁随之，建官未久而黜陟随之。方胹(ér)[3]熊蹯(fán)[4]而夺之薪，方缫(sāo)茧丝[5]而截其绪。一番人至，一度更张。各有性情，各有识见。百姓闻其政令半不及理会，听其教化尚未及信从，而新者卒至，旧政废阁。何所信从？何所遵守？况加以监司之掣肘，制一帻(zé)[6]而不问首之大小，都使之冠；制一衣而不问时之冬夏，必使之服。不审民情便否，先以簿书督责，即高才疾足之士，俄顷[7]措置[8]之功，亦不过目前小康，一事小补，而上以此为殿最，下以此为欢虞，呜呼！伤心矣。先正有言，人不里居，田不井授，虽欲言治，皆苟而已。愚谓建官亦然。政因地而定之，官择人而守之，政善不得更张，民安不得易法。其多事扰民，任情变法，与惰政慢法者斥逐之。更其人不易其治，则郡县贤于封建远矣。

［注释］

①必世后仁：语出《论语·子路》："如有王者，必世而后仁。"三十年为一世。②久道成化：语出《周易·恒卦·彖辞》："圣人久于其道而天下化成。"③胹：煮。④熊蹯：熊掌。蹯，兽的足掌。⑤缫茧丝：把蚕茧浸在滚水里抽丝。⑥帻：古代的头巾。⑦俄顷：片刻、一会儿。⑧措置：安排。

［译文］

古代时，国家不改变国君，诸侯也不更换大夫，因此他们治理时能因民宜俗，设立纲纪。百姓与己相安无事，然后逐渐变革，天长日久以后，国家就能得到治理了。因此说，统治一定要经过三十年才能使仁政大行，政策长久才能达到教化的目的。就好比天地，不悠久就不能化生万物。自从分封制变为郡县制以后，官员不能长期在任，百姓对官员不熟悉。官员还未完全推行自己的政令，谗言诽谤便随之而来，为官不久就会遭到罢免。就像正在蒸煮熊掌，突然把火撤掉了，正在抽丝，突然把丝剪断了一样。一任官员更改一次政令，他们各自有不同的性情，对事物各自有不同的见解。百姓对他们所推行的政令，一半还没有弄明白，听到教诲还未来得及信服，新的官吏又来了，原来的政令即刻全部废除。百姓到底该听从谁的呢？该遵守什么呢？况且又加上监察、司法部门的牵制，他们的措施也是千人一面。就如同做一条头巾，不管脑袋的大小，都要求戴一样大的；做一件衣服，不管冬夏，都让穿着。对于政令，不看是否符合民情，都先用官署的文书去催促督办。即使让才华很高、办事很快的人去做，其功效也不过对目前稍微有用处，对某些小事稍有点儿益处而已，但居上位者却把此作为考察政绩的标准，居下位者也以此为快乐。唉！令人伤心啊！古代的圣贤曾说：人不按乡里居住，田地不按井田的办法分配，想要使国家得到治理，也只能得过且过而已。我认为设立官吏也是如此。政令要根据不同地区的不同情况来制定，官吏要依据不同人的才能来选拔担任，对百姓有益的政令不要随意改变，百姓能安居乐业就不要随便变法。那些滋扰百姓，任意变法以及荒废政务的官员都应被罢免。更换官员时不改变原来的政令，这样，郡县制就会比分封制实行的时间长。

[原文]

法之立也，体其必至之情，宽以自生之路，而后绳其逾分之私，则上有直色而下无心言。今也小官之俸不足供饔飧(yōng sūn)[1]，偶受常例而辄以贪法罢之，是小官终不可设也。识体者欲广其公而闭之私，而当事者又计其私，某常例某从来也。夫宽其所应得而后罪其不义之取，与夫因有不义之取也，遂俭于应得焉孰是？盖仓官月粮一石而驿丞俸金岁七两云。

[注释]

①饔飧：早饭和晚饭。

[译文]

制定法令时要体察百姓内心的情感，使其能顺利生存，然后才能纠正那超越本分的私念。这样，居上位者就有了公平正直的形象，百姓也不会有怨言了。如今，一些小官只有很少的俸禄，难以维持生计，但只要偶尔接受一些依例应收的钱财，就会因贪赃枉法而被免职，这样一来，小官就无法设立了。识大体的人想增加官员俸禄，以此来限制其私欲，可是当事人又总是计算他的私利，认为某项是常例当取，某项从来就是这样的。增加他应得的俸禄，然后惩罚他取得不义之财，与因为他能取得不义之财就减少他的俸禄相比，哪个对呢？管理仓库的官吏每月只有一石俸粮，驿丞

每年的俸禄只有七两。

[原文]

顺心之言易入也，有害于治；逆耳之言裨治也，不可于人。可恨也。夫惟圣君以逆耳者顺于心，故天下治。

[译文]

顺心的话，人们都爱听，但对治理国家却有害；逆耳的话对治理国家有益，但人们都不爱听。真令人感到遗憾！只有圣明的君主才能听进逆耳之言，所以能治理好天下。

[原文]

使马者知地险，操舟者观水势，驭天下者察民情，此安危之机也。

[译文]

骑马的人要知道地势是否险峻，划船的人要观察水流的缓急，治理国家的人要体察民情，这是国家安危的关键。

[原文]

宇内有三权：天之权曰祸福，人君之权曰刑赏，天下之权曰褒贬。祸福不爽，曰天道之清平。有不尽然者，夺于气数。刑赏不忒，曰君道之清平，有不尽然者，限于见闻，蔽于喜怒。褒贬不诬，曰人道之清平。有不尽然者，偏于爱憎，误于声响。褒贬者，天之所恃以为祸福者也，故曰"天视自我民视，天听自我民听[①]"。君之所恃以为刑赏者也，故曰"好人之所恶，恶人之所好，是谓拂人之性[②]"。褒贬不可以不慎也，是天道、君道之所用也。一有作好作恶，是谓天之罪人，君之戮民[③]。

[注释]

①"天视自我民视"二句：语出《尚书·泰誓》和《孟子·万章上》

朱熹注："天无形，其视听皆从于民之视听。"②"好人之所恶"三句：语出《大学》第十章。③戮民：受过刑罚的罪人。

[译文]

世上有三种权力：上天的权力叫作祸福，君王的权力叫作赏罚，天下人的权力叫作褒贬。该得祸的得祸，该得福的得福，一点儿没有差错，这就叫作天道清平。有不尽然的，则是由气数造成的。赏罚公平，叫作君道清平。有不尽然的，是因为受自己所见所闻的限制，受自己喜怒哀乐的蒙蔽。褒贬公正，这叫作人道清平。有不尽然的，是因为人们爱憎所致，为传闻误导所致。上天依靠世人的褒贬来降给人福祸的，所以说"百姓的眼睛就是上天的眼睛，百姓的耳朵就是上天的耳朵"。君王也要依据世人的褒贬来进行赏罚，所以说"喜欢大家所讨厌的，讨厌大家所喜欢的，这是违背了人的本性"。因此褒贬他人不能不谨慎，因为这是天道和君道的依据。如果褒贬不符合事实，就是上天的罪人，君王的罪民。

卷六　外篇·数集

人　情

［原文］

无所乐，有所苦，即父子不相保也，而况民乎？有所乐，无所苦，即戎狄[1]且相亲也，而况民乎？

［注释］

①戎狄：古民族名，西方曰戎，北方曰狄。

［译文］

没有快乐，只有痛苦，即使是父子也不能确保相亲相爱，更何况是民众呢？只有快乐，没有痛苦，即使是与戎狄之间也能相亲相爱，更何况是民众呢？

［原文］

世之人，闻人过失，便喜谈而乐道之；见人规己之过[1]，既掩护之，又痛疾之；闻人称誉，便欣喜而夸张[2]之；见人称人之善，既盖藏之，又搜索之。试思这个念头是君子乎？是小人乎？

［注释］

①规己之过：劝自己改正错误。　②夸张：夸饰，到处宣扬。

［译文］

世上的人，一听说别人的过错，就喜欢谈论讲述；对于别人规劝自己的过失，便进行遮掩，并且对此很痛恨；听到别人的赞誉，就高兴得意，并且到处宣扬；见到有人赞誉别人的善性，就掩饰隐藏它，却又去搜寻。想想看，有这样念头的人是君子，还是小人？

［原文］

乍见之患，愚者所惊；渐至之殃[1]，智者所忽也。以

愚者而当智者之所忽，可畏哉！

［注释］

①殃：祸害、灾殃。

［译文］

突然面临祸患，愚蠢的人一定会惊讶；而对于逐渐到达的灾殃，聪明的人也会忽视。要是愚蠢的人碰到聪明人都会忽略的灾殃，那可真是太可怕了。

［原文］

论人情只往薄处求，说人心只往恶边想，此是私而刻底念头，自家便是个小人。古人责人每于有过中求无过，此是长厚心、盛德①事。学者熟思，自有滋味。

［注释］

①盛德：高尚的品德。

［译文］

讲到人情只往淡薄方面去做，说到人心只往坏的方面去想，这是自私刻薄的想法，这种人自己就是个小人。古人在责备他人的时候总是在有过错中寻找正确的地方，这是心地厚道，品德高尚的表现。求学的人仔细想一想，自会有别种滋味。

［原文］

人说己善则喜，人说己过则怒。自家善恶自家真知，待祸败时欺人不得。人说体实①则喜，人说体虚则怒，自家病痛自家独觉，到死亡时欺人不得。

［注释］

①体实：身体结实，身体健康的意思。

［译文］

别人说自己的优点就高兴，别人说自己的缺点就生气，自己的善恶只有自己知道，等到灾祸来临，做事失败时就不能欺骗别人了。别人说你身体健康你就高兴，别人说你身体虚弱你就生气，自己的病痛自己知道，等到死亡的时候，你就不能欺骗别人了。

[原文]

一巨卿还家，门户不如做官时，悄然不乐，曰：“世态炎凉如是，人何以堪[1]？”余曰：“君自炎凉，非独世态之过也。平常淡素是我本来事，热闹纷华是我倘来事[2]。君留恋富贵以为当然，厌恶贫贱以为遭际，何炎凉如之，而暇叹世情哉？”

世态炎凉如是，人何以堪?

[注释]

①堪：忍受、承受。 ②倘来事：偶然发生之事。

[译文]

一个朝廷官员告老还乡后，发现家里门庭冷落，不如做官时热闹，他心里不高兴，说：“像这样的世态炎凉，怎么能让人忍受？”我说：“这是你自己心里炎凉，而不是世态炎凉的问题。平淡朴素，是我本来该过的日子，热闹喧哗，是我偶然能碰到的。你心里留恋富贵，认为那是当然的事，厌恶贫贱，认为那是偶然的遭遇。为什么有一颗炎凉之心，却又去感叹世态人情呢？”

[原文]

迷莫迷于明知，愚莫愚于用智[1]，辱莫辱于求荣，小莫小于好大。

[注释]

①用智：指自作聪明，卖弄聪明。

[译文]

最糊涂莫过于明知故犯，最愚蠢莫过于自作聪明，最耻辱的莫过于利己求荣，最低贱莫过于好大喜功。

[原文]

两人相非，不破家不止，只回头认自家一句错，便是无边受用；两人自是，不反面稽唇[①]不止，只温语称人一句好，便是无限欢欣。

[注释]

①反面稽唇：翻脸争吵。

[译文]

两个人争吵，直到吵到家破人亡为止，只要有一个人能主动认错，事情就会好转；两人都坚持己见，可能不到最后翻脸就不会停下来，其实只要一人言语和缓一些，就会让人感到无比欣慰。

[原文]

将好名儿都收在自家身上，将恶名儿都推在别人身上，此天下通情[①]。不知此两个念头都揽个恶名在身，不如让善引过。

[注释]

①通情：通常的情理。

[译文]

把好名声都放到自己身上，把坏名声都推到别人身上，这是天下通常的情理，岂不知有这两个念头的，都揽了个坏名声在身上，还不如自己主动把好名声让给别人，把过错归给自己。

[原文]

露己之美者恶，分人之美者尤恶，而况专人之美[①]、窃人之美乎？吾党戒之。

[注释]

①专人之美：把别人的好处据为己有。

[译文]

刻意显露自己长处的人自然不好，争夺别人好处的人更不好，何况那

些把别人的好处据为己有或者加以窃取的人呢？我们应该以此为戒。

［原文］

守义礼者，今人以为倨傲[1]；工谀佞[2]者，今人以为谦恭。举世名公达宦，自号儒流[3]，亦迷乱相责而不悟，大可笑也。

［注释］

①倨傲：高傲自大。②谀佞：奉承献媚。③儒流：儒士之辈。

［译文］

遵守礼仪的人，现在的人认为他们高傲自大；善于奉承献媚的人，现在的人认为他们谦虚恭谨。世上的名公高官，自称是儒士之辈，对此也感到迷惑，乱加追求而不醒悟，太可笑了。

［原文］

爱人以德[1]而令人仇，人以德爱我而仇之，此二人者皆愚也。

［注释］

①爱人以德：按照道德标准去爱护人。

［译文］

按照道德标准去爱护人还让人产生仇恨，人家按照道德标准来爱护我，我还仇恨人家，这两种人都是愚蠢的人。

［原文］

无可知处尽有可知之人而忽之，谓之瞽[1]；可知处尽有不可知之人而忽之，亦谓之瞽。

［注释］

①瞽：盲人、瞎子。

［译文］

认为没人知道的事情却有人知道，忽略这一点的，叫作盲人；认为都应该知道的事情却有人不知道，忽略这一点的，也叫作盲人。

［原文］

世间有三利衢(qú)[1]坏人心术，有四要路坏人气质，当此地而不坏者，可谓定守矣。君门，士大夫之利衢也。公门，吏胥之利衢也。市门，商贾之利衢也。翰林、吏部、台、省，四要路也。有道者处之，在在都是真我。

［注释］

①利衢：意思是通往利益的道路。

［译文］

世间有三个通往利益的道路把人的心术变坏，有四个要路把人的气质变坏，处在这样的地方而不学坏的人，可谓坚定操守的人。君门，是士大夫的利益之路。公门，是官府小吏的利益之路。市门，是商人的利益之路。翰林、吏部、台、省，就是四个要路。有道德的人在这个位置上，处处都能展现真的自我。

［原文］

朝廷法纪[1]做不得人情，天下名分做不得人情，圣贤道理做不得人情，他人事做不得人情，我无力量做不得人情。以此五者徇人[2]，皆妄也，君子慎之。

［注释］

①法纪：法律纲纪。②徇人：曲从他人，依从他人。

［译文］

朝廷的法律纲纪做不得人情，天下的名位与身份做不得人情，圣贤的道理做不得人情，他人的事做不得人情，我自己没有力量做的事做不得人情。用这五种事情依从他人来达到自己的目的，都是妄想，君子要慎重去做。

［原文］

古人之相与[1]也，明目张胆，推心置腹。其未言也，无先疑；其既言也，无后虑。今人之相与也，小心屏息，藏意饰容。其未言也，怀疑畏；其既言也，触祸机。哀

哉！安得心地光明之君子，而与之披情愫、论肝膈[2]也？哀哉！彼亦示人以光明，而以机阱陷人也。

［注释］

①相与：相交。②论肝膈：指披沥肝膈，比喻真心相见，倾吐心里话。

［译文］

古人之间相互交往，无所畏惧，推心置腹。他们没说话时，不会先心存疑虑；已经说话时，也不会有后顾之忧。如今的人相互交往，小心翼翼，藏意饰容。他们没说话时，就怀疑畏惧；已经说话时，就会招来祸患。悲哀啊！怎样找得到心地光明磊落的君子，可以对他诉说衷情，倾吐心里话呢？悲哀啊！有的人表面上以光明磊落示人，却在暗处设计陷阱害人。

［原文］

古之君子，不以其所能者病人；今人却以其所不能者病人[1]。

［注释］

① 以其所不能者病人：以他自己做不到的事来指责别人。

［译文］

古代的君子，不以他所能做到的来指责做不到的人；而现在的人却以他所不能做到的来指责不能做到的人。

［原文］

古人名望相近则相得[1]，今人名望相近则相妒。

［注释］

①相得：相处得很友好。

［译文］

古代名望相近的人能相处得很友好，而现在名望相近的人则相互嫉妒。

［原文］

福莫大于无祸，祸莫大于求福。

[译文]

幸福莫过于没有灾祸，灾祸莫过于过分追求幸福。

[原文]

言在行先，名在实先，食在事先，皆君子之所耻也。

[译文]

说在做前面，名声在实际前面，获取在做事前面，这都是君子的耻辱。

[原文]

两悔，无不释①之怨，两求，无不合之交，两怒，无不成之祸。

[注释]

①释：释怀。

[译文]

两人都悔过，就没有不释怀的怨恨，两人都求好，就没有不和睦的交往，两人都生气，就没有不造成灾祸的。

[原文]

己无才而不让能①，甚则害之；己为恶而恶人之为善，甚则诬②之；己贫贱而恶人之富贵，甚则倾之。此三妒者，人之大戮也。

[注释]

①让能：让位给比自己贤能的人。②诬：诬陷。

[译文]

自己没有才能，又不给贤能的人让位，甚至还要迫害别人；自己做坏事，还讨厌别人行善，甚至要诬陷他们；自己贫困卑贱，却憎恨那些富贵的人，甚至要侵害别人。这三种人喜欢忌妒别人，都是做人最不应该的。

[原文]

以患难时心居安乐，以贫贱时心居富贵，以屈局①时心居广大，则无往而不泰然。以渊谷视康庄②，以疾病视

强健，以不测视无事[3]，则无往而不安稳。

［注释］

①屈局：受到屈辱。②以渊谷视康庄：把深渊低谷看成是康庄大道一样。③以不测视无事：把不测之事看成是无事。

［译文］

在患难时，心里却能安定快乐；在贫贱时，心里能以富贵自居；在受到屈辱时，心里却坦荡宽广，如果做到这几点，就没有什么事情不让我们感到泰然自若的。如果能把深渊看作平坦的大道，把疾病看作身强体健，把不测之事看作无事，那就没有什么事情不让我们感到安稳了。

［原文］

不怕在朝市[1]中无泉石[2]心，只怕归泉石时动朝市心。

［注释］

①朝市：指在朝廷为官。②泉石：原指山水，这里是隐居之意。

［译文］

不怕在朝为官时没有隐居的心思，只怕在隐居时动了入朝做官的心思。

［原文］

积威与积恩，二者皆祸也。积威之祸可救，积恩之祸难救。积威之后，宽一分则安，恩二分则悦；积恩之后，止而不加则以为薄，才减毫发则以为怨。恩极则穷，穷则难继；爱极则纵，纵则难堪。不可继则不进，其势必退。故威退为福，恩退为祸；恩进为福，威进为祸。圣人非靳[1]恩也，惧祸也。湿薪之解也易，燥薪之束也难。圣人之靳恩也，其爱人无已之至情，调剂人情之微权也。

［注释］

①靳：吝啬。

［译文］

积累威严和积累恩惠，这两者都是祸患。积威的祸患可以补救，而积恩的祸患却难以补救。威严积累起来之后，宽松一点就会令人安宁，恩惠多加点人家就会高兴；而恩惠积累起来之后，一旦停止施恩不再增加恩惠人家就以为淡薄，才减少丝毫恩惠，人家就会抱怨。施恩达到极点就会导致穷尽了，一旦穷尽就会难以复加；溺爱到了极点就会放纵，一旦放纵就难以继续忍受。不能再继续施恩，关系就不能进一步发展，恩惠的势态只能减退。因此威势减退就会带来福分，而恩惠减退就会带来灾祸；恩惠有所增加就会带来福祥，而威势的增加就会带来灾祸了。圣人并不是吝啬施以恩惠，而是害怕带来灾祸。潮湿的柴草容易解开绳子，而干燥的柴草捆扎好却很困难。圣人之所以吝啬施恩，这是他对关爱别人而没有自己的至高情怀，是调剂人情的极微小的权变之法啊！

[原文]

人皆知少之为忧，而不知多之为忧也。惟智者忧多[1]。

[注释]

①惟智者忧多：只有聪明人才对多感到忧虑。

[译文]

人们都知道少是值得忧虑的，而不知道多也是该忧虑的。只有智者才为多感到忧虑。

[原文]

众恶之必察[1]焉，众好之必察焉，易；自恶之必察焉，自好之必察焉，难。

[注释]

①察：考察。

[译文]

对大家都讨厌的人一定去考察了解，对大家都喜欢的人也一定去考察了解，做到这点容易；对自己讨厌的人一定去考察了解，对自己喜欢的人也一定去考察了解，做到这点很难。

[原文]

有人情之识，有物理[1]之识，有事体[2]之识，有事势[3]之识，有事变之识，有精细之识，有阔大[4]之识。此皆不可兼也，而事变之识为难，阔大之识为贵。

[注释]

①物理：事物的道理。②事体：事物的体制。③事势：事情的形势。④阔大：宽阔博大。

[译文]

有对人情世故的见识，有对事物道理的见识，有对事物体制的见识，有对事情形势的见识，有对事物变化的见识，有对精致细密的事情的见识，有对宽阔博大的事情的见识。这些不是一个人都能兼有的见识，而能看清楚事物变化的见识就很难得，能看清楚宽阔博大的见识是可贵的。

[原文]

圣人之道，本不拂人①，然亦不求可人②。人情原无限量，务可人不惟不是，亦自不能。故君子只务可理③。

[注释]

①拂人：违背他人。②可人：迎合他人。③可理：讲求道理。

[译文]

圣人的道理，并不是要违背他人，但也不迎合他人。人情本来是无限的，要迎合他人不仅不对，也不能做到，因此君子做事只讲求道理。

[原文]

施人者虽无已①，而我常慎所求，是谓养施；报我者虽无已，而我常不敢当，是谓养报；此不尽人之情，而全交之道也。

[注释]

①无已：没有私心。

[译文]

施与他人的人虽然没有私心，但我常常慎重地提出要求，这就叫养施；报答我的人虽然没有私心，但我常常觉得不敢当，这就叫养报；这样做，好像不近人情，但却是有利于人们的交往，是令交情长久的方法。

[原文]

攻人①者，有五分过恶，只攻他三四分，不惟彼有余

惧，而亦倾心引服[2]，足以塞其辩口。攻到五分，已伤浑厚，而我无救性矣。若更多一分，是贻之以自解之资[3]，彼据其一而得五。我贪其一而失五矣。此言责家之大戒也。

[注释]

①攻人：批评别人。 ②倾心引服：心悦诚服。③自解之资：自我辩解的根据。

[译文]

批评别人，看见别人有五分过错，只批评他三四分，这样被批评的人不仅心里畏惧，而且完全服气，足以让他停止争辩。如果批评他五分，这就不够浑厚，自己也没有回旋的余地了。如果再多批评他一分，那就是给了他辩解的理由，他可以靠这多一分的批评，挽回自己五分的过错。贪求那多一分的批评，失去了那合理的五分，这是批评者应该警戒的。

[原文]

见利向前，见害退后，同功专美[1]于己，同过委罪于人，此小人恒态，而丈夫之耻行也。

[注释]

①专美：独自享有美名。

[译文]

看到利益就向前，看到损害就退后，把和别人共同建立功劳的美名都归自己享有，把和别人共同犯的罪过都推给别人，这是小人的常态，却是大丈夫的可耻行为。

[原文]

任彼薄恶，而吾以厚道敦之，则薄恶者必愧感，而情好愈笃。若因其薄恶也，而亦以薄恶报之，则彼我同非，特分先后耳，毕竟何时解释[1]？此庸人之行，而君子不由也。

[注释]

①解释：消除、解除。

[译文]

任凭对方薄情恶劣，我都要以厚道淳朴对待他，这样对你薄情恶劣的人必定会惭愧感动，而且感情也会更加好。如果因为对方薄情恶劣，我也用薄情恶劣的态度回报，那么两人都错了，只不过有个先后之分罢了，这样的话两人的怨恨什么时候才能消除呢？这是庸人的做法，君子是不会这么做的。

[原文]

恕人①有六：或彼识见有不到处，或彼听闻有未真处，或彼力量有不及处，或彼心事有所苦处，或彼精神有所忽处，或彼微意有所在处。先此六恕而命之不从，教之不改，然后可罪也已。是以君子教人而后责人，体人②而后怒人。

[注释]

①恕人：宽恕别人。②体人：体谅别人。

[译文]

宽恕别人有六种情况：或是因为他见识不够，或是因为他听说的有不实的地方，或是因为他的力量不够强，或是因为他心里有难言的苦处，或是因为他精神有所恍惚，或是因为他有别的微妙用意。先对这六种情况给予宽恕，若命令不服从，教育不改正，然后可以惩罚。是因为君子先教育人后责罚人，先体谅人后怪罪人。

[原文]

直友难得，而吾又拒以讳过之声色；佞人①不少，而吾又接以喜谀之意态。呜呼！欲不日入于恶也难矣。

[注释]

①佞人：阿谀奉承的人。

[译文]

正直的朋友很难得，而我又用讨厌讳疾忌医的声色来抗拒他；阿谀奉承的人不少，而我又用喜欢阿谀奉承的态度来结交他。唉！不想一天天变坏都难啊！

[原文]

笞、杖、徒、流、死①，此五者小人之律令也；礼、义、廉、耻，此四者君子之律令也。小人犯律令刑于有司，君子犯律令刑于公论。虽然，刑罚滥及，小人不惧，何也？非至当之刑也。毁谤交攻，君子不惧，何也？非至公之论也。

笞刑

笞刑是古代对罪犯使用的五种刑罚之一。

[注释]

①笞、杖、徒、流、死：指笞刑、杖刑、徒刑、流放、死刑，是古代对罪犯使用的五种刑罚。

[译文]

笞刑、杖刑、徒刑、流放、死刑，这五种是对付小人的法令；礼、义、廉、耻，这四则是对待君子的法令。小人触犯了法令由司法机关判刑，君子违犯了法令由公论惩处。虽然这样，要是刑罚滥用，小人也不惧怕了，为什么呢？因为不是恰当的刑罚。如果毁谤相加，君子也不惧怕了，为什么呢？因为不是公正的论断。

[原文]

情不足而文之以言①，其言不可亲也；诚不足而文之以貌②，其貌不足信也。是以天下之事贵真，真不容掩，而见之言貌，其可亲可信也夫！

[注释]

①文之以言：用言语掩饰。文，掩饰、修饰。②文之以貌：用表情掩饰。

[译文]

内心感情不足就用言语加以修饰，这样的言语并不能让人感觉亲近。

内心的诚意不足而用表情来加以修饰，这样的表情也无法让人信服。因此天下的事情贵在真心，真情是掩饰不住的，真情之通过言语和表情表现出来，这样就使人觉得可亲可信。

[原文]

势、利、术、言，此四者公道之敌也。炙手可热[1]，则公道为屈；贿赂潜通，则公道为屈；智巧阴投，则公道为屈，毁誉肆行，则公道为屈。世之冀幸受诬者，不啻十五也，可慨夫！

[注释]

①炙手可热：手摸上去感到热得发烫，这里比喻权势大。

[译文]

权势、利益、谋诈、诡言，这四个是公道的敌人。权势庞大，公道就会为之变形；暗地贿赂，公道就会为之变形；机谋巧诈，公道就会为之变形；毁誉肆行，公道就会为之变形。世上怀着侥幸希冀而受到诬陷的人，不只是十分之五，真是令人感慨啊！

[原文]

圣人处世只于人情上做工夫[1]，其于人情又只于未言之先、不言之表上做工夫。

[注释]

①工夫：功夫。

[译文]

圣人处世只在人情上下功夫，对于人情又只在未言之前、不说表面上下功夫。

[原文]

美生爱，爱生狎，狎生玩，玩生骄，骄生悍，悍生死。

[译文]

对美的事物就会产生喜爱，喜爱就会产生亲昵之心，亲昵不庄重就会产生轻慢，轻慢就会产生骄横，骄横就会产生凶悍，凶悍就会导致死亡。

［原文］

礼是圣人制底，情不是圣人制底。圣人缘情而生礼①，君子见礼而得情。众人以礼视礼，而不知其情，由是礼为天下虚文②，而崇真者思弃之矣。

［注释］

①缘情而生礼：根据人情来制定礼。②虚文：虚设、矫饰。

［译文］

礼是由圣人制定的，而情不是圣人制定的。圣人以人情为基础制定了礼，君子只要看到礼就知道了人情。普通人只把礼当作礼仪看，而不知道礼之中包含着人情，因此礼仅成为一种虚设的仪式，以致崇尚真实的人考虑抛弃礼。

［原文］

人到无所顾惜时，君父之尊不能使之严，鼎镬(huò)①之威不能使之惧，千言万语不能使之喻，虽圣人亦无如之何也已。圣人知其然也，每养其体面，体其情私，而不使至于无所顾惜。

［注释］

①鼎镬：指古代用锅烹煮的酷刑。

［译文］

人到了无所顾忌的时候，天子的威严也不能使他感到震慑，下锅烹煮的酷刑也不能使他感到畏惧，千言万语也不能令他醒悟，即使是圣人也会对他无可奈何。圣人知道其中的道理，所以通常要保护人的名誉，体贴他们内心的隐情，而不让人沦落至无所顾忌的地步。

［原文］

称人以颜子，无不悦者，忘其贫贱而夭；称人以桀、纣、盗跖(zhí)，无不怒者，忘其富贵而寿。好善恶恶①之同然如此，而作人却与桀、纣、盗跖同归，何恶其名②而好其

实耶？

［注释］

①好善恶恶：喜好善行，厌恶恶行。②恶其名：厌恶他们的坏名声。

［译文］

说别人是颜渊，听了没有不高兴的，却忘记了颜渊贫贱并且早逝。说别人是桀、纣、盗跖，听了没有谁不会发怒的，却忘了他们都富贵而且长寿。人们都喜好善人而讨厌恶人，但人们做人，都选择桀、纣、盗跖的路。为什么讨厌他们的坏名声，但喜欢像他们那样去做事呢？

［原文］

今人骨肉之好不终，只为看得“尔、我”二字太分晓。

［译文］

如今的人骨肉之间的亲密也不能保持终生，只是因为把“你、我”二字看得太清楚了。

［原文］

圣人制礼本以体人情，非以拂[1]之也。圣人之心非不因人情之所便而各顺之，然顺一时便一人，而后天下之大不顺便者因之矣。故圣人不敢恤小便拂大顺，徇一时弊万世，其拂人情者，乃所以宜人情也。

［注释］

①拂：违背。

［译文］

圣人制定的礼制规范本来是为了体恤人情，不是用来违背人情的。圣人的心并非不想因人情的方便而使得各方面都顺应，然而顺应一时方便一人，以后天下会出现很多人不顺利不方便的情形。因此，圣人不敢为了体恤少数人的便利，而违背大多数人的顺利，顺人一时的方便而造成万世的不顺，他违背一个人的目的，正是为了顺天下的人。

［原文］

好人之善，恶人之恶，不难于过甚[1]。只是好己之善，

恶己之恶，便不如此痛切。

［注释］

①过甚：过分、夸大，多指说话。

［译文］

喜好别人的优点，厌恶别人的缺点，说得再过分也不难。但是喜爱自己的优点，厌恶自己的缺点，便不能有如此沉痛深切了。

［原文］

诚则无心，无心则无迹，无迹则人不疑，即疑，久将自消。我一着意[1]，自然着迹，着迹则两相疑，两相疑，则似者皆真，故着意之害大。三五岁之男女终日谈笑于市，男女不相嫌，见者亦无疑于男女，两诚故也。继母之慈，嫡妻之惠，不能脱然自忘，人未必脱然相信，则着意之故耳。

［注释］

①着意：用心在意。

［译文］

真诚则要表现的不在意，不在意就会没有形迹，没有形迹就不会让人产生怀疑，即使怀疑，时间长了也会自行消失。我一用心在意，自然显露形迹，露出形迹则两边就会怀疑，两边都怀疑，则相似的东西也是真的了，所以说用心着意的害处很大。三五岁的男孩女孩整日在街上谈笑，没有男女方面的嫌疑，看见的人也不会有男女之嫌的疑虑，这是因为内心真诚的原因。继母对孩子的慈爱，嫡妻对小妾的恩惠，自己不能轻易忘记，别人也未必轻易相信，这就是用心在意的缘故。

［原文］

一人运一甓（pì）[1]，其行疾，一人运三甓，其行迟，又二人共舆十甓，其行又迟，比暮而较之，此四人者其数均。天下之事苟从其所便，而足以济事[2]，不必律之使一也，一则人情必有所苦。先王不苦人所便以就吾之一而又病于事。

[注释]

① 甓：砖。② 济事：成事。

[译文]

一个人运送一块砖，行走的速度会很快，一个人运送三块砖，行走的速度比较慢，若两个人共同抬着十块砖，行走的速度会更慢，到了晚上一比较，这四个人运送的砖数一样。因此说天下的事如果按照方便的方法去做，而又能够成事，就不必一律用一种方法，用一种方法的话有的人会感到不便。先王不在人们方便的事上制造麻烦好让人统一于自己的规定，却又对事情不利。

[原文]

人之情，有言然而意未必然者，有事然而意未必然者。非勉强于事势[①]，则束缚于体面。善体人者要在识其难言之情，而不使其为言与事所苦。此圣人之所以感人心，而人乐为之死也。

[注释]

①勉强于事势：被时势所勉强，只能如此。

[译文]

人的情感，有的表面上是这样，实际上并非是这样；有的事实已经如此，而他的意愿并非如此。其中的原因不是被时势所勉强，就是被体面所束缚。善于体谅他人者应该想到他人的难言之情，从而不令他人因言谈和已有事实不一而感到难堪。这就是圣人所以能感动人心，而他人乐于为其牺牲的缘故。

[原文]

人情愈体悉愈有趣味，物理愈玩索[①]愈有入头。

[注释]

①玩索：体味探求。

[译文]

人情越深入体会熟悉越有趣味，事物的道理越体味探求越会深入。

［原文］

不怕多感，只怕爱感①。世之逐逐恋恋，皆爱感者也。

［注释］

①爱感：沉溺于情感之中。

［译文］

人不怕多愁善感，只怕沉溺于情感中不能自拔。世上的人之所以追求爱恋，都是因为沉溺于情感中的缘故。

［原文］

人情之险也，极矣。一令贪，上官欲论之而事泄，彼阳①以他事得罪，上官避嫌，遂不敢论，世谓之箝口计。

［注释］

①阳：这里指公开的意思。

［译文］

人情的险恶已经到了极点。一个县令贪污，上司准备治他的罪，不想事情泄露出去，县令就公开曾经因别的事情得罪过上司，上司为了避开嫌疑，就不敢给县令治罪了，世人称这个为箝口计。

［原文］

有二三道义之友，数日别便相思。以为世俗之念，一别便生；亲厚之情，一别便疏。余曰："君此语甚有趣向，与淫朋狎友①滋味迥然不同，但真味未深耳。孔、孟、颜、思，我辈平生何尝一接？只今诵读体认间，如朝夕同堂对语，如家人父子相依，何者？心交神契，千载一时，万里一身也。久之，彼我且无，孰离孰合，孰亲孰疏哉？若相与而善念生，相违而欲心长，即旦暮一生，济得甚事？"

［注释］

①淫朋狎友：不正派的亲密朋友。

[译文]

有二三个道义之交的朋友，分别了几日，就开始相互思念。他们认为，世俗的思念，一分别就会产生；亲厚的情义，一分别就会疏远。我说：“你说的话很有趣味，与那些不正派的亲密朋友的滋味截然不同，但真味还不深。孔子、孟子、颜回、子思，我们平生并没有和他们接触，现在诵读体会他们的著作时，就如同朝夕相处，同堂对话一般，如同家人父子相互依靠，这是为什么呢？这是因为心交神合，相距千年而如同生活在同一个时代，相距万里而如同一个人一样。时间长了没有了彼此之分，哪还有谁离谁合、谁亲谁疏之分呢？如果在一起则善念产生，一分开则欲心生长，这样，即使一生都在一起，又有什么用处呢？”

颜回

颜回（前521—前481），字子渊，春秋时期鲁国人，他十四岁即拜孔子为师，此后终生师事之。在孔门诸弟子中，孔子对他称赞最多，不仅赞其“好学”，而且还以“仁人”相许。

物　理

[原文]

鸱(chī)鸦，其本声也如鹊鸠然，第[1]其声可憎，闻者以为不祥，每弹杀之。夫物之飞鸣，何尝择地哉？集屋鸣屋，集树鸣树。彼鸣屋者，主人疑之矣，不知其鸣于野树，主何人不祥也？至于犬人行、鼠人言、豕人立，真大异事，然不祥在物，无与于人。即使于人为凶，然亦不过感戾气而呈兆，在物亦莫知所以然耳。盖鬼神爱人，每示人以趋避之几，人能恐惧修省，则可转祸为福。如景公之退孛星[2]，高宗之枯桑谷，妖不胜德，理气必然。然则妖异之呈兆，即蓍(shī)龟之告繇，是吾师也，何深恶而痛去之哉？

[注释]

①第：只。②孛星：彗星。

[译文]

鸮鹰和乌鸦的叫声其实和喜鹊和斑鸠一样，然而只是因为叫声难听，听到的人就认为是不祥之兆，常要射杀它们。鸟类在飞翔的时候鸣叫，何尝会选择地点呢？落在屋顶就在屋顶鸣叫，落在树上就在树上鸣叫。落在屋顶鸣叫的，此屋的主人就会怀疑会带来灾祸，落在树上的，会给什么人带来不祥？对于狗如人一样行走，老鼠如人一样说话，猪如人一样直立，真是十分奇怪的事情，然而不祥只表现在动物身上，与人无关。即使对人来说是凶事，也不过是动物感到了戾气而呈现出来罢了，动物也不知道其所以然。鬼神爱人，每当向人显示趋福避祸之兆，人能够心存害怕而注意修身反省，则可以转祸为福。例如齐景公没有祭祀就消除了彗星出现带来的祸患，殷高宗用修德的方式来避免桑谷枯萎可能会出现的灾祸，这是因为妖不胜德，理气必然的原因。然而出现了妖异的征兆，就好比占卜时的显示的文辞，好像是我们的老师，为何还要深恶痛绝地去除去它们呢？

[原文]

春夏秋冬不是四个天，东西南北不是四个地，温凉寒热不是四个气，喜怒哀乐不是四个面[1]。

[注释]

①面：面孔。

[译文]

春夏秋冬不是四个天气，东西南北不是四个地方，温凉寒热不是四种现象，喜怒哀乐不是四张面孔。

[原文]

临池者[1]不必仰观，而日月星辰可知也；闭户者不必游览，而阴晴寒暑可知也。

临池照水

临池者不必仰观，而日月星辰可知也。

[注释]

①临池者：站在池塘边的人。

[译文]

站在池塘边的人，不用仰望天空，就能看到日月星辰；闭门在家的人，不必到处奔走观看，阴晴寒暑就可明明白白。

[原文]

有国家者，要知真正祥瑞。真正祥瑞者，致祥瑞之根本也。民安物阜，四海清宁，和气薰蒸，而祥瑞生焉，此至治①之符也。至治已成，而应征乃见者也。即无祥瑞，何害其为至治哉？若世乱而祥瑞生焉，则祥瑞乃灾异耳。是故灾祥无定名，治乱有定象②。庭生桑榖未必为妖，殿生玉芝未必为瑞。是故圣君不惧灾异，不喜祥瑞，尽吾自修之道而已。不然，岂后世祥瑞之主出二帝三王上哉！

[注释]

①至治：最完美的政治。②定象：固定的气象。

[译文]

拥有国家的人应该知道什么是真正的祥瑞。真正的祥瑞，就是能带来祥瑞的根本。民安物阜，四海清宁，和气熏蒸，祥瑞就会出现，这是政治达到最完美境界的征兆。完美的政治形成了，祥瑞的征兆就会出现。即使没有祥瑞，对完美的政治又有什么妨害？如果乱世而出现了祥瑞，这祥瑞就是灾异。因此说灾异和祥瑞并没有固定的名称，而治世和乱世却有固定的气象。朝廷上长出桑榖未必是凶兆，殿堂上长出玉芝未必为祥瑞。因此圣明的君主不害怕灾异，不喜欢祥瑞，只是尽力将朝政治好而已。如果不是这样，后世曾出现祥瑞的那些君王难道比古代的二帝三王还贤明吗？

[原文]

先得天气而生者，本上而末下，人是已。先得地气而生者，本下而末上，草木是已。得气中之质者，飞。得质中之气者，走。得浑沦磅礴之气质者，为山河，为巨体之

物。得游散纤细之气质者，为蠛蠓（miè měng）[1]蚊蚁蠢动之虫，为苔藓萍蓬藂蔇（cóng jì）之草。

［注释］

①蠛蠓：一种小虫子。

［译文］

先得到天气而生的，本在上而末在下，这就是人类。先得到地气而生的，本在下而末在上，这是草木。得到气中之质，能飞。得到质中之气的，能走。得到天然磅礴气质的，成为山河，是巨大体型的东西。得到游散纤细气质的，是蠛蠓蚊蚁等蠢动的虫类，是苔藓萍蓬藂蔇之类的小草。

［原文］

入钉惟恐其不坚，拔钉惟恐其不出。下锁[1]惟恐其不严[2]，开锁惟恐其不易。

［注释］

①下锁：上锁。②不严：不坚固、不紧密。

［译文］

钉钉子时，生怕它不坚固；而拔钉子时，又怕它太坚固。上锁时，怕锁锁不紧；而开锁时，又怕打不开它。

［原文］

以恒常度气数[1]，以知识定窈冥[2]，皆造化之所笑者也。造化亦定不得，造化尚听命于自然，而况为造化所造化者乎？堪舆[3]星卜诸书，皆屡中[4]者也。

［注释］

①气数：气运。②窈冥：深远渺茫的东西。③堪舆：相地看风水。④屡中：正中。

［译文］

以永恒不变的东西来度量气运，以知识来确定深远渺茫的东西，都是被造化嘲笑的。对于这些，造化也是不确定的，造化还要听命于自然，何况是造化所造化出来的呢？相地看风水占卜星象等书，都是多次被它猜中的。

［原文］

古今载藉，莫滥于今日。括之有九：有全书，有要书，有赘书，有经世之书，有益人之书，有无用之书，有病道之书，有杂道之书，有败俗之书。《十三经注疏》《二十一史》，此谓全书。或撮其要领，或类其俊腴(yú)[①]，如《四书》《六经集注》《通鉴》之类，此谓要书。当时务，中机宜，用之而物阜民安，功成事济，此谓经世之书。言虽近理，而掇拾[②]陈言，不足以羽翼经史，是谓赘书。医技农卜，养生防患，劝善惩恶，是谓益人之书。无关于天下国家，无益于身心性命，语不根心，言皆应世，而妨当世之务，是谓无用之书，又不如赘。佛老庄列，是谓病道之书。迂儒腐说，贤智偏言，是谓杂道之书。淫邪幻诞，机械[③]夸张，是谓败俗之书。有世道之责者，不毅然沙汰而芟(shān)锄之，其为世教人心之害也不小。

［注释］

①俊腴：原指肥美，这里指精华。②掇拾：搜取、搜集。③机械：巧诈、机巧。

［译文］

古今书籍没有像如今这么泛滥的。概括起来共有九种：有全书，有要书，有赘书，有经世之书，有益人之书，有无用之书，有病道之书，有杂道之书，有败俗之书。《十三经注疏》《二十一史》，这类的称为全书。或者选择其要领，或者归类出精华，如《四书》《六经集注》《通鉴》这类，称为要书。适应当世实务，适合时机的决策，采用它可以物产丰富，人民安定，功业成就，事业成功，这类书称为经世之书。言论虽然合乎情理，但是搜取的是陈旧言论，不足以解说经史，这称为赘书。医技农卜，养生防患，劝善惩恶，这称为益人之书。无关于天下国家，无益于身心性命，语言不是出于内心，说的都是为了应付世事，而又妨碍当世实务的，这称为无用之书，还不如赘书。佛教、老子、庄子、列子的书，称为病道之书。迂儒腐说，贤人智者的不正言论，称为杂道之书。淫邪荒诞，巧诈夸张，称为败俗之书。对世道负有责任的人，如果不毅然对这些书籍进行淘汰和铲除，会对当世的礼教和人心造成不小的危害。

[原文]

火不自知其热，水不自知其寒，鹏不自知其大，蚁不自知其小，相忘于所生也①。

[注释]

①相忘于所生也：此处意为受自我局限，不能观察自己。

[译文]

火苗不知道自己有多热，流水不知道自己有多寒冷，鹏鸟看不到自己有多大，蚂蚁看不到自己有多渺小，这是因为它们无法观察自己。

[原文]

声无形色，寄之于器；火无体质，寄之于薪；色无着落，寄之草木。故五行①惟火无体，而用不穷。

[注释]

①五行：指金、木、水、火、土这五种物质。

[译文]

声音没有形状和颜色，它是寄托于器物上的。火是没有形体和质地，它是寄托于柴薪上的。颜色没有着落，它是寄托于草木上的。因此金、木、水、火、土这五种物质只有火没有形体，而且用之不竭。

[原文]

大风无声，湍水无浪，烈火无焰，万物无影。

[译文]

大风没有声音，湍急的水没有波浪，猛烈的火没有火苗，万物是无影无踪的。

[原文]

万物得气之先。

[译文]

万物是先得到气的。

[原文]

无功而食，雀鼠是已；肆害而食，虎狼是已。士大夫可图诸座右①。

[注释]

①可图诸座右：可以把它作为自己的座右铭。

[译文]

不劳动偷取食物的，是麻雀和老鼠；通过伤害他物来取得食物的，是老虎和豺狼。为官的人可以把这些话当作座右铭。

[原文]

薰①香莸(yóu)②臭，莸固不可有，薰也是多了的，不如无臭。无臭者，臭之母也。

[注释]

①薰：香草。②莸：臭草。

[译文]

薰草香、莸草臭，莸草本来不可能有香味，薰草太多时还不如无味。没有气味，可以变化出各种气味。

[原文]

圣人因蛛而知网罟(gǔ)①，蛛非学圣人而布丝也；因蝇而悟作绳，蝇非学圣人而交足也。物者，天能②；圣人者，人能。

[注释]

①罟：这里指网。②天能：天生具有这种本领。

[译文]

圣人看见蜘蛛结网而懂得了织网，并不是蜘蛛学习圣人才去结网的；圣人看见苍蝇而懂得结绳，并不是苍蝇学习圣人才去搓手搓脚。动物的本领是天生的，圣人的本领是后天学习的。

［原文］

执火不焦指，轮圆不及下①者，速②也。

［注释］

①不及下：不会倒下。②速：速度快。

［译文］

用手指接触火苗不会被烧伤，轮子滚动而不倒下，是因为速度快的原因。

广　喻

［原文］

剑长三尺，用在一丝之铦（xiān）刃①；笔长三寸，用在一端之锐毫，其余皆无用之羡物②也。虽然，使剑与笔但有其铦者锐者焉，则其用不可施。则知无用者，有用之资；有用者，无用之施。易牙③不能无爨（cuàn）子④，欧冶⑤不能无砧手⑥，工输⑦不能无钻厮⑧。苟不能无，则与有用者等也，若之何而可以相病也？

［注释］

①铦刃：锐利的刃。②羡物：多余的东西。③易牙：春秋时期齐桓公之臣，因善于逢迎，善于调味而受宠。④爨子：在灶下帮厨的人。⑤欧冶：欧冶子，春秋时期著名的冶工，曾经为越王和楚王铸造宝剑。⑥砧手：锻铁工。⑦公输：公输般，又称鲁班，春秋时鲁国著名的木工巧匠，被奉为木工祖师。⑧钻厮：钻手。

［译文］

三尺长剑，所使用的不过是一丝长的利刃；三寸长的毛笔，所使用的只是一端的锐毫，剩下的都是些没有用途的多余的东西。虽然这样，如果剑和笔都只有锐利的刃和毫，也不能够发挥它的作用。由此可知，没有用途的东西，是有用之物所依凭的；有用途的东西，是凭借无用之物来发挥其作用的。易牙善于烹调，但他不能没有帮厨；欧冶子善于铸剑，但他不

能没有砧手；公输般善于做木工，但他不能没有钻工。如果缺少不得，那么就和有用之物没有差别，为什么还要觉得它是多余的累赘之物呢！

［原文］

坐井者不可与言一度之天，出而四顾，则始觉其大矣。虽然，云木碍眼，所见犹拘也。登泰山之巅，则视天莫知其际矣。虽然，不如身游八极[1]之表，心通九垓(gāi)[2]之外。天在胸中如太仓一粒[3]，然后可以语通达之识。

［注释］

①八极：八方极远处。②九垓：九重天，大外极高远的地方。③太仓一粒：大仓库里面的一粒米。形容极其微小。

［译文］

对于坐在井底的人，没有办法和他讨论天空有多大。一旦他走出来，看看四周，他就会感觉到天的广大了。虽然天很大，如果有云雾和树木的遮挡，能看到的天也是有限的。一旦登上泰山的顶峰，那么看到的天空是无边无际的。即便如此，还不如身体遨游在八方之外，让心灵和九重天相融通。天在自己胸中就像仓库里的一粒粟，有了这样的胸襟才能去表达那些通达的见识。

［原文］

着味非至味也，故玄酒[1]为五味先；着色非至色也，故太素为五色主；着象非至象也，故无象为万象母；着力非至力也，故大块[2]载万物而不负；着情非至情也，故太清[3]生万物而不亲；着心非至心也，故圣人应万事而不有。

［注释］

①玄酒：上古时期祭祀时所用的水，以其色黑，且太古无酒，以水为酒，故称为玄酒。后引申为薄酒。②大块：大地。③太清：天。

［译文］

着上的味并非是最鲜美的味道，因此白水为五味之先。着上的色并非是最艳丽的颜色，因此无色是五色之主。着上的象并不是最美好的象，因此无象是万象之母。着了力并非是最大的力，因此大地承载万物仿佛没有负载一般。着了情并非最深挚的情感，因此天生万物而不亲。着了心并非是最用心，因此应万事仿佛不曾用心一般。

［原文］

凡病人面红如赭（zhě）[1]、发润如油者不治，盖萃一身之元气血脉尽于面目之上也。呜呼！人君富，四海贫，可以惧矣。

［注释］

①赭：红色，赤红色。

［译文］

凡那些面色赤红，发色油润的病人就治不好了，因为全身的血脉元气都集中到了面目之上。唉！君主富庶，国家四海贫寒，就令人感到害怕了。

［原文］

有国家者，厚下恤民，非独为民也。譬之于墉[1]，广其下，削其上，乃可固也；譬之于木，溉[2]其本，剔其末，乃可茂也。夫墉未有上丰下狭而不倾，木未有露本繁末而不毙者。可畏也夫！

［注释］

①墉：城墙。②溉：灌溉、浇灌。

［译文］

拥有国家之人，使国民富足，体恤民情，并非只是为了国民。这正如修筑城墙，下部宽广上边狭窄，才能够牢固；正如种植树木，浇灌根部，修剪树冠，才能够使树木茂盛。城墙没有上宽下窄而不倾覆的，树木没有根部外露树冠茂密而不死亡的。这是很可怕的啊！

［原文］

天下之势，积渐成之也。无忽一毫[1]，舆（yú）[2]羽折轴者，积也。无忽寒露，寻至坚冰者，渐也。自古天下国家、身之败亡，不出“积渐”二字。积之微[3]，渐之始[4]，可为寒

心哉！

[注释]

①无忽一毫：一丝一毫也不要忽视。②舆：车，这里特指是用车装。③积之微：微小的累积。④渐之始：渐变的开始。

[译文]

天下的形势，都是逐渐积累而成。一丝一毫也不能忽视，因为一车羽毛也可能压断车轴；冬天的寒露也不能忽视，它们逐渐积累就成了坚冰，这都是渐积的缘故。自古以来，不管天下大事还是一己之身的成败兴亡，都和“积渐”这两个字有关。微小的积累，渐变的开始，都应该让人提高警惕。

[原文]

火之大灼①者无烟，水之顺流者无声，人之情平者无语。

[注释]

①大灼：燃烧得很剧烈。

[译文]

烈火不会有浓烟，顺流的水没有声音，心情平静的人不会多说话。

[原文]

风之初发于谷也，拔木走石，渐远而减，又远而弱，又远而微，又远而尽。其势然也。使风出谷也，仅能振叶拂毛，即咫尺①不能推行矣。京师号令之首也，纪法不可以不振也。

[注释]

①咫尺：周制八寸为咫，十寸为尺。谓接近或刚满一尺。形容距离近。

[译文]

风刚刚从山谷中吹出来的时候，十分强劲，可以拔木走石，渐渐吹远了就会削减力量，再远一些变弱，再远风势就很微小，再远就没有了。如果风从山谷中吹出来的时候，只能晃动树叶，拂动羽毛，那就咫尺之远也不能推进了。京城是发出号令的地方，法纪不能不振。

［原文］

背上有物，反顾[1]千万转而不可见也，遂谓人言不可信，若必待自见，则无见时矣。

［注释］

①反顾：回头看。

［译文］

别人告诉你背上有东西，你怎么转身也不会看见，于是认为别人的话不可信。如果非要自己亲眼看见，那就不会有看见的时候了。

［原文］

人有畏更衣之寒而忍一岁之冻，惧一针之痛而甘必死之疡(yáng)[1]者。一劳永逸，可与有识者道。

［注释］

①必死之疡：置人于死地的病创。

［译文］

有人害怕换衣服时的寒冷，宁愿整个冬天都挨冻；有人害怕针灸的疼痛，于是不治疗，任凭致命的疾病发展。一劳永逸的道理，只有和那些有见识的人说才能明白。

［原文］

齿之密比[1]，不嫌于相逼，固有故也。落而补之，则觉有物矣。夫惟固有者多不得，少不得。

［注释］

①密比：紧密地排列在一起。

［译文］

牙齿紧密地排列在一起，并不觉得互相逼迫，因为这是原本就有的。假如脱落了再补上，就感到有异物。只有原本就有的东西，才是既不能多，也不能少的。

[原文]

婴[1]珠珮玉，服锦曳罗，而饿死于室中，不如丐人持一升之粟。是以明王贵用物，而诛尚无用者。

[注释]

①婴：缠绕。

[译文]

佩戴珠玉，穿锦曳罗，而饿死在屋里，不如乞丐有一升小米。因此，圣明的君王将有用之物看得十分珍贵，而诛灭那些崇尚无用之物的人。

[原文]

元气已虚，而血肉未溃，饮食起居不甚觉也，一旦外邪袭之，溘然[1]死矣。不怕千日怕一旦，一旦者，千日之积也。千日可为，一旦不可为矣。故慎于千日，正以防其一旦也。有天下国家者，可惕然惧矣。

[注释]

①溘然：突然。

[译文]

元气已经虚弱，而身体外表还不能看出什么病变，饮食起居也没有什么特别的感觉，一旦外邪侵入身体，立刻就会丧命。不怕千日，只恐一旦，一旦是千日里积累下来的结果。千日能够过去，一旦就过不去了。因此千日的小心谨慎，正是要预防一旦。拥有天下的人，应该内心警觉，引以为戒。

[原文]

以果下车[1]驾骐(qí)骥[2]，以盆池水养蛟龙，以小廉细谨绳英雄豪杰，善官人者笑之。

[注释]

①果下车：可以在果树下行走的车，指矮小的牛马所驾的车。②骐骥：高大的良马。

［译文］

用骐骥那样高大的良马驾在果树下行走的矮小马车，用一盆池水来养蛟龙，以小廉细谨来约束英雄豪杰，善于选择任用人才的人会觉得这是非常可笑的事情。

［原文］

水千流万派，始于一源；木千枝万叶，出于一本；人千酬万应，发于一心；身千病万症，根于一脏。眩于千万①，举世之大迷也；直指原头，智者之独见也。故病治一②，而千万皆除；政理一③，而千万皆举矣。

［注释］

①眩于千万：迷惑于外在的各种事物。②病治一：治病要治其病根。③政理一：政事要理出一个纲领。

［译文］

河流有很多支脉，但只有一个源头；树上有很多枝叶，都出自同一个树根。人要应付各种情况，用的是同一副心肠；身体的各种病症，都是因为某一个器官出了问题。因各种纷乱的变化而眼花缭乱，世上的人大多有这样的毛病。直指问题的根源，是聪明人独有的见识。因此疾病只要治病根就行了，其他的症状也会随之消除；纷杂的政务只要找到纲领就行了，各种具体的事情也会得到解决。

［原文］

水、鉴①、灯烛、日、月、眼，世间惟此五照，宜谓五明。

［注释］

①鉴：镜子。

［译文］

水、镜子、灯烛、日、月、眼睛，人世间只有这五种东西的照耀应当被称作五明。

［原文］

毫厘之轻，斤钧①之所藉以为重者也；合②勺之微，

斛(hú)③斗之所赖以为多者也；分寸之短，丈尺之所需以为长者也。

[注释]

①钧：古代重量单位，合三十斤。②合：中国市制容量单位，一升的十分之一。③斛：中国旧量器名，也是容量单位，一斛本为十斗，后改为五斗。

[译文]

毫厘那样的轻物，斤钧是凭借它们形成重量的；合勺那样微小的量，斛斗是凭借它们增多的；一分一寸很短小，尺丈是靠它们来形成的。

[原文]

人中黄①之秽，天灵盖②之凶，人人畏恶之矣。卧病于床，命在须臾，片脑苏合，玉屑金泊，固有视为无用之物，而惟彼之亟亟者，时有所需也。胶柱③用人于缓急之际，良可悲矣！

[注释]

①人中黄：指人的粪便。②天灵盖：人或某些动物头顶的骨头，也泛指头颅。③胶柱：用胶粘住的弦柱，比喻拘泥而不知变通。柱，弦柱，乐器上用来调音的东西。

[译文]

人粪便那样污秽不堪的东西，天灵盖那样恐怖的东西，人人都害怕厌恶。卧病在床，命在旦夕之间，片脑、苏合、玉屑、金箔这些名贵的药，竟然被看作毫无用处之物，而仅仅是去寻找人的粪便、天灵盖这些污秽之物，这是情势所需。在急需用人之际还不肯采取宽松灵活的态度，那就十分可悲了。

[原文]

长戟(jǐ)利于锥，而戟不可以为锥①；猛虎勇于狸，而虎不可以为狸。用小者无取于大，犹用大者无取于小，二者不可以相诮(qiào)也。

[注释]

①戟不可以为锥：戟不能代替锥的作用。

[译文]

长戟比锥子更锋利，但戟不能替代锥子；老虎比狸猫更凶猛，但老虎不能像猫一样捉老鼠。要用小的东西时，就不必拿大的东西，就像要用大的东西时就不必拿小的东西一样，二者是不能互相讥诮的。

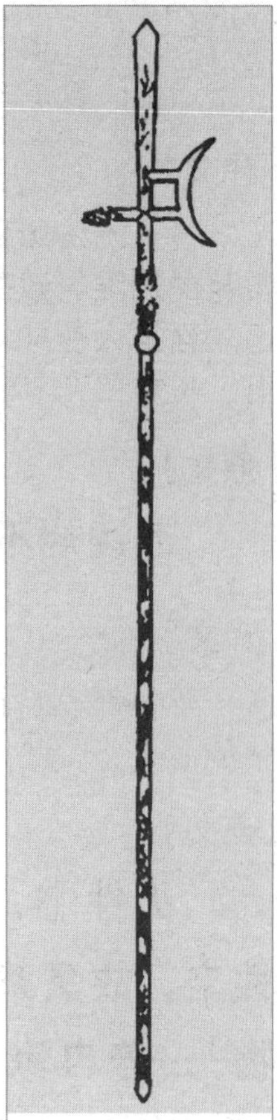
戟

[原文]

夭乔[1]之物利于水泽，土燥烈，天暵干，固枯槁矣。然沃以卤水则黄，沃以油浆则病，沃以沸汤则死。惟井水则生，又不如河水之王[2]。虽然，倘浸渍汪洋，泥淖经月，惟水物则生，其他未有不死者。用恩顾[3]不难哉！

[注释]

①夭乔：茂盛的样子。②王：通“旺”。③顾：乃。

[译文]

茂盛之物适合在水边生长，土地燥烈，天气干旱，就会干枯。如果用碱水浇灌，就会发黄；如果用油水浇灌，就会生病；如果用沸水浇灌，就会烫死。只有以井水浇灌，才可以生长，但也不如浇灌河水长的茂盛。虽然是这样，但如果河水太多，浸渍汪洋，连天累月都是泥淖，那么只有生长在水中的生物才可以存活，其他的生物没有不死的。如此看来，施加恩惠乃是件很困难的事情啊！

[原文]

鉴[1]不能自照，尺不能自度，权不能自称，囿（yòu）于[2]物也。圣人则自照、自度、自称，成其为鉴、为尺、为权，而后能妍蚩（chī）[3]长短轻重天下。

[注释]

①鉴：镜子。②囿于：局限于。③妍蚩：美和丑。

[译文]

镜子无法照自己，尺子不能量自己，秤锤不能称自己，这是因为物体自身的局限导致的。但是圣人能够自己照见自己，自己量自己，自己称自己。当圣人变成镜子、变成尺子、变成秤锤时，就分辨得出世上万物的美丑、长短和天下事的轻与重。

[原文]

冰凌烧不熟，石砂蒸不粘。

[译文]

万物都有自己的本性，冰凌是不能够被烧熟的，石砂是不能够被蒸粘的。

[原文]

火性空，故以兰麝[1]投之则香，以毛骨投之则臭；水性空，故烹茶清苦，煮肉则腥膻：无我故也。无我故能物物[2]，若自家有一种气味杂于其间，则物矣。物与物交，两无宾主，同归于杂。如煮肉于茶，投毛骨于兰麝，是谓浑淆驳杂。物且不物，况语道乎？

[注释]

①兰麝：名贵的香料。②物物：支配他物。第一个物为动词。

[译文]

火性空，因此将兰麝投进去会发出香味，将毛骨投进去会发出臭味；水性空，因此用它来煮茶则味清苦，用它来煮肉则味腥膻。这是由于无我的缘故。如果本身有一种气味在其中夹杂，就是另外一物了。物与物相混合，不分宾主，都是驳杂的。假如用茶来煮肉，将毛骨投进兰麝中，就是驳杂混淆的了，不知为何物了，更不用说谈论道理了。

[原文]

大车满载，蚊蚋(ruì)[1]千万集焉，其去其来，无加于重

轻也。

[注释]

①蚋：体长二三毫米的昆虫，头小，色黑，胸背隆起，吸食人畜血液，幼虫栖于水中。

[译文]

大车满载，成千上万的蚊虫聚集其上，飞来飞去，对车的重轻没有任何影响。

[原文]

苍松古柏与夭桃秾李①争妍，重较②鸾镳（biāo）③与冲车④猎马⑤争步，岂宜不能？亦可丑矣。

[注释]

①夭桃秾李：夭桃艳李。秾，艳丽。②重较：古代卿士乘坐的车。③鸾镳：系有鸾铃的马衔，这里代指贵族出游时所骑乘的马。④冲车：攻城的战车。⑤猎马：打猎时所骑的马。

[译文]

苍松古柏与夭桃艳李媲美，卿士所乘的系有鸾铃的车驾与攻城的战车，狩猎的良马争步，不仅不能，也是非常可羞的事情。

[原文]

射之不中也，弓无罪，矢无罪，鹄①无罪；书之弗工也，笔无罪，墨无罪，纸无罪。

[注释]

①鹄：箭靶的中心。

[译文]

射击不能正中目标，不是弓的错，不是矢的错，不是箭靶的错；书写不工整，笔没有错，墨没有错，纸没有错。

[原文]

锁钥各有合，合则开，不合则不开。亦有合而不开者，必有所以合而不开之故也。亦有终日开，偶然抵死不

开，必有所以偶然不开之故也。万事必有故，应万事必求其故。

［译文］

锁和钥匙各各相合，合则开，不合就不开。也有相合却不开的，肯定有不开的缘故。也有每天都能够打开，偶尔却无论如何都打不开的，必定有偶然打不开的缘故。万事都有其原因，处理万事一定要推求它的原因。

［原文］

窗间一纸，能障拔木之风；胸前一瓠(hù)①，不溺拍天之浪：其所托者然也。

［注释］

①瓠：葫芦。

［译文］

窗户上糊上一层纸，就能够抵挡拔起树木的风；胸前系上一个葫芦，就不会沉溺于滔天大浪之中。这是有所依托的缘故。

［原文］

人有馈一木者，家僮曰："留以为梁。"余曰："木小不堪也。"僮曰："留以为栋。"余曰："木大不宜也。"僮笑曰："木一也，忽病其大，又病其小。"余曰："小子听之，物各有宜用也，言各有攸当也，岂惟木哉？"他日为余生炭满炉烘人。余曰："太多矣。"乃尽湿之，留星星三二点，欲明欲灭。余曰："太少矣。"僮怨曰："火一也，既嫌其多，又嫌其少。"余曰："小子听之，情各有所适也，事各有所量也，岂惟火哉？"

［译文］

有人送来一根木头，家僮说："留着它可以用作房梁。"我说："木头太小了，不能用作房梁。"家僮说："留着它做栋。"我说："木头太大了，不能用作栋。”家僮说：“同样是这根木头，一会嫌它大，一会嫌它小。”我说：“小子听着，物各有它的用处，言语也分什么情况说合适，岂止是木头呢？”又一天，家僮为我生炉子，炉子中装满了炭，我说：“炭太多了。”家僮用水把炭都浇湿了，只留下了三两个星星点点的火，即将熄灭。我说：“炭太少了。”家僮抱怨道：“同样的一个火炉，既嫌炭多，又嫌火小。”我说：“小子听着，事情各有所适宜的，事物也都是有定量的，不仅仅火是这样。”

［原文］

海投以污秽，投以瓦砾，无所不容；取其宝藏，取其生育①，无所不与。广博之量足以纳，触忤②而不惊；富有之积③足以供，采取④而不竭。圣人者，万物之海也。

［注释］

①生育：物产。②触忤：违犯。③积：蕴藏。④采取：开采、获取。

［译文］

往海里扔污秽的东西，扔石头瓦块，大海什么都能包容。向大海索取宝藏，索取各种资源，大海没有不给予的。大海博大的胸怀，足以包容万物，即使遇到有抵触的东西也不被惊扰；丰富的蕴藏，足以让人采用而不枯竭。圣人，也就是包容一切的大海啊。

［原文］

镜空而无我相，故照物不爽分毫。若有一丝痕①，照人面上便有一丝；若有一点瘢(bān)，照人面上便有一点，差不在人面也。心体不虚，而应物亦然。故禅家尝教人空诸有②，而吾儒惟有喜怒哀乐未发之中，故有发而中节之和③。

［注释］

①痕：这里指纹路。②空诸有：用虚无代替实有之物。③喜怒哀乐未发之中，故有发而中节之和：《中庸》中有“喜怒哀乐未发谓之中，发而皆中节谓之和”之句。

［译文］

镜子空而照不见自己，所以照其他物体没有任何偏差。它上面有了一丝纹理，照人脸时也会出现纹理；要是上面有了一点污垢，照人脸时也会出现污垢，这并不是因为人脸上出现了污垢。假如人的心灵不净，在应对事物时也会出现这样的情况。所以，禅宗教人悟得空的道理，儒家强调不将自己的喜怒哀乐流露出来，即使流露也要做到适度。

[原文]

人未有洗面而不闭目，撮(cuō)红①而不虑手者，此犹爱小体也。人未有过檐滴而不疾走，践泥涂而不揭足②者，此直爱衣履耳。七尺之躯顾不如一履哉？乃沉之滔天情欲之海，拼于焚林暴怒之场，粉身碎体甘心焉而不顾，悲夫！

[注释]

①撮红：摘花。撮，用手拿取。②揭足：抬脚。

[译文]

没有谁在洗脸时不闭眼，在摘花时不怕扎手，这是因为人们关爱自己的身体。没有人在经过滴雨的房檐时不快跑、在泥水路上不抬脚走路的，这是因为人们爱惜自己的衣服和鞋子。难道人的七尺之躯还不如一只鞋吗？为什么人偏要把自己沉溺于情欲之中，拼死在厮杀暴怒的场所，甘心粉身碎骨也不顾惜，真是可悲啊！

[原文]

恶言如鸱(chī)枭①之嗷，闲言如燕雀之喧，正言如狻猊(suān ní)②之吼，仁言如鸾凤之鸣。以此思之，言可弗慎与？

[注释]

①鸱枭：猛禽，一说为猫头鹰，常用来比喻贪恶之人。②狻猊：狮子。

[译文]

恶言像猫头鹰的叫声一样，闲言像燕雀喧闹的叫声，正言如同狮吼，仁言如鸾凤鸣叫。如此看来，说话能不谨慎吗？

鸱鸮

［原文］

左手画圆，右手画方，是可能也。鼻左受香，右受恶；耳左听丝，右听竹；目左视东，右视西，是不可能也。二体且难分，况一念而可杂乎？

［译文］

左手画圆，右手画方，是可能的事情。但鼻子左边闻香，右边闻臭；左边耳朵听弦乐，右边耳朵听管乐；左边眼睛看东边，右边眼睛看西边，这是不可能做到的。两个器官尚且不能各自做不同的事情，何况是一个思想念头，怎么能杂乱呢。

［原文］

掷发于地，虽乌获[1]不能使有声；投核于石，虽童子不能使无声。人岂能使我轻重哉？自轻重耳。

［注释］

①乌获：战国时期的大力士，秦国人。

［译文］

把头发扔在地上，即使是乌获那样的大力士，也不能使它发出声响；把核扔在石头上，即使是小孩子也不能使它悄无声息。别人怎么会使我改变轻重呢？只是自轻自重罢了。

［原文］

泽[1]、潞[2]之役，余与僚友并肩舆[3]。日莫[4]矣，僚友问舆夫："去路几何？"曰："五十里。"僚友怃然[5]。少间[6]又问："尚有几何？"曰："四十五里。"如此者数问，而声愈厉，意迫切不可言，甚者怒骂。余少憩车中，既下车，戏之曰："君费力如许，到来与我一般。"僚友笑曰："余口津且竭矣，而咽若火，始信兄讨得便宜多也。"问卜筑者亦然。天下岂有儿不下迫而强自催生之理乎？大抵皆揠苗[7]之见也。

[注释]

①泽：泽州，州治位于今山西晋城。②潞：潞州，州治位于今山西长治，③肩舆：轿子，起初作为山行的工具，后来平地也以它代步。④莫：同“暮”。⑤怃然：茫然自失的样子。⑥少间：一会儿。⑦揠苗：拔苗，即拔苗助长的意思。

[译文]

到泽州、潞州办理公务的时候，我和同僚都乘坐轿子前去，夜幕降临，同僚问轿夫：“前面还有多远的路程？”轿夫回答：“五十里。”同僚听了茫然自失。过了一会儿，又问道：“还有多少里？”轿夫答：“四十五里。”如此问了好几次，声音也越来越严厉急切，看起来迫切的心情难以言表，甚至都开始怒骂了。我则在轿子中悠然地休憩。目的地到达之后下轿，我和同僚开玩笑说：“你大费周章，不是也和我一起到的吗？”同僚笑着说：“我口干舌燥，咽喉似火烧般生疼，才知道老兄你获得了很大的便宜啊！”喜欢占卜的人也是这样，天下哪里有孩子不顺其自然地出生而强加催生的道理呢？这大都是拔苗助长的想法。

[原文]

进香叫佛，某不禁，同僚非之。余怃然曰：“王道荆榛而后蹊径多。”彼所为诚非善事，而心且福利之，为何可弗禁？所赖者缘是[1]以自戒，而不敢为恶也。故岁饥不禁草木之实，待年丰彼自不食矣。善乎孟子之言曰：“君子反经而已矣[2]。”“而已矣”三字，旨哉妙哉！涵蓄多少趣味！

[注释]

①缘是：因此、由此。②君子反经而已矣：出自《孟子·尽心下》。经，常规。

[译文]

对于烧香拜佛的事情，我不加禁止，同僚不赞同我的做法。我感慨地说：“王道遍布荆棘，小路就会多起来。”他们烧香拜佛固然不好，并且内心深处只是为了求得福利，但为什么还不加禁止呢？因为通过这样的方式可以使他们自我约束而不敢为非作歹。因此，饥荒的年岁不禁止人们吃草根树皮，到了丰收的年岁他们不用约束也不会吃了。孟子说得很对啊！他说：“君子只是为了使事物回归常理罢了。”“而已矣”三个字，很有内涵，十分高妙，蕴含着多少趣味！

[原文]

日食脍炙者，日见其美，若不可一日无。素食三月，闻肉味只觉其腥矣。今与脍炙人言腥，岂不讶哉?

[译文]

每天都吃珍馐美味，并且一天比一天精美，仿佛一天也不能离开美味。吃三个月的素食，闻到肉味就会觉得腥膻了。现在和吃珍馐美味的人谈论腥膻，他怎么会不惊讶呢!

[原文]

钩吻①、砒霜也，都治病，看是甚么医手②。

[注释]

①钩吻：一种有毒的植物，俗称断肠草。②医手：医生。

[译文]

钩吻和砒霜都是毒物，但它们也是治病的药物，看是什么样的医生用药了。

[原文]

家家有路到长安，莫辨东西与南北。

[译文]

家家都有路通达长安，无论是住在长安的东西还是南北。

[原文]

一薪无焰，而百枝之束燎原；一泉无渠，而万泉之会溢海。

[译文]

一根柴草不能形成火焰，而百根束起来就能燎原；一眼泉水不能流淌成河，但万眼泉水汇聚在一起能够溢满海洋。

[原文]

钟一鸣，而万户千门有耳者莫不入其声，而声非不足。使钟鸣于百里无人之野，无一人闻之，而声非有馀。

钟非人人分送其声而使之入，人人非取足于钟之声以盈吾耳，此一贯之说也。

[译文]

一旦敲响钟声，千门万户凡是有耳朵的人都能够听到，声音也不会不够。如果在方圆百里没有人烟的荒郊野外敲响钟声，没有一个人能够听到，钟声也不会传远。钟声并不是分别送到不同人的耳朵的里，而使大家都有机会听到的；人也不是把全部钟声都听进去，使它充满人的耳朵，这就是“一贯”的理论啊。

[原文]

未有有其心而无其政，如渍种①之必苗，爇(ruò)②兰之必香；未有无其心而有其政者，如塑人③之无语，画鸟之不飞。

[注释]

①渍种：浸种。②爇：焚烧。③塑人：泥塑的人偶。

[译文]

没有用心很好结果却不好的政治，正如浸种必然会长苗，焚烧兰草必然会香气四溢；没有用心不好结果却好的政治，正如泥捏的人偶不会说话，画出来的鸟儿不能够飞翔。

[原文]

某尝与友人论一事，友人曰：“我胸中自有权量①。”某曰：“虽妇人孺子，未尝不权量，只怕他大斗小秤②。”

[注释]

①权量：权衡、衡量。②大斗小秤：斗和秤不合适。

[译文]

我曾与朋友讨论一件事，朋友说：“我胸中自会衡量。”我说：“就算是妇人和小孩，未尝不会衡量，就怕他们没有合适的斗和秤。”

[原文]

齁鼾(hōu hān)①惊邻而睡者不闻，垢污满背而负者不见。

[注释]

①齁鼾：睡觉时鼻息之声。

[译文]

睡觉时鼾声惊扰了邻床之人，而熟睡的打鼾之人却察觉不到；背上沾满了污垢，背着污垢的人却看不到。

[原文]

爱虺(huǐ)蝮[1]而抚摩之，鲜不受其毒矣；恶虎豹而搏之，鲜不受其噬(shì)[2]矣。处小人在不远不近之间。

[注释]

①虺蝮：毒蛇。②噬：咬。

[译文]

喜欢毒蛇而去抚摸它，很少有不被它咬伤中毒的。痛恨虎豹而和它搏斗，很少有不被它咬伤的。和小人相处，一定要保持不远不近的距离。

[原文]

玄奇之疾，医以平易。英发之疾，医以深沉；阔大之疾，医以充实。

[译文]

玄奇的疾病，要用平易的方法来医治；外部显现出来的英发之病，要用深沉的方式来治疗；扩大的病症，要用充实的方式来医治。

[原文]

不远之复，不若未行之审[1]也。

[注释]

①审：审慎。

[译文]

走了没多远又返回来，不如没走之前先审慎地考虑清楚。

[原文]

千金之子非一日而贫也。日朘(juān)[1]月削，损于平日，而

贫于一旦，不咎其积，而咎其一旦，愚也。是故君子重小损，矜细行[2]**，防微敝**[3]。

［注释］

①朘：变少。②矜细行：对细微的言行也很慎重。矜，慎重。③防微敝：防止细小的弊端。

［译文］

拥有千金的富家子弟，不是一天就会变穷的。每天每月钱财都少一点，平日都在亏损，而贫穷在某一天就会出现。不把责任归于平时的亏损，而归罪于变贫穷的那一天，这样是愚蠢的。所以君子注重微小的损耗，注意细微的行动举止，防备细小的弊端。

［原文］

上等手段用贼，其次拿贼，其次躲着贼走。

［译文］

上等手段能利用贼，其次是抓住贼，再次是躲着贼走。

［原文］

曳新屦者，行必择地。苟择地而行，则屦可以常新矣。

［译文］

穿着新鞋的人必定择地而行。假如择地而行，鞋子就能够长久地保持新穿时的样子了。

［原文］

被桐以丝，其声两相借也。道不孤成，功不独立。

［译文］

在桐木上缠绕丝线做成琴，发出的声音两相借助。道不孤成，功不独立。

［原文］

坐对明灯，不可以见暗，而暗中人见对灯者甚真。是故君子贵处幽。

[译文]

面对明灯坐着，就看不到暗处的东西，而在黑暗中坐着的人却能将对灯而坐的人看得十分真切。因此，君子贵处幽。

[原文]

无涵养之功，一开口动身便露出本相[1]，说不得你有灼见真知；无保养之实[2]，遇外感内伤依旧是病人，说不得你有真传口授。

[注释]

①本相：本来的面目。②无保养之实：实质上没有保养身体。

[译文]

没有平时修养的工夫，在言谈举止之间就会露出本来的面目，即使装作有真知灼见也没有用。平时不注重保养身体，一遇到风寒就会生病，即使说你有养生要诀也没有用。

[原文]

磨墨得省身克已之法，膏笔得用人处事之法，写字得经世宰物之法。

[译文]

研墨能够获得省身克己之法，膏笔能够获得用人处事之法，写字能够获得经世宰物之法。

[原文]

不知天地观四时，不知四时观万物。四时分成是四截，总是一气呼吸。譬如釜水寒温热凉，随火之有无而变，不可谓之四水。万物分来是万种，总来一气薰陶。譬如一树花，大小后先，随气之完欠而成，不可谓之殊花。

[译文]

不知道天地显示四时，不知道四时显示万物。四时分为四段，总的来说还是由元气的呼吸形成的。正如锅中水的寒温热凉，随着火的有无而发

生变化，但并不是四种水。将万物分别开就是万种，总的来说还是由一气熏陶而成。正如一树的花朵，花开的大小先后伴随气的完整欠缺而发生变化，但并不是不同的花。

[原文]

阳主动，动生燥，有得于阳，则袒裼（tǎn xī）①可以卧冰雪；阴主静，静生寒，有得于静，则盛暑可以衣裘褐。君子有得于道，焉往如不裕如哉？外若可挠，必内无所得者也。

[注释]

①袒裼：露出身体。

[译文]

阳气主宰着动，动生燥气，借助于阳，即使是脱去上衣光着脊背也可以躺在冰雪之上。阴气主宰着静，静生寒气，借助于静，即使是盛夏酷暑亦可以身穿皮衣。君子有得于道，勤加修持还不会更加圆满吗？如果一个人的行止能够被轻易地改变，那就必定是其心中没有所得的缘故。

[原文]

或问："士希贤①，贤希圣，圣希天，何如？"曰："体味之不免有病。士贤圣皆志于天，而分量有大小，造诣有浅深者也。譬之适长安者，皆志于长安，其行有疾迟，有止不止耳。若曰跬（kuǐ）步②者希百里，百里者希千里，则非也。故造道之等必由贤而后能圣，志之所希则合下便欲与圣人一般。"

[注释]

①希贤：希望达到贤人的境界。②跬步：半步，跨出一脚。

[译文]

有人问："一般的读书人希望达到贤人的境界，贤人希望达到圣人的境界，圣人希望达到天的境界，怎么样？"我回答说："仔细体味，这样讲不免有问题。读书人、贤人、圣人都希望达到天的境界，但每个人的分量有大小，造诣有深浅。譬如要到长安去的人，目标都是长安，但行走的速度快慢不一，还有停止和不停止的。但如果说迈半步的人只希望行百里，行了百里的人只希望行千里，就不对了。因此学道的等级必须是由贤人而后到圣人，但内心的希望则是想即时就和圣人一样。”

［原文］

言教不如身教之行也，事化不如意化之妙也。事化信，信则不劳而教成；意化神，神则不知而俗变。螟蛉（míng líng）[1]语生，言化也；鸟孚生，气化也；鳖思生，神化也。

［注释］

①螟蛉：螟蛉是一种绿色小虫，蜾蠃捕捉螟蛉喂它的幼虫，古人误以为蜾蠃养育螟蛉为自己的幼虫。

［译文］

言教不如身教推行得快，事化不如意化变化得妙。用事实来教化真实可信，真实可信则不必太费劲教化就会成功；用意向、思想来教化，效果神速，神速则是在潜移默化中发生了风尚习俗的变化。螟蛉之子，附着在蜾蠃身上，蜾蠃说：“像我！像我！”，它就变成了蜾蠃的儿子，这就是言化；鸟用蛋孵化，这就是气化；鳖用意念孵化，这就是神化。

［原文］

天道渐则生，躐（liè）[1]则杀。阴阳之气皆以渐，故万物长养而百化昌遂。冬燠（yù）[2]则生气散，夏寒则生气收，皆躐也。故圣人举事，不骇人听闻。

［注释］

①躐：不按照次序，超越。②燠：暖、热。

［译文］

天道循序渐进则生长，不按照次序则灭亡。阴阳之气都是在逐渐地变化，因而万物不断地生长繁衍，百物化为昌遂。冬天暖热则生气散失，夏天寒冷则生气收聚，这都是不按照次序的缘故。因此圣贤之人举办事业不骇人听闻。

［原文］

只一条线把紧，要机括提掇得醒[1]，满眼景物都生色，

到处鬼神都响应。

[注释]

①醒：机灵、灵活。

[译文]

只要一条线把紧，机括操纵得灵活，满目的景物都生色，到处的鬼神都响应。

[原文]

一法立而一弊生，诚是。然因弊生而不立法，未见其为是也。夫立法以禁弊，犹为防[1]以止水也。堤薄土疏而乘隙决溃诚有之矣，未有因决而废防者。无弊之法，虽尧、舜不能；生弊之法，亦立法者之拙也。故圣人不苟立法，不立一事之法，不为一切之法，不惩小弊而废良法，不为一时之弊而废可久之法。

[注释]

①为防：筑堤防。

[译文]

设立一种法令便会产生一种弊病，确实如此。然而因为会产生弊病而不立法的，未见得正确。立法是为了防止弊病，如同筑堤防止水患一样。因堤薄土松，水冲决了堤防，这种情况也是有的，但没有因为水冲破堤防而废掉堤防的。制定没有弊病的法令，尧、舜也做不到；制定出产生弊病的法令，也说明立法者的愚拙。因此圣人不随便立法，不为一件事立法，不立一概之法，不因为有小的弊端而废除行之有效的良法，不因为有一时的弊病而废除可长久推行的律法。

[原文]

庙堂之上最要荡荡平平[1]，宁留有余不尽之意，无为一著快心之事。或者不然予言，予曰："君见悬坠乎？悬坠者，以一线系重物下垂，往来不定者也。当两壁之间，人以一手撼之，撞于东壁重则反[2]于西壁亦重，无撞而不

反之理，无撞重而反轻之理。待其定也，中悬而止。君快于东壁之一撞，而不虑西壁之一反乎？国家以无事为福，无心处事，当可而止，则无事矣。”

［注释］

①荡荡平平：堂堂正正。②反：反弹。

［译文］

在朝堂之上，最要堂堂正正，宁留有余不尽之意，不做一时快心之事。有人对我的话不以为然，我说：“你看见悬坠吗？悬坠就是用一条线悬系着一个重物，垂下来左右摇摆不定。悬坠处于两壁之间的话，人用一只手去推动它，它重重地撞在东壁上，反弹回来撞到西壁上力量也重，没有撞而不反弹的道理，也没有撞得重而反弹的力量轻的道理。等它平静下来，中悬在两壁之间。你怎能为了撞在东壁一下的称心快意，而不考虑会反弹到西壁上呢？国家以太平为福，无为而治，适可而止，这样国家就会平安无事了。”

［原文］

地以一气嘘万物，而使之生，而物之受其气者，早暮不同，则物之性殊[①]也，气无早暮；夭乔不同，物之体殊也，气无夭乔；甘苦不同，物之味殊也，气无甘苦；红白不同，物之色殊也，气无红白；荣悴不同，物之禀遇殊也，气无荣悴[②]。尽吾发育之力，满物各足之分量，顺吾生植之道，听其取足之多寡，如此而已。圣人之治天下也亦然。

［注释］

①性殊：性质各不相同。②荣悴：繁荣和枯萎。

［译文］

地用一气嘘万物而使万物生长，万物接受地气的早晚不一样，因此万物的性质各不相同，但气没有早晚；物有茂盛的小草和高大的树木的区别，这是物体不同，但气没有茂盛和高大之别；物有甘和苦的区别，这是物味不同，但气没有甘苦之别；物有红色白色，这是物色不同，但气无红白之别；物有枯有荣，这是物的禀遇不同，但气无枯荣之分。只是尽到它发育万物的力量，满足万物各自需要的分量，顺着万物生长的规律，听凭万物任意吸取而已，圣人治理天下也是这个道理。

[原文]

口塞而鼻气盛，鼻塞而口气盛，鼻口俱塞，胀闷而死。治河者不可不知也。故欲其力大而势急，则塞其旁流；欲其力微而势杀也，则多其支派；欲其蓄积而有用也，则节其急流。治天下之于民情也亦然。

[译文]

闭上嘴巴，鼻子的呼吸就加重了，将鼻子堵住，口中的呼吸就加重了，把口鼻都堵住，人就会胀闷而死。这个道理，治理河水的人一定要明白。因此想要让河水流动的力量大，水势急，就要将支流堵塞；想让河水流动力量小，水势缓慢，则要多增加支流；想要使河水积蓄起来而有所用途，就要把急流截断。治理天下之人，对民情也是这个道理。

[原文]

木钟撞之也有木声，土鼓击之也有土响，未有感而不应者也，如何只是怨尤？或曰：“亦有感而不应者。”曰：“以发击鼓，以羽撞钟，何应之有？”

[译文]

木头做的钟，撞击之后会发出木头的声音，敲击土鼓就会发出土声，不会有撞击而不响的情况，怎么只怨天尤人呢？有人说：“也有撞击而没有声响的。”回答说：“用头发来击鼓，用羽毛来撞钟，怎么可能会有响声呢？”

[原文]

四时之气，先感万物，而万物应。所以应者何也？天地万物一气也。故春感而粪壤[1]气升，雨感而础石[2]先润，磁石动而针转，阳燧(suì)[3]映而火生。况有知乎？格天动物，只是这个道理。

[注释]

①粪壤：拌有肥料的灰土。②础石：屋子里的基石。③阳燧：古时用铜制成的凹面镜，用以聚集日光。燧，取火之器。

[译文]

四时之气先感通万物而万物就有了反应，为什么会有反应呢？因为天地万物都是一气形成的。因此春气感通，粪壤之气就会上升；雨水感通，屋子的基石就会湿润；磁石转动，铁针就会跟着旋转；阳光射在凹面镜上，就会产生火苗。何况那些有知觉的东西呢？天地万物只是这个道理。

[原文]

积衰之难振也，如痿①人之不能起。然若久痿，须补养之，使之渐起，若新痿，须针砭之，使之骤起。

[注释]

①痿：身体筋肉萎缩、偏枯之症。

[译文]

长久累积的衰弱是难以振起的，正如患有肌肉萎缩症的人不能够站起来。如果患肌肉萎缩症时间久了，一定得慢慢补养，令他渐渐地站起来；如果是刚刚患上了萎缩症，则可以运用针灸的方式治疗，能令他很快地站立起来。

[原文]

器械与其备二之不精，不如精其一之为约。二而精之，万全之虑也。

[译文]

与其准备两个不精良的器械，不若准备一个精良更的为简便。如果准备两个并且都很精良，就是万无一失。

[原文]

我之子我怜之，邻人之子邻人怜之，非我非邻人之子，而转相鬻（yù）育，则不死为恩矣。是故公衙不如私舍之坚，驿马不如家骑（jì）之肥，不以我有视之也。苟扩其无我之心，

则垂永逸者不惮（dàn）今日之一劳，惟民财与力之可惜耳，奚必我居也？怀一体者，当使刍牧①之常足，惟造物生命之可悯耳，奚必我乘也？呜呼！天下之有我久矣，不独此一二事也。学者须要打破这藩篱，才成大世界。

［注释］

①刍牧：割草放牧之人。刍，割草。

［译文］

我的儿子我怜爱，邻人的儿子邻人怜爱，不是我的儿子，也不是邻人的儿子，则要转卖给别人去养育，能够活命就算是很不错了。因此，公衙不如私有房屋坚固，驿马不如家马肥壮，这是不用个人私有的眼光去看待。假如增强其大公无私的内心，那么为了得到永久安逸的人就不会惧怕今日的一时劳作，就会爱惜民财民力了，何必一定要将自己的居所修建坚固呢？拥有万物一体思想之人，应当令牛马也获得满足，爱惜造物主所创造的全部生命，又何必独独爱惜自己骑乘的马匹？啊！普天之下人们内心只想着一己私利的状况已经很长时间了，并不仅仅是这一两件事情。学者一定要打破这样的壁垒，才能构建大的世界。

［原文］

脍炙之处，蝇飞满几，而太羹①玄酒不至。脍炙日增，而欲蝇之集太羹玄酒，虽驱之不至也。脍炙彻而蝇不得不趋于太羹玄酒矣。是故返朴还淳，莫如崇俭而禁其可欲。

［注释］

①太羹：祭祀用的肉汁。

［译文］

摆放了美味肉食之处，飞满了苍蝇，而不飞去摆放祭祀肉汁和清水的桌上。美味肉食逐渐增加，而想要苍蝇汇集到祭祀肉汁和清水的桌子上去，即使是驱赶也不能令它们飞过去。等到美味肉食撤了下去，苍蝇就不得不飞到肉汁和清水上去。因此，返璞归真，不如崇尚勤俭而禁止欲望。

[原文]

驼负百钧，蚁负一粒，各尽其力也，象饮数石，鼷[1]饮一勺，各充其量也。君子之用人，不必其效之同，各尽所长而已。

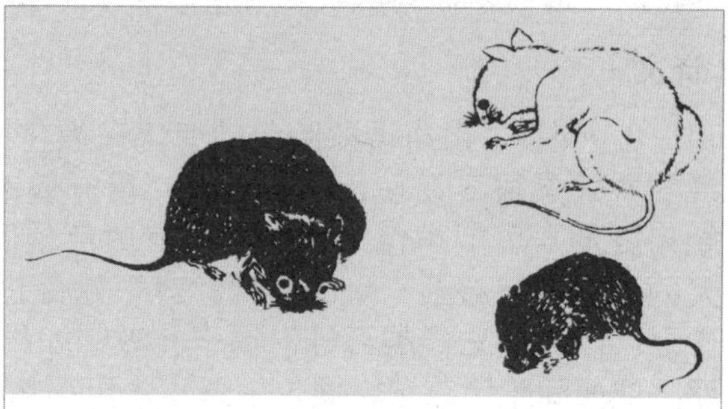

鼷鼠

[注释]

①鼷：小家鼠。

[译文]

骆驼能够背负百钧东西，蚂蚁只能背负一粒米，各自竭尽各自的力量。大象饮水数石，小家鼠饮水一勺，各自尽各自的量。君子在用人的时候，不要求人人效率都相同，各尽所长就可以了。

[原文]

古人云："声色之于以化民，末也[1]。"这个末，好容易底。近世声色不行，动大声色，大声色不行，动大刑罚，大刑罚才济得一半事，化不化全不暇理会。常言三代之民与礼教习，若有奸宄然后丽刑[2]，如腹与菽粟，偶一失调，始用药饵。后世之民与刑罚习，若德化不由，日积月累，如孔子之三年[3]，王者之必世[4]，骤使欣然向道，万万不能。譬之刚肠硬腹之人，服大承气汤[5]三五剂始觉。而却以四物、君子补之，非不养人，殊与疾悖，而反生他症矣。却要在刑政中兼德礼，则德礼可行，所谓兼攻兼补，以攻为补，先攻后补。有宜攻有宜补，惟在剂量。民情不拂不纵始得，噫！可与良医道。

[注释]

①"声色"句：出自《中庸》第三十三章。②丽刑：依靠刑法来惩治。

丽，系、依。③如孔子之三年：典出《论语·子路》：“子曰：‘苟有用我者，期月而已可也，三年有成。’”期月，一年。有成，治功成也。④王者之必世：《论语·子路》：“子曰：‘如有王者，必世而后仁。’”朱熹注：“王者谓圣人受命而兴也。三十年为一世。仁，谓教化浃也。”⑤大承气汤：《伤寒论》中的药方，可以软坚润燥，破结除满，荡涤肠胃，急下存阴。

［译文］

古人说：“用声调和脸色的变化来教化民众是最末等的办法。”这个末等的方式是很容易使用的。近世，用一般的声色来教育民众是行不通的，就用更加严厉的声色来对待，疾言厉色依旧行不通，就要动用大的刑罚，大的刑罚才能起到一半的作用，对于是否起到教化的作用全不在意。常言说夏、商、周三代的百姓习惯于礼教，如果有了作奸犯科之人，才依赖刑罚，就如同吃了菽粟，偶尔失调，才用药物治疗。后世的人民习惯于刑罚，而对于道德教化，若不是日积月累，像孔子讲的三年才能成功，三十年才能达到圣贤之世，而忽然使人民欣然向道，是万万做不到的。正如患有腹硬症的人，服用大承气汤三五剂才能有一点效果。如果用四物汤、四君子汤进补，不仅不能养人，还有悖于病症，还会引起其他的疾病。应当在行政中兼用德礼，如此德礼才能够被施行，这就是所说的兼攻兼补，以攻为补，先攻后补。有的病症适合采取攻治的方式，有的病适合补治，只要掌握好剂量。对于民情，不放纵不悖逆人情才算恰当。唉！这个道理可以与良医共同探讨。

［原文］

得良医而挠之，与委庸医而听之，其失均。

［译文］

获得良医却阻挠他的治疗，和任由庸医胡乱治疗，两者的过失是一样的。

［原文］

以莫邪①授婴儿而使之御虏，以繁弱②授蒙瞍③而使之中的，其不胜任，授者之罪也。

［注释］

①莫邪：古代宝剑名。②繁弱：古良弓名。③蒙瞍：盲人。

［译文］

将莫邪宝剑交给婴孩，让他去御敌，将繁弱良弓交给盲人，让他去正中靶心，他们不能够胜任，这是交给他们宝剑和良弓的人有错。

［原文］

道途不治，不责妇人，中馈①不治，不责仆夫。各有所官也。

［注释］

①中馈：指妻子打理饮食等事务。

［译文］

道路管理混乱，不责备妇人，家庭饮食管理混乱，不责备仆人。这是由于各司其职。

［原文］

齐有南北官道，洿[wū]下①者里余，雨多行潦②，行者不便则傍西踏人田行，行数日而成路。田家苦之，断以横墙，十步一堵，堵数十焉，行者避墙，更西踏田愈广，数日又成路。田家无计，乃蹲田边且骂且泣，欲止欲讼，而无如多人何也。或告之曰："墙之所断，已成弃地矣。胡不仆墙而使之通，犹得省于墙之更西者乎？"予笑曰："更有奇法，以筑墙之土垫道，则道平矣。道平人皆由道，又不省于道之西者乎？安用墙为？"越数日道成，而道傍无一人迹矣。

［注释］

①洿下：低下。②行潦：道中积水。

［译文］

齐地有一条南北的大道，其中有一里多因为地势低洼而雨多积水，行人通行不便，就向西踩踏人家的田地庄稼行走，走了几天就形成了道路。田地的主人没有办法，很是苦恼，就修葺了横墙来将田中的路隔断，每十步远就垒砌一堵墙，共有数十道墙，行人为了绕开墙，就向更西的地方踩踏了更大面积的田地，几天之后又形成了道路。田地的主人无计可施，就蹲在田边一边骂一边哭，一边阻止行人，一边说要去告状，但是面对众多的行人依旧无可奈何。有人告诉他说：“墙所截断的地方已经成了废弃的田地。为什么不把墙推倒使田路通畅，这样还可以节约出墙西侧的田地。”我笑着说：“我有更好的办法，用筑墙的土垫在道路低洼处，那么道路就平整了。道路平整了人们就会都走道路了，道西边的田地也就节省出来了。还砌墙干什么？”过了几天道路垫平整了，道旁的田地里没有人的足迹了。

[原文]

瓦砾在道，过者皆弗见也。裹之以纸，人必拾之矣；十袭[1]而椟（dú）[2]之，人必盗之矣。故藏之，人思亡之；掩之，人思捡之；围之，人思窥之；障之，人思望之。惟光明者不令人疑。故君子置其身于光天化日之下，丑好在我，我无饰也；爱憎在人，我无与也。

[注释]

①十袭：裹十层布。②椟：木匣子。

[译文]

瓦砾在路上，路过的人都不会注意。用纸把它裹起来，肯定有人会捡起它；将它包上十层布再装进盒子里，一定会有人把它偷走。所以说，只要把东西藏起来，人们就想把它偷走；只要把东西掩盖起来，人们就想把它捡回；只要把东西包起来，人们便想偷看；只要把东西挡起来，人们就对它张望。只有那些在光明地方的东西不会让人怀疑。因此君子就把自己置身于光天化日之下，丑陋或美好在于自己，没有必要掩饰自己；别人对你的爱憎在于别人，自己对此也不必计较。

[原文]

稳桌脚者于平处着力，益甚其不平。不平有二：有两隅（yú）[1]不平，有一隅不平。于不少处着力，必致其攲斜。

[注释]

①隅：角落、角。

[译文]

若使桌腿稳固，在平整的地面上下力气，桌腿会愈加的不平稳。这样的不平稳有两个原因：有两个角不平，或有一个角不平。在不短缺的地方下力气，必然会导致桌子更加倾斜。

［原文］

极必反，自然之势也。故绳过绞则反转，掷过急则反射。无知之物尚尔[1]，势使然也。

［注释］

①尚尔：尚且如此。

［译文］

物极必反，这是自然的趋势。因此，绳子过分绞扭就会翻转，投掷的过于急速就会反射回来。没有知觉的东西尚且如此，这是形势所造成的。

［原文］

是把钥匙都开底锁，只看投簧不投簧。

［译文］

只要是钥匙都能够开锁，只要看它是否投簧。

［原文］

蜀道不难，有难于蜀道者，只要在人得步[1]。得步则蜀道若周行[2]，失步则家庭皆蜀道矣。

［注释］

①得步：走路得法。②周行：大路。

［译文］

蜀道并不难行，还有比蜀道更难行的，这要看一个人走路的方法是否得当。走路的方法得当，那么走蜀道就会像走大路一样，走路的方法不当，在家中也像走蜀道一样。

［原文］

未有冥行[1]疾走于断崖绝壁之道而不倾跌者。

［注释］

①冥行：在黑暗中行走。

[译文]

在黑暗中快速地走在悬崖绝壁的路上，没有不倾倒跌跤的。

[原文]

张敬伯常经山险，谓余曰，“天下事常震于始，而安于习。某数过栈道，初不敢移足，今如履平地矣。”余曰：“君始以为险，是不险；近以为不险，却是险。”

[译文]

张敬伯常常在山间险路中行走，他告诉我说：“天下的事通常都是在开始的时候感到震惊害怕，习惯了就慢慢地安心了。我屡次经过栈道，开始的时候不敢迈步，现在已如履平地了。”我说：“你开始的时候觉得危险，这是不危险的；现在认为不危险了，却是很危险的。”

[原文]

君子之教人也，能妙夫因材之术，不能变其各具之质。譬之地然，发育万物者，其性也，草得之而为柔，木得之而为刚，不能使草之为木，而木之为草也。是故君子以人治人，不以我治人。

[译文]

君子教育他人，妙在能够因材施教，不可以改变他本来具有的天性。就像地一样，使万物发育生长的，是他的特性，草在地上生长是柔软的，树木在地上生长是坚硬的，地不能使草变成树木，也不能使树木变成草。因此君子教育他人应因人而异，因材施教，不能以自己的特性来教育他人。

[原文]

无星之秤，公则公矣，而不分明，无权之秤，平则平矣，而不通变。君子不法焉。

[译文]

没有秤星的秤，虽然称量公允，但是并不分明。没有秤星的秤，虽然平，但是不懂得变通。君子不能效法这样的秤。

［原文］

羊肠之隘，前车覆而后车协力，非以厚之也。前车当关，后车停驾，匪惟同缓急，亦且共利害。为人也，而实自为也。呜呼！士君子共事而忘人之急，无乃所以自孤也夫？

［译文］

羊肠小路上，前面的车倾覆了，后面的驾车人必然会施以援手，这并不是有什么交情。前面的车挡住了道路，后面的车也必须停下来，这不只与缓急有关，更与利害相系。为了他人，实际上是为了自己。唉！士君子与人共事而忘记了他人的急难，这也是自我孤立之举啊！

［原文］

万水自发源处入百川，容不得，入江、淮、河、汉，容不得，直流至海，则浩浩恢恢，不知江、淮几时入，河、汉何处来，兼收而并容之矣。闲杂懊恼，无端谤讟(dú)，偿来横逆，加之众人，不受，加之贤人，不受，加之圣人，则了不见其辞色，自有道以处之。故圣人者，疾垢之海也。

［译文］

万水从发源处流入百川，不能容纳，流入长江、淮河、黄河、汉水，不能容纳，一直流向大海，则浩浩恢恢，不知道长江、淮河什么时候流入，不知道黄河、汉水从哪里流来，都一并收容了。那些闲杂的烦恼，无端的诽谤，飞来的横祸，加到一般人的身上都难以忍受，加到贤人身上，也难以忍受，如果加到圣人身上，就完全不会看到圣人不高兴的言辞和神色，自有处理这些问题的办法。因此说圣人是容纳疾苦与污垢的大海。

［原文］

两物交必有声，两人交必有争。有声，两刚之故也。两柔则无声，一柔一刚亦无声矣。有争，两贪之故也。两让则无争，一贪一让亦无争矣。抑有进焉，一柔可以驯刚，一让可以化贪。

[译文]

两物相交必然会发出声音，两个人相交必然会争吵。有声，是因为两物都坚硬。两物都柔软就没有声，一柔一刚也没有声音。有争吵，是两个人都贪心的缘故。两个人都谦让，就不会争，一个贪一个让也不会争。还有更高明的，一柔还可以化刚，一让还可以化贪。

[原文]

石不入水者，坚也，磁不入水者，密也。人身内坚而外密；何外感之能入？物有一隙，水即入一隙，物虚一寸，水即入一寸。

[译文]

水进不到石头里，是因为坚硬，水进不到瓷器中，是因为紧密。如果一个人的身体内部坚实健康，外部多加防护，什么外部风寒也不会进入体内。物体有一个缝隙，水就进入缝隙，物体虚一寸，水就会侵入一寸。

[原文]

人有兄弟争长者，其一生于甲子八月二十五日，其一生于乙丑二月初三日。一曰：“我多汝一岁。”一曰：“我多汝月与日。”不决，讼于有司，有司无以自断，曰：“汝两人者，均平不相兄，更不然，递相兄可也。”（此河图太衍对待流行之全数）

[译文]

有两个兄弟争着说自己年长。其中一个生于甲子年八月二十五日，另一个生于乙丑年二月初三日。一个说：“我比你大一岁。”另一个说：“我的月份和日期比你大。”争论没有结果，于是就告到了官府，官府难以断诀，说：“你们两个人相同，都不是对方的兄长，要不然轮流当兄长也行。”（此河图太衍对待流行之全数。）

[原文]

挞人者梃也，而受挞者不怨梃，杀人者刃也，而受杀者不怨刃。

[译文]

打人的工具是木棒，而被打的人不怨恨木棒。杀人的工具是刀，而被杀的人不怨恨刀。

[原文]

人间等子多不准，自有准等儿，人又不识。我自是定等子底人，用底是时行天平法马①。

[注释]

①法马：砝码。

[译文]

人家称量物体的戥子大多不准确，自然有准确的戥子，人们又不认识。我就是定戥子的人，用的是时行的天平砝码。

[原文]

颈檠（qíng）一首，足荷七尺，终身由之而不觉其重，固有之也。使他人之首枕我肩，他人之身在我足，则不胜其重矣。

[译文]

颈项支撑着脑袋，双脚支撑着七尺身躯，终生都是这样而并不觉得沉重，这是原本就是如此的缘故。假使他人的脑袋枕在我的肩上，他人的身体压在我的脚上，那就沉重的难以忍受了。

[原文]

不怕炊不熟，只愁断了火。火不断时，炼金煮砂可使为水作泥。而今冷灶清锅，却恁空忙作甚?

[译文]

不怕饭烧不熟，就愁断了火。火不断，就能够把金子化为金水，把砂石煮成泥浆。而现在只有冷灶清锅，却空忙什么?

[原文]

王酒者，京师富店也。树百尺之竿，揭金书之帘，罗玉相之器，绘五楹之室，出十石之壶，名其馆曰“五美”，

饮者争趋之也。然而酒恶，明日酒恶之名遍都市。又明日，门外有张罗[1]者。予叹曰："嘻！王酒以五美之名而彰一恶之实，自取穷也。夫京师之市酒者不减万家，其为酒恶者多矣，必人人尝之，人人始知之，待人人知之，已三二岁矣。彼无所表著以彰其恶，而饮者亦无所指记以名其恶也。计所获视王酒亦百倍焉。朱酒者，酒美亦无所表著，计所获视王酒亦百倍焉。"或曰："为酒者将掩名以售其恶乎？"曰："二者吾不居焉，吾居朱氏。夫名为善之累也，故藏。修者恶之。彼朱酒者无名，何害其为美酒哉？"

[注释]

①张罗：支起罗捕捉鸟雀，形容人迹罕至。

[译文]

王家酒店，是京城的一家富店。店外竖立着百尺高的旗杆，张挂的帘幌是用金字写成的，店内的陈设都是镶玉的器皿，店堂的五根前柱都绘有图画，有能够装下十石酒的大酒壶，酒馆的名字叫作"五美"。喝酒的人都争抢着来这里喝酒。然而他家的酒却不好，第二天酒不好的名声就传遍了京城。第三天就门可罗雀了。我叹息道："嘻！王家的酒店以'五美'为名，却只彰显出了酒不好这一个事实，这是他自取晦气啊。京城卖酒的不少于万家，酒不好的也多了，但也都是经过人们品尝之后，才知道酒不好的。等到大家都知道他的酒不好，已经过了两三年了。他们没有什么可以彰显的东西，也就不会使酒不好这个缺点表露出来，而喝酒的人也记不起来，指不出他的店有什么特点来传扬他酒不好的恶名。计算一下他的收入比王家酒店也要多出百倍。朱家的酒店，酒好也没有什么可以彰显的地方，计算收入，也比王家酒店多百倍。"有人说："卖酒的是否应当掩盖名声来出售劣酒？"我说："这两种情况我都不会学，我学朱家酒店。名声只是善行的累赘，所以要藏名，如果修名的话，会受到他人的厌恶。那个朱家酒店没有什么名声，对他的美酒又有什么妨碍呢？"

[原文]

有脍炙于此，一人曰咸，一人曰酸，一人曰淡，一人曰辛，一人曰精，一人曰粗，一人曰生，一人曰熟，一人曰

适口，未知谁是。质之易牙而味定矣。夫明知易牙之知味，而未必已口之信从，人之情也。况世未必有易牙，而易牙又未易识，识之又来必信从已。呜呼！是非之难一久矣。

[译文]

在这有精美的食品，一个人说咸，一个人说酸，一个人说淡，一个人说辣，一个人说精，以一个人说粗，一个人说生，一个人说熟，一个人说正好，不知道谁说的对。让善于调味的易牙判断一下，就可以知道到底是什么味了。明知道易牙是懂味的，而不一定能够适合我的口味，这是人之常情。更何况世界上不一定有易牙那样懂味的人，即使有，识别是否是易牙又很困难，找到了易牙也不一定能够听从他的判断。唉！是非难以统一是很长时间的事了。

[原文]

余燕服[1]长公服少许，余恶之，令差短焉。或曰："何害？"余曰："为下者出其分寸长，以形在上者乏短，身之灾也，害孰大焉？"

[注释]

①燕服：居家所穿的私服。

[译文]

我的居家服比公服要长一点，我觉得很不好，就吩咐别人裁短了。有人问："这有什么关系呢？"我说："处在下面的长出一些分寸，就会显示出在上面的短处，就会为自己招致灾祸，没有比这更大的害处了。"

[原文]

水至清不掩鱼鲕(ér)[1]之细，练至白不藏蝇点之缁(zī)[2]。故清白二字，君子以持身则可，若以处世，道之贼而祸之薮(sǒu)也。故浑沦无所不包，幽晦无所不藏。

[注释]

①鱼鲕：鱼苗。②缁：黑。

[译文]

水太清了连细小的鱼苗也掩藏不住；绸缎太白了有一点蝇屎的黑也藏不住。因此清白这两个字，君子用来修身是可以的，如果用来为人处世，就会危害世道，为自己带来灾祸。因而混沌的状态是无所不包的，幽晦黑暗的地方则无所不藏。

[原文]

一人入饼肆，问："饼直几何？"馆人曰："饼一钱一。"食数饼矣，钱如数与之，馆人曰："饼不用面乎？应面钱若干。"食者曰："是也。"与之，又曰："不用薪水乎？应薪水钱若干。"食者曰："是也。"与之。又曰："不用人工为之乎？应工钱若干。"食者曰，"是也。"与之。归而思于路曰："吾愚也哉！出此三色钱，不应又有饼钱矣。"

[译文]

有一个人到了卖饼的店里，问："饼多少钱一个？"卖饼的说："一个饼一钱。"这个人吃了好几个饼，然后如数付了钱，卖饼的说："饼不是用面做的吗？应该付一些面钱。"吃饼的人说："对。"给了他面钱，卖饼的又说："饼不用柴火与水吗？应该付一些柴水的钱。"吃饼的说："对。"又给了些钱。卖饼的又说："饼不用人工做成吗？应该给一些工钱。"吃饼的人说："对。"又给了钱。在回去的路上他想："我真是愚蠢啊！出了这三样钱，就不应该再出饼钱了啊！"

[原文]

一人买布一匹，价钱百五十，令染人青之，染人曰："欲青，钱三百。"既染矣，逾年而不能取，染人牵而索之曰："若[1]负我钱三百，何久不与？吾讼汝。"买布者惧，跽(jì)[2]而恳之曰："我布值已百五十矣，再益百五十，其免我乎？"染人得钱而释之。

[注释]

①若：你。②跽：跪而耸身，以示敬意。

[译文]

一个人买一匹布，价钱是一百五十钱，让染匠染成青色。染匠说："想要染成青色，你得给我三百钱。"染好了，过了一年买布的人也没有去取，染布的人拉着他索要染布的钱，说："你欠我三百钱，为什么这么久了都不还我？我要去告你。"买布的害怕了，跪着恳求说："我的布已经值一百五十钱了，我再给你一百五十钱，你就饶了我吧！"染匠得到钱就饶了他。

[原文]

无盐①而脂粉，犹可言也，西施②而脂粉，不仁甚矣。

[注释]

①无盐：战国时期的丑女，在无盐邑。后人将丑女统称为无盐。②西施：战国时期越地的美女。后人以西施代指美女。

[译文]

无盐这样的丑女涂脂抹粉，还有理由；西施这样的美女再涂脂抹粉，就太不仁义了。

无盐女

无盐，战国时期的丑女。

[原文]

昨见一少妇行哭甚哀，声似贤节，意甚怜之。友人曰："子得无视妇女乎？"曰："非视也，见也。大都广衢(qú)之中，好丑杂沓，情态缤纷，入吾目者千般万状，不可胜数也，吾何尝视？吾何尝不见？吾见此妇亦如不可胜数者而已。夫能使聪明不为所留，心志不为所引，如风声日影然，何害其为见哉？子欲入市而闭目乎？将有所择而见乎？虽然，吾犹感心也，见可恶而恶之，见可哀而哀之，见可好而好之。虽情性之正犹感也，感则人，无感则天。感之正者圣人，感之杂者众人，感之邪者小人。君子不能

无感，慎其所以感之者。此谓动处试静，乱中见治，工夫效验都在这里。"

[译文]

昨天看到一位少妇一边走一边哭得很悲伤，声音听起来像是贞节贤惠的人，我心中很是同情。朋友说："你难道是在注视那个妇女吗？"我说："不是注视，是看。大都广衢之中，美丑纷纭而过，情态各式各样，进入我眼帘的有千般万状，难以计数，我何尝能注视？我何尝看不到？我看到这个妇人也如同那些不可胜数的其他人一样。如果能使精神不为看到的东西所留，心志不被看到的东西所吸引，就像风声日影，见到又有什么不可呢？你想要别人来到街上都闭上眼睛吗？有所选择地看吗？虽然这样说，我的心还是有所感动，见到可恶的事情就会感到憎恶，见到可哀怜的事物就会同情，见到可爱的就会喜欢。即使是情性端正的人，也会有所触动，能够被感动的是人，不能被感动的是天。感动于正事的是圣人，感动与杂事的是众人，感动于邪事的是小人。君子不能无所感动，但对他所被感动的事物要慎重。这就叫作动处拭静，乱中见治，你修养的功夫怎样，都可以从这里得到验证。"

[原文]

尝与友人游圃，品题众芳，渠①以艳色浓香为第一。余曰："浓香不如清香，清香不若无香之为香，艳色不如浅色，浅色不如白色之为色。"友人曰："既谓之花，不厌浓艳矣。"余曰："花也，而能淡素，岂不尤难哉？若松柏本淡素，则不须称矣。"

与友同游

花也，而能淡素，岂不尤难哉？

[注释]

①渠：他。

[译文]

我曾与友人共同游园，品题众芳，他觉得香浓色艳的花当为最佳。我说："浓香不如清香，清香不如以无香为香，艳色

不如浅色，浅色不如以白色为色。”友人说：“既然把它叫作花，就不能嫌它浓艳。”我说：“花，能够淡雅素净，岂不是更加难得？像松柏那样的淡雅素净，就不用称赞了。”

[原文]

服砒霜巴豆者，岂不得肠胃一时之快？而留毒五脏，以贼元气，病者暗受而不知也。养虎以除豺狼，豺狼尽而虎将何食哉？主人亦可寒心矣。是故梁冀去而五侯来①，宦官灭而董卓起②。

[注释]

①梁冀去而五侯来：见《后汉书 · 梁统列传》。梁冀，字伯卓，是汉顺帝的皇后的哥哥。外戚干政，骄横暴虐，后来桓帝与五位宦官单超、具瑗、唐衡、左悺、徐璜合谋将其杀害。桓帝加封五位宦官，而此后五位宦官比梁冀有过之而无不及。②宦官灭而董卓起：董卓，字仲颖。汉桓帝末年，因破羌胡而官拜郎中。汉灵帝时期为前将军。少帝的时候，大将军何进谋诛宦官，而密诏董卓。董卓引兵入朝诛灭宦官，后废少帝，立献帝，自封为相国，把持朝政。

[译文]

服食砒霜巴豆的人，肠胃能够得到一时的畅快，而在五脏留有毒性，伤损元气，病人受害而不自知。养虎用来驱除豺狼，豺狼没有了，虎又吃些什么？主人也会心惊胆寒。因此除掉梁冀而又出现骄横不法的宦官，诛灭了宦官，而董卓又兴起了。

[原文]

以佳儿易一跛子，子之父母不从，非不辨美恶也，各有所爱也。

[译文]

用聪慧的孩儿换取一个瘸腿的孩子，瘸腿孩子的父母也不愿意，并不是分不清哪个好哪个坏，而是每个人都爱自己的孩子。

[原文]

一人多避忌，家有庆贺，一切尚红而恶素。客有乘白

马者，不令入厩。闲有少年面白者，善谐谑，以朱涂面入，主人惊问，生曰："知翁之恶素也，不敢以白面取罪。"满座大笑，主人愧而改之。

[译文]

有个人有很多的避讳，家里有了吉庆的事，一切都崇尚红色而忌讳素色。有一位客人骑着白马前来，他不允许白马进入马厩。有一位少年肤色白皙，又很爱开玩笑，他用红色涂在脸孔上来到这家，主人很是吃惊，问是怎么回事，少年说："知道您忌讳素色，不敢白脸进来，以免您怪罪。"满座的人大笑，主人觉得很惭愧，于是改掉了这个避讳。

[原文]

有过彭泽者，值盛夏风涛拍天，及其反也，则隆冬矣，坚冰可履。问旧馆人："此何所也？"曰："彭泽。"怒曰："欺我哉！吾始过彭泽可舟也，而今可车。始也水活泼，而今坚结，无一似昔也，而君曰彭泽，欺我哉！"

[译文]

有个人路过彭泽，当时正值盛夏，风浪滔天。到他返回来的时候，已经是隆冬季节了，冰冻三尺，可以踩着过去。他问先前居住的旅馆主人说："这是什么地方啊？"答道："彭泽。"这人生气地说："欺骗我！我当初过彭泽的时候还可以乘船，现在乘车。当初波涛滚滚，如今凝结为坚冰，没有一点相似的地方，而你竟说这是彭泽，这是在欺骗我啊！"

[原文]

人有夫妇将他出者，托仆守户。爱子在床，火延寝室。及归，妇人震号，其夫环庭追仆而杖之。当是时也，汲水扑火，其儿尚可免与！

[译文]

有一对夫妇将要到其他地方去，委托他们的仆人看守家门。他们的爱子在床上躺着，家里失火了，蔓延至睡觉的屋子。这对夫妇回来的时候，妇人大声号啕，她的丈夫满院子追打仆人。而这时候如果去取水灭火，他们的爱子或许还可以得救。

[原文]

发去木一段，造神椟(dú)一，镜台一，脚桶一。锡五斤，造香炉一，酒壶一，溺器一。(此造物之象也。)一段之木，五斤之锡，初无贵贱荣辱之等，赋畀之初无心，而成形之后各殊，造物者亦不知莫之为而为耳。木造物之不还者，贫贱忧戚，当安于有生之初，锡造物之循环者，富贵福泽，莫恃为固有之物。

[译文]

砍伐一段木材，制作了一个神椟，一个镜台，一个脚桶。五斤锡，制作一个香炉，一个酒壶，一个溺器。(这是造物之象。)一段木头，五斤锡，刚开始没有贵贱荣辱的差别，秉受之初无心，而且成型之后各不相同，造物者也不清楚木和锡会做成什么而造出它们。木，制造成为物品就不能还原，因此贫贱忧戚应当安于有生之初；锡，制造成为物品还可以循环再用，因此富贵福泽不要自恃为固有的东西。

词　章

[原文]

《六经》之文不相师也，而后世不敢轩轾(zhì)①。后之为文者，吾惑矣。拟韩临柳，效马学班，代相祖述②，窃其糟粕，谬矣。夫文以载道也，苟文足以明道，谓吾之文为《六经》可也。何也？与《六经》不相叛也。否则，发明申、韩之学术，饰以《六经》之文法，有道君子以之覆瓿(bù)③矣。

[注释]

①轩轾：喻指高低轻重，车前高后低为“轩”，车前低后高为“轾”。②祖述：效法前人的学说或行为。③覆瓿：盖酱罐。瓿，盛酒器和盛水器，亦用于盛酱。

[译文]

儒家《六经》的内容各具特色，不相互师法，但后世不敢评论哪个高哪个低。对后世那些写文章的人，我就有些迷惑了。他们模仿韩愈，模仿柳宗元，效仿司马迁，学习班固，一代代师法前人，述说前人的旧论，继承前人的糟粕，太不对了。文章是用来表达思想和道理的，如果文章能讲明道理，称这文章为《六经》也是可以的。为什么呢？因为它没有违背《六经》。否则阐述申不害和韩非的学术思想，却用《六经》的文法来表达，这样的著作，有道君子只能用它来盖酱罐了。

[原文]

诗、词、文、赋，都要有个忧君爱国之意，济人利物之心，春风舞雩（yú）[1]之趣，达天见性之精；不为赘言，不袭余绪，不道鄙迂[2]，不言幽僻，不事刻削，不徇偏执。

[注释]

①舞雩：设坛命女巫为舞，故称舞雩。雩，鲁国求雨的坛，在现在山东曲阜县东。古代求雨祭天。②鄙迂：鄙陋迂腐。

[译文]

诗、词、文、赋，都应有为君主分忧、热爱祖国的思想，有助人利物的心意、悠然自得的情趣，有豁达明澈的情怀；而不应絮絮叨叨，不应人云亦云，不应鄙陋迂腐，不应深幽怪僻，不应尖酸刻薄，不应偏执顽固。

[原文]

一先达为文示予，令改之。予谦让，先达曰："某不护短，即令公笑我，只是一人笑。若为我回护，是令天下笑也。"予极服其诚，又服其智。嗟夫！恶一人面指[1]，而安受天下之背笑[2]者，岂独文哉？岂独一二人哉？观此可以悟矣。

[注释]

①面指：当面指责。②背笑：背后嘲笑。

[译文]

一位先达把他的文章给我看，让我给他修改。我推辞谦让，先达说：

“我不护自己的短处，假如我确实可笑，也只是你一人笑。如果你回护，那我就要被天下人笑了。”我很佩服他的诚恳，又佩服他的智慧。可叹啊，世人讨厌被别人当面指出错误，而宁愿让天下人在背后笑话，岂止文章如此！岂止一两个人是这样！看看这件事，就可以明白了。

［原文］

议论之家，旁引根据，然而，据传莫如据经[1]，据经莫如据理。

［注释］

①据传莫如据经：引用传文还不如引用经典。经，儒家经典。

［译文］

发议论的人，总是要征引事理根据，然而征引传文不如征引经典，征引经典不如直接根据事理。

［原文］

古今载籍之言[1]率有七种：一曰天分语。身为道铸，心是理成，自然而然，毫无所为，生知安行之圣人。二曰性分语。理所当然，职所当尽，务满分量，毙而后已，学知利行之圣人。三曰是非语。为善者为君子，为恶者为小人，以劝贤者。四曰利害语。作善降之百祥，作不善降之百殃，以策众人[2]。五曰权变语。托词画策以应务。六曰威令语。五刑以防淫。七曰无奈语。五兵以禁乱。此语之外，皆乱道之谈也，学者之所务辨也。

［注释］

①载籍之言：书籍所记载的言论。②以策众人：以此来警劝世人。

［译文］

古今书籍所记载的言论，大致有七种：一是天分语。身由道铸，心由理成，自然无为，生而明道，安于时世的圣人之语。二是性分语。理所当然，恪尽职守，做好应尽的职责，死而后已，不断学习并将所学行之于世的圣人之语。三是是非语。为善的是君子，为恶的是小人，以此来劝导贤人。四是利害语。行善降下百祥，行不善降下百殃，以此来警劝世人。五是权变语。托词划策，以此来顺应时务。六是威令语。用五刑来防止淫乱。七是无奈语。用士兵以禁止暴乱。除此之外的言论，都是乱道之谈。求学的人，务必加以辨别。

[原文]

疏狂之人多豪兴，其诗雄，读之令人洒落，有起懦①之功。清逸之人多芳兴，其诗俊，读之令人自爱，脱粗鄙之态。沉潜之人②多幽兴，其诗淡，读之令人寂静，动深远之思。冲淡之人多雅兴，其诗老，读之令人平易，消童稚之气。

[注释]

①起懦：使软弱的人振奋起来。②沉潜之人：沉静含蓄的人。

[译文]

疏狂的人多有豪放的兴致，他们的诗歌往往雄健，读了让人洒脱，能够让懦弱的人振奋。清逸的人多有闲情雅趣，他们的诗歌往往俊雅，读了让人自爱，可以去掉粗俗之气。沉静含蓄的人多有深幽的兴致，他们的诗歌往往清淡，读了让人心里宁静，引发人深远的思绪。淡泊的人多有雅兴，他们的诗歌往往老成，读起来平易，可以去掉人的稚气。

[原文]

愁红怨绿，是儿女语；对白抽黄①，是骚墨语；叹老嗟卑，是寒酸语；慕膻附腥，是乞丐语。

愁红怨绿，是儿女语

[注释]

①对白抽黄：指诗赋对仗工整。

[译文]

愁红怨绿是表达儿女情长的话，对白抽黄是骚人墨客的话，叹老嗟卑是寒酸的话，慕膻附腥是乞丐的话。

［原文］

艰语深辞①，险句怪字，文章之妖而道之贼也，后学之殃而木之灾也。路本平，而山溪之；日月本明，而云雾之。无异理，有异言；无深情，有深语。是人不诫②，而是书不焚，有世教之责者之罪也。若曰其人学博而识深，意奥而语奇，然则孔、孟之言，浅鄙③甚矣。

［注释］

①艰语深辞：晦涩深奥的语句。②是人不诫：这样的人不训诫他。③浅鄙：鄙俗浅陋。

［译文］

艰涩的语词，生僻的字句，是文章的妖孽，大道的贼首，后学者的祸殃，也是木头雕版的灾难。路本来是平的，却有深山溪流；日月本是明亮的，却被云遮雾绕。没有新的道理，却非要用新的语言；没有深刻的感悟，却要用深奥的语言。这样的人不告诫他，这样的书不烧毁，是那些教育他们的人的罪过。如果非要说这样的人博学多识，他的文章理论深奥，语言新奇，那孔子、孟子的话，不都成了鄙俗浅陋的了。

［原文］

圣人不作无用文章，其论道则为有德之言，其论事则为有见之言①，其叙述歌咏则为有益世教②之言。

［注释］

①有见之言：有见识的话。②有益世教：有益于教化。

［译文］

圣人不写没有用的文章，他们论道时，说出来的都是有道德的话；论事时，说出来的都是有见地的话；他们叙说故事歌咏吟唱，说的都是些有益于教化的话。

［原文］

真字①要如圣人燕居②危坐，端庄而和气自在。草字

要如圣人应物，进退存亡，辞受取予[3]，变化不测，因事异施而不失其中。要之同归于任其自然，不事造作[4]。

[注释]

①真字：指楷书。②燕居：这里指独居、闲居。③辞受取予：推辞和接受，取得和给予。④造作：故意做出某种样子，显得虚假，不自然。

[译文]

写楷书要像圣人在家正襟危坐，神态端庄，但又和气自在。写草书要像圣人待人处事，或进或退，或存或亡，或推辞或接受，或收取或给予，变化万端，根据不同的情况采取措施，而始终不失中道。总而言之，也就是任其自然，不矫揉造作。

[原文]

圣人作经，有指时[1]物者，有指时事者，有指方事者，有论心事者。当时精意[2]与身往矣。话言所遗，不能写心之十一[3]，而儒者以后世之事物，一己之意见度之，不得则强为训诂(gǔ)[4]。呜呼！汉、宋诸儒不生，则先圣经旨，后世诚不得十一。然以牵合附会而失其自然之旨者，亦不少也。

[注释]

①时：当时的。②精意：神采和意气。③十一：十分之一。④训诂：用通俗的语言解释词义叫“训”，用当代的话解释古代的语言叫“诂”。

[译文]

圣人写经典时，有的话指的是当时的物，有的是指当时的事，有的指某地的事物，有的说的是自己的内心感受。而今，圣人当时的神采和意气与圣人的身体一样都不存在了。圣人话中留下来的神采意气，不到十分之一，后世的儒家学者，以后世的事物，加上自己的见解，猜测圣人的意思而不能得解，于是强行给圣人言论作注解。唉！如果没有汉代和宋代的儒家学者，先圣经典的意思，后人恐怕连十分之一也不能理解。后世儒者牵强附会，使经典丧失本意的情况也很多。

[原文]

圣人垂世则为持衡之言[1]，救世则有偏重之言。持衡

之言，达之天下万世者也，可以示极。偏重之言，因事因人者也，可以矫枉。而不善读书者，每以偏重之言垂训，乱道也夫，诬圣也夫！

［注释］

①持衡之言：作为准则的言论。

［译文］

圣人流传后世的言论是作为永久准则的言论，而挽救当时世道的言论则是有所侧重的言论。作为准则的言论，可以流传天下万世，可以作为永久的准则。有所侧重的语言，是因事因人而说的，可以矫正错误。但不擅长读书的人，总是把那些有所侧重的言论当作永久准则的言论，作为圣人留给后人的训诫，这是乱道诬圣的做法。

［原文］

言语者，圣人之糟粕也。圣人不可言之妙，非言语所能形容。汉宋以来，解经诸儒泥文拘字，破碎牵合，失圣人天然自得之趣，晦天下本然自在之道，不近人情，不合物理，使后世学者无所适从。且其负一世之高明，系千古之重望，遂成百世不刊[①]之典。后学者岂无千虑一得？发前圣之心传，而救先儒之小失？然一下笔开喙[②]，腐儒俗士不辨是非，噬指[③]而惊，掩口而笑，且曰："兹先哲之明训也，安得妄议？"噫！此诚信而好古之义也，泥传离经[④]，勉从强信，是先儒阿意曲从之子也。昔朱子将终，尚改《诚意》注说，使朱子先一年而卒，则《诚意》章必非精到之语；使天假朱子数年，所改宁止《诚意》章哉？

［注释］

①百世不刊：百世不能改变。刊，删除。②开喙：张嘴。③噬指：咬指头。④泥传离经：拘泥传注，违背经义。

[译文]

言语，是圣人的糟粕。圣人不可言之妙，非言语所能形容。汉、宋以来解释经书的儒者，泥文拘字，破碎牵合，失掉了圣人天然自得之趣，使本来自然的道理也变得晦暗了，他们解经不近人情，不合事物道理，使后世的学者无所适从。这些儒者在当世享有盛誉，又负有千古之众望，他们的解释就成了百世不能改变的经典。后来的学者岂无千虑之一得？不能领悟阐明前圣的心意而扶救先儒的小过错呢？然而一下笔、一张口，那些腐儒俗士不分是非，或噬指而惊，或掩口而笑，并且说："这是先哲的明训，怎能妄加议论呢！"唉！这诚然表现了信而好古的精神，但拘泥传注违背经义，勉强信从，这只能是先儒阿意曲从的子孙啊！往昔朱子将死之前，尚且修改《诚意》章的注解，如果朱子早死一年，那么对《诚意》章的注就不会那么精确了；假使朱子还能多活几年，所修改的哪里只是《诚意》章呢！

[原文]

圣人之言，简淡明直中有无穷之味，大羹玄酒[1]也。贤人之言，一见便透，而理趣充溢，读之使人豁然，脍炙珍羞也。

[注释]

①玄酒：淡薄的酒。

[译文]

圣人的话简明直率，内有无穷的滋味，如同大羹玄酒，古朴典雅。贤人的言论，一见便透彻而充满理趣，使人读后大彻大悟，犹如脍炙人口的美味佳肴。

[原文]

圣人终日信口开阖(hé)[1]，千言万语，随事问答，无一字不可为训。贤者深沉而思，稽留[2]而应，平气而言，易心而语，始免于过。出此二者，而恣口放言，皆狂迷醉梦语也。终日言，无一字近道，何以多为？

[注释]

①开阖：张开和关闭。②稽留：驻留。

［译文］

圣人整天随意开口说话，千言万语，对事情的回答，没有一个字不能作为训诫。贤者经过深沉的思考，停留一会儿才能回答，平和地、设身处地说出来，才能免于过错。除了这二者，就都是随意乱说了，都是醉话梦话。整天说的话没有一个字接近大道，说的很多又有什么用呢？

［原文］

诗低处在觅故事①，寻对头②；高处在写胸中自得之趣，说眼前见在之景③。

［注释］

①故事：典故。②对头：对仗、对应。③眼前见在之景：眼前存在的景致。

［译文］

写诗歌，低一等的趣味在于搜寻典故，安排对仗；高一等的在于写自己心中悠然自得的情趣，述说眼前存在的景致。

［原文］

自孔子时便说“史不阙(què)文”，又曰“文胜质则史”，把史字就作了一伪字看。如今读史只看他治乱兴亡，足为法戒①，至于是非真伪，总是除外底。譬之听戏文一般，何须问他真伪，只是足为感创，便于风化有关。但有一桩可恨处，只缘当真看，把伪底当真；只缘当伪看，又把真底当伪。这里便宜了多少小人，亏枉了多少君子。

［注释］

①法戒：师法借鉴。

［译文］

从孔子的时代，就说“史不阙文”，又说“文胜质则史”，意思是说文辞胜过了实际就不真实了，把“史”字当作“伪”字看待。如今读史书的，只看史书记载的治乱兴亡足为后世师法借鉴，至于是非真伪，则不注意。就好比看戏一样，何必问戏中演的故事真假与否，只要能使人感动，有利

于风化即可。但有一件事让人遗憾，即是，只因为你把它当真的看，可能会把假的当成真的；只因为你把它当假的看，又可能把真的当成假的。这样便宜了多少小人，冤枉了多少君子。

[原文]

诗辞要如哭笑，发乎情之不容已，则真切而有味。果真矣，不必较工拙。后世只要学诗辞，然工而失真[1]，非诗辞之本意矣。故诗辞以情真切、语自然者为第一。

[注释]

①工而失真：讲求工巧，而失去真实的感情。

[译文]

写诗词要像哭和笑一样，表达内心真实的感情，这样就会真实有味。如果是发自内心的真实感情，就不必过多地计较文字的考究或笨拙。后世的人，学习诗词的创作方法，只是在文字上讲求如何工巧，以致失去真实的感情，这样，就违背了写作诗词表达思想感情的本意。因此，写作诗词应以感情真切，语言自然为第一。

[原文]

古人无无益之文章，其明道也不得不形而为言，其发言也不得不成而为文。所谓因文见道者也，其文之古今工拙[1]无论。唐宋以来，渐尚文章，然犹以道饰文。意虽非古，而文犹可传。后世则专为文章矣。工其辞语，涣其波澜[2]，炼其字句，怪其机轴[3]，深其意指[4]，而道则破碎支离，晦盲否塞矣。是道之贼也。而无识者犹以文章崇尚之，哀哉！

[注释]

①工拙：工整与拙劣。②涣其波澜：使行文跌宕起伏。③怪其机轴：让文章的文法结构变得怪异。④意指：意旨。

[译文]

古人不写没有用处的文章，他们阐述大道，不得不把它用语言表达出来，他们发表议论，不得不用语言写成文章。也就是用文章来论述大道，至于他们的文章是古体还是今体，是工整还是笨拙就不用理会了。唐宋以来，逐渐崇尚古文，然而仍然是用道来修饰文章。虽然文章已经不是古代的意思了，所做的文章还是值得流传。后世的人们便只是专门去做文章了。他们的文章语言工整，行文波澜起伏，字斟句酌，文法怪异，文章意旨看似深刻，而文章要表达的道却支离破碎，看了只会让人更加糊涂不明。这样的文章是有害于道的。而那些没有见识的人仍然崇尚这样的文章，真是可悲啊！

[原文]

文章有八要，简、切、明、尽、正、大、温、雅。不简则失之繁冗，不切则失之浮泛，不明则失之含糊，不尽则失之疏遗[①]，不正则理不足以服人，不大则失冠冕之体，不温则暴厉刻削[②]，不雅则鄙陋浅俗。庙堂文要有天覆地载，山林文要有仙风道骨，征伐文要有吞象食牛，奏对文要有忠肝义胆。诸如此类，可以例求。

[注释]

①疏遗：疏漏。②刻削：刻薄。

[译文]

文章有八要，即简、切、明、尽、正、大、温、雅。不简洁则失之烦冗，不确切则失之浮泛，不鲜明则失之含糊，不详尽则失之疏漏，不正直则理不足以服人，不宏大则失冠冕之体，不温和则暴厉刻薄，不高雅则鄙陋浅俗。朝廷上的文章要有天覆地载的胸怀，隐逸的文章要有仙风道骨的意境，征伐的文字要有吞象食牛的气概，奏对的文字要有忠肝义胆的精神。诸如此类，可以类推。

[原文]

学者读书只替前人解说，全不向自家身上照一照。譬之小郎替人负货，努尽筋力，觅得几文钱，更不知此中是何细软珍重。

[译文]

学者读书只为前人的文章作解说，完全不向自家身上照一照。就好比小孩子替人背货物，用尽力气，挣得几文钱，完全不知道自己背的是什么细软宝物。

[原文]

《太玄》[1]虽终身不看亦可。

[注释]

①《太玄》：汉代哲学家扬雄的作品。

[译文]

扬雄所著的《太玄》，即使终生不看也没什么。

[原文]

自乡举里选之法废，而后世率尚词章。唐以诗赋求真才，更为可叹。宋以经义取士，而我朝因之。夫取士以文，已为言举人矣，然犹曰：言，心声也。因文可得其心，因心可知其人。

其文爽亮者，其心必光明，而察其粗浅之病；其文劲直者，其人必刚方，而察其豪悍之病；其文藻丽者，其人必文采，而察其靡曼之病；其文庄重者，其人必端严，而察其寥落之病；其文飘逸者，其人必流动，而察其浮薄之病；其文典雅者，其人必质实，而察其朴钝之病；其文雄畅者，其人必挥霍，而察其弛跅（tuò）[1]之病；其文温润者，其人必和顺，而察其巽（xùn）软[2]之病；其文简洁者，其人必修谨，而察其拘挛[3]之病；其文深沉者，其人必精细，而察其阴险之病；其文冲淡者，其人必恬雅，而察其懒散之病；其文变化者，其人必圆通，而察其机械[4]之病；其文奇巧者，其人必聪明，而察其怪诞之病；其文苍老者，其人必不

俗，而察其迂腐之病。有文之长，而无文之病，则其人可知矣。文即未纯，必不可弃。今也但取其文而已。见欲深邃，调欲新脱，意欲奇特，句欲钉饾，锻炼欲工，态度欲俏，粉黛欲浓，面皮欲厚。是以业举之家，弃理而工辞，忘我而徇世，剽窃凑泊⑤，全无自己神情，口语笔端，迎合主司好尚。沿习之调既成，本然之天不露。而校文者亦迷于世调，取其文而忘其人。何异暗摸而辨苍黄，隔壁而察妍媸（chī）？欲得真才，岂不难哉？

隆庆戊辰⑥，永城胡君格诚登第，三场文字皆涂抹过半，西安郑给谏大经所取士也，人皆笑之。后余阅其卷，乃叹曰："涂抹即尽，弃掷不能，何者？其荒疏狂诞，绳之以举业，自当落地，而一段雄伟器度、爽朗精神，英英然一世豪杰如对其面，其人之可收，自在文章之外耳。胡君不羁之才，难挫之气，吞牛食象，倒海冲山，自非寻常庸众人。惜也！以不合世调，竟使沉沦。"余因拈出，以为取士者不专在数篇工拙，当得之牝（pìn）牡骊（lí）⑦黄之外也。

［注释］

①弛跅：放荡不羁，不循规蹈矩。②巽软：软弱卑微顺从。巽，同"逊"。③拘挛：拘束，不舒展。④机械：巧诈。⑤凑泊：聚合、凑合。⑥隆庆戊辰：隆庆二年（1568）。隆庆是明穆宗朱载垕的年号。⑦骊：黑色的马。

［译文］

自举贤荐能的方式取消之后，后世大多崇尚辞章。唐朝通过诗词歌赋来拔擢真正的人才，更令人感叹不已。宋代采取经义取士的方式，我朝因袭下来。通过文章来选取官吏，已经是以言举人了，然而还可说：言为心声。通过对他文章的研习可以读懂他的内心，通过他的内心可以明白他的为人。

文章爽亮的人，他的内心也一定光明，然而要检验一下他有没有粗浅的毛病；文章劲直的人，他的为人也一定刚直方正，然而要检验一下他有没有豪悍的毛病；文章华丽的人，他的为人必然多文采，然而要检验一下他有没有靡丽的毛病；文章庄重的人，他的为人必然端庄严肃，然而要检验一下他有没有寥落寡合的毛病；文章俊逸的人，他的为人必然灵活，然而要检验一下他有没有浮薄的毛病；文章典雅的人，他的为人必然朴实，然而要检验一下他有没有愚钝的毛病；文章雄畅的人，他的为人必然热衷于挥霍，然而要检验一下他有没有放荡与不合礼法的毛病；文章温润的人，他的为人一定和和顺顺，然而要检验一下他有没有软弱卑微顺从的毛病；文章简洁的人，他的为人一定谨小慎微，然而要检验一下他有没有拘谨束缚的毛病；文章深沉的人，他的为人一定精细，然而要检验一下他有没有阴险的毛病；文章冲淡的人，他的为人必然恬淡雅致，然而要检验一下他有没有懒散怠惰的毛病；文章善于变化的人，他的为人一定圆滑世故，然而要检验一下他有没有虚伪奸诈的毛病；文章新奇巧妙的人，他的人为一定很聪明，然而要检验一下他有没有怪诞的毛病；文章苍劲老道的人，他的为人一定不俗气，然而要检验一下他有没有迂腐的毛病。他们的文章中有以上的长处，而为人却没有以上毛病，那么这个人的人品就能够了解了。而文章没有达到完美的地步，也不能舍弃人才。现在只是取他的文章而已。要求文章的见解要深邃，格调要新颖，用意要奇特，句子要铺陈，炼句要工稳，态度要俏丽，修饰要浓重，脸皮要加厚。因此从事科举的人不顾道德而修饰文辞，丢弃自我而顺从世人的口味，剽窃拼凑，完全失去了自己的风格，无论是说话还是写文章，都迎合主考官的喜好。这就形成了因循守旧的习惯，而不展露自己的本来天性。评阅文章的人也对世人的这种观念感到迷惑，只看他的文章而不看他的为人。这和在黑暗中辨识青色与黄色，隔着墙壁来分别美丑有什么不一样呢？这样想拔擢真正的才人，岂不是很难吗？

隆庆二年，永城人胡格诚参加第三场科举考试，文章有一半经过了涂抹，西安郑大经给谏录取了他，人们都嘲讽他。后来我看到了他的卷子，十分感叹地说：“他的文章即使全部涂抹了，我也不能够不录取他，为什么？以他那疏狂荒诞的文辞，以科举文章的标准来要求，必然会落第，然而他那种雄伟的气度，爽朗的精神，英姿飒爽，俨然就是当世豪杰。看到他的文章，如同面对他这个人，这样的人才被录取的缘由自然在文章之外啊。胡君不羁的才华，难以挫折的气概，可谓是吞牛食象，排山倒海，自然并非寻常凡俗之人。可惜不与世俗的情调相符合，竟然沉沦。”因此，我以他为例子，说明选取官吏不能仅仅只看几篇文章的好坏，而要看他是否有真正的才能。

[原文]

万历丙戌[1]而后，举业文字如晦夜浓阴封地穴，闭目蒙被灭灯光；又如墓中人说鬼话，颠狂人说风话，伏章人[2]说天话；又如《楞严》[3]《孔雀》[4]，咒语真言，世道之大

妖也。其名家云："文到人不省得处才中，到自家不省得处才高中。"不重其法，人心日趋于魑魅魍魉（chī mèi wǎng liǎng）矣。或曰："文章关甚么人心世道？"嗟嗟！此醉生梦死语也。国家以文取士，非取其文，因文而知其心，因心而知其人，故取之耳。言若此矣，谓其人曰光明正大之君子，吾不信也。且录其人曰中式，进呈其文曰中式之文，试问其式安在？乃高皇帝⑤所谓文理平通，明顺典实者也。今以编造晦涩妄诞放恣之辞为式，悖典甚矣。今之选试官者，必以高科，其高科所中，便非明顺典实之文。其典试也，安得不黜明顺典实之士乎？人心巧伪，皆此文为之祟耳。噫！是言也，向谁人道？不过仰屋长太息而已。使礼曹礼科得正大光明、执持风力之士，无所畏徇，重一惩创，一两科后，无刘几⑥矣。

［注释］

①万历丙戌：万历十四年（1586），"万历"是明神宗朱翊钧的年号。②伏章人：专门撰写献给天神的奏章祝文之人。③《楞严》：佛教经名，全名为《大佛顶如来密因修正了义诸菩萨万行首楞严经》。④《孔雀》：唐不空译的《大孔雀明王画像坛场仪轨》。⑤高皇帝：指明太祖朱元璋，高皇帝是他的谥号。⑥刘几：事出《梦溪笔谈》："刘几为险怪之语，欧阳公深恶之，几被黜。后数年，公为乡试考官，擢第一，唱名乃刘辉，即几也，易名矣。"

［译文］

万历十四年之后，应举的文字就像在黑夜里浓重的乌云又封闭了地穴，又像闭上眼睛，蒙上被子，熄灭了灯光；又像死去的人在说鬼话，疯人说疯话，给天神写奏章的人说天话；又像《楞严经》《孔雀》，咒语真言，真是世道的大害。当世很有名的人说："文章作到别人看不懂的时候才能够得中，作到自己也看不懂时才能高中。"假如对这样的现象，不施以重法来纠正，人心慢慢就会趋向魑魅魍魉！或许有人会说："文章怎么还能跟人心世道有关系呢？"唉！唉！这真是醉生梦死的话啊。国家通过文章来选拔官吏，并不是要选他的文章，而是要通过他的文章来了解他的内心，进而通过他的内心来了解他的为人，才会选取他。如果他的文章正像上边所说的那样艰涩难懂，而说这个人是光明正大的君子，我是完全不信的。可是却说被录取的人符合标准，进呈他的文章也说是符合标准的，那么这里面的标准是什么呢？太祖高皇帝所说的文理平通，明白晓畅，有典有实。现在以编造晦涩荒诞放肆之词为标准，就远远偏离了高皇帝的典训。现在任用主考官一定要高科，他自己考中高科的时候是不是明白晓畅、有典有实文章的人呢？”现在人投机取巧，都是这样的文章在作祟啊！唉！这样的话对谁去说呢？只能仰天长叹而已！假如礼部和礼科监察的官吏可以任用光明正大，恪守操行的人士，无所畏徇，对这样的风气重加惩处，一两次科考之后，就不会再有刘几这样善于写险怪之语的人了。

[原文]

《左传》《国语》《战国策》，春秋之时文也，未尝见春秋时人学三代。《史记》《汉书》，西汉之时文也，未尝见班、马学《国》《左》。今之时文，安知非后世之古文？而不拟《国》《左》，则拟《史》《汉》，陋矣！人之弃己而袭人也！六经四书，三代以上之古文也，而不拟者何？习见也。甚矣，人之厌常而喜异也！余以为文贵理胜，得理，何古何今？苟理不如人而摹仿于句字之间，以希博洽[①]之誉，有识者耻之。

[注释]

①博洽：知识广博。

[译文]

《左传》《国语》《战国策》是春秋时代的时文，未曾见春秋时期的人学习三代时的文风。《史记》《汉书》是西汉的时文，未尝见班固、司马迁学习《国语》《左传》的文风。怎知现在的时文不能成为后世的古文呢？但是现在不是模拟《国语》《左传》，就是模拟《史记》《汉书》，太浅薄了啊！抛弃了自己的东西而去因袭别人的东西。六经四书，是三代以前的古文，为什么人们不模拟呢？是因为经常看到的缘故。人们的厌常喜异的习惯也太厉害了！我认为文章贵在以理取胜，如果讲的有道理，何必考虑是古是今！讲的道理不如别人讲得深透，而只是模仿别人的文字，以此想得到知识广博的称誉，有识之士以为是可耻的事。

图书在版编目(CIP)数据

图解菜根谭·呻吟语 / 洪应明,吕坤著. 崇贤书院释译. —合肥:黄山书社,2015.11

(经典传家系列丛书)

ISBN 978-7-5461-5348-3

Ⅰ.①图… Ⅱ.①洪… ②吕… ③崇… Ⅲ.①个人－修养－中国－明代 ②人生哲学－中国－明代 ③《菜根谭》－通俗读物 ④《呻吟语》－通俗读物 Ⅳ.①B825－49②B248.92－49

中国版本图书馆 CIP 数据核字(2015)第 286515 号

出 品 人　任耕耘
总 策 划　任耕耘　李　克
选题策划　汤吟菲　白剑峰
项目统筹　刘　春
责任编辑　程　景
装帧设计　未　氓
责任印制　戚　帅
出版发行　时代出版传媒股份有限公司(http://www.press-mart.com)
　　　　　黄山书社(http://www.hspress.cn)
地址邮编　合肥市政务文化新区翡翠路 1118 号出版传媒广场 7 层　230071
印　　刷　安徽联众印刷有限公司
版　　次　2016 年 3 月第 1 版
印　　次　2016 年 3 月第 1 次印刷
开　　本　700mm×1000mm　1/16
字　　数　430 千
印　　张　27.5
书　　号　ISBN 978-7-5461-5348-3
定　　价　29.80 元

服务热线　0551－63533706

销售热线　0551－63533761

官方直营书店(http://hsssbook.taobao.com)